创新思维概论

贺善侃　主编

图书在版编目(CIP)数据

创新思维概论/贺善侃主编. －2版.—上海：东华大学出版社，2011.7
ISBN 978-7-81111-921-3
Ⅰ.①创… Ⅱ.①贺… Ⅲ.①创造性思维—概论 Ⅳ.①B804.4
中国版本图书馆 CIP 数据核字(2011) 第 163950 号

责任编辑　谭　英
封面设计　刘月蕊

创新思维概论

贺善侃　主编

东华大学出版社出版
(上海市延安西路1882号　邮政编码：200051)
新华书店上海发行所发行　常熟大宏印刷有限公司
开本：787×960　1/16　印张：13.25　字数：333 千字
2011 年 8 月第 2 版　2015 年 4 月第 2 次印刷
ISBN 987-7-81111-921-3/B・003
定价：29.00 元

修订说明

《创新思维概论》自 2006 年出版以来,承蒙读者青睐,市场销售状况很好。一些高校把本书作为创新思维课程的教材,并受到好评。本人承担的"创新思维的理论与实践研究"课题,经过几年的研究与实践积累,让本人对创新思维这一专题有了更深的体会。这次修订一是充实了有关创新思维在科学创造中的作用这一部分内容;二是对第六章中"科技创新的动力"和"制度创新的前提"两部分内容作了一些调整。鉴于本书的定位和篇幅,本书修订版在内容结构、基本观点和篇幅等方面基本保持原样。望广大读者批评指正!

贺善侃
2011 年 7 月于东华大学

序

大力弘扬创新文化

在2006年初春的大好时光里，十届全国人大四次会议通过了《国民经济和社会发展第十一个五年规划纲要》。为实现"十一五"规划的各项目标任务，就要着力增强自主创新能力，建设创新型国家。要遵循自主创新、重点跨越、支撑发展、引领未来的方针，全面提高原始创新能力、集成创新能力和引进消化吸收再创新能力。

而创新能力的培育，离不开创新文化的建设。早在2005年的全国科技大会上，党中央、国务院就提出了"发展创新文化，努力培育全社会的创新精神"的战略举措。胡锦涛同志指出："一个国家的文化，同科技创新有着相互促进、相互激荡的密切关系。创新文化孕育创新事业，创新事业激励创新文化。"大力弘扬创新文化，对创新型国家的建设具有重大意义。

创新文化是一种创新精神。任何文化都是一种精神的体现。创新文化则是不懈奋斗、勇于攀登；敢为人先、敢冒风险；勇于竞争、兼容并包并宽容失败的精神。创新离不开这种精神。作为创新文化的创新精神是中华民族精神的一个重要组成部分，是中华民族自强自尊精神的具体体现。中华民族向来是勤劳智慧、富有创新精神的民族。我们的祖先从"燧人氏"发明钻石取火，"神农氏"发明农业、医药和制陶，"仓颉"发明织造技术进而开始造字，直至世人皆知的"四大发明"，在其生生不息的生存发展的斗争中，创造发明曾经一路领先，留下过许多令人瞩目的光辉成就。建设创新型国家，必须大力继承和弘扬以爱国主义为核心的民族精神和中华创新文化的优良传统，并将其融入以改革创新为核心的时代精神中。

创新文化是一种创新意识。文化又是意识的体现，文化孕育意识，意识形成文化。这里所谓意识，即一种眼界、信心、气魄和勇气。创新文化无疑孕育了面向全球、广泛吸纳的开阔胸怀以及勇于攀登世界高峰的信心和勇气；而这种意识和勇气又促进着创新文化的形成。当今时代尤其需要培育这种创新意识。

创新意识的前提是忧患意识。不甘落后的忧患意识，是不断创新的根本途径。《易经·系辞》有言："安而不忘危，存而不忘亡，治而不忘乱。"《孟子》也说："生于忧患,死于安乐。"古人就已经深知忧患意识对于生存、发展的重要性。正是有了忧患意识,才能激励创新。一个国家要在忧患中激励创新,促进发展。一个企业同样只能在不断创新中才能生存和发展。日本松下电器公司的成功在很大程度上归功于他们的忧患意识。在松下辛之助担任电器公司总经理期间,他时刻提醒公司员工:"今天的强者将成为明天的弱者。"由于松下公司经常查找自己的不足,做到居安思危,才得以长盛不衰。

创新文化培植创新土壤。从广义上说,文化是指人类在社会实践过程中所获得的物质的、精神的生产能力和创造的物质财富、精神财富的总和。一定的文化是一定社会经济和政治在观念形态上的反映,又对经济和政治的发展有着巨大的反作用。一个社会的社会制度、社会运行机制以及推动社会发展的动力,无一不与该社会的文化环境有着密切联系。从一定意义上说,有什么样的文化环境,就有什么样社会制度和发展机制。创新体制和机制的形成离不开创新文化的氛围。创新思维作为一种复杂的立体思维,具有复杂的系统性。以创新主体为中心,创新思维是内外系统性的统一。就内在系统而言,创新思维与创新主体的认知因素、知识背景、动机、人格等因素有关;就外在系统而言,创新思维与创新主体所在的群体、社会及历史背景有关。影响创造个体的外在因素主要包括文化因素和社会因素两大部分,其中,文化因素是首要因素,是产生创新的必要条件。一个人如果没有创新文化氛围的熏陶和相关的知识背景,即使有创新的天赋,也不会有创新的成果。

创新文化培育创新人才。尊重人才成长规律,必须优化人才环境。这里所说的优化人才环境,特指优化有利于创新人才成长的环境,也即有利于创新人才成长的创新文化氛围,主要包括:

其一,宽容的学术研究环境。一流科研离不开宽容的学术研究环境。亚里士多德说过:知识出于闲暇与好奇。也就是说,科学家出成果必须有闲暇时间,有好奇心。这里所谓"闲暇时间",可以理解为非常宽松自由的环境,而非急功近利、急于求成,非为生活疲于奔命;这里所谓"好奇心",可以理解为科学家自主研究的态度。两者相结合,就能出成果。1998年获得数学最高奖——费尔兹特别奖的英国数学家安德鲁·怀尔斯,为证明费尔马大定理化了9年时间,9年中没发表一篇文章,没得过一个奖,但并不为此而遭责难,或为应付考核而伤脑筋。他处在一个相当宽松的利于创新的环境中安心研究,最后终于攻下了这个大定理。

其二,鼓励创新的政策环境。科研环境的实质问题是政策问题。创新成果的出现需要鼓励创新的政策辅佐。就目前情况看,在科教兴国的指导思想下,我国科教界出台了不少鼓励创新的政策,也取得了不少成果。但总的说来,还不尽如人意。例如,在人事政策方面,还缺乏对人才的激励机制,优秀人才储备严重不够。

创新人才难以生根、成长。在评价体制政策方面,急功近利、违背科学发展规律的考核指标犹如条条绳索,把科研人员捆得死死的;他们往往穷于应付论文、经费等各种指标,静不下心来潜心研究,当然难以创新。

其三,和谐的人际环境。人际环境是学术环境的一个重要方面。要让科研人员专心致志地从事科研,就必须有一个专心谋事而不分心谋人的氛围;有苦练"内功"的动力而无应付"内耗"的压力。要在创新事业中凝聚人才,努力营造鼓励人才干事业、支持人才干成事业、帮助人才干好事业的社会环境,形成有利于优秀人才脱颖而出的体制机制,最大限度地激发人才的创新激情和活力,提高创新效率,真正建筑好创新人才高地。

创新文化依靠创新教育。文化是人类的属性,人是文化的载体。特定文化的形成和传承依靠特定的人。创新文化的形成和传承则依靠创新人才。创新文化与创新人才之间构成相辅相成、相互促进的关系。而在两者的互动关系中,创新教育起着重要作用。相对于一般教育而言,创新教育是一种超越式教育。创新教育坚持的是以追求未来理想与成功为价值的"面向明天的教育观",即是由传统教育机械的、单向的"适应论"走向超越现实,面向未来的价值取向。它通过兼具科学性和艺术性的特殊流程,培养出不以"重复过去"为己任,而是真正超越前人的一代新人。与因袭于计划经济的教育比较,创新教育的本质特征是把个体的地位、潜能、利益、发展置于核心地位,高扬人的主体性,其职能是最大限度地激发被教育者的积极性、主动性和创造性。创新教育还注重培养从事创造工作所必备的独特精神品质,如独立的人格;勇于批判的精神;搏采众长、吸纳百川的宽广胸襟等。只有创新教育发展了,创新文化的弘扬和发展才有可能。

大力弘扬创新文化的关键是培育创新思维。创新思维,是指人类在探索未知领域的过程中,充分发挥认识的能动作用,突破固定的逻辑通道,以灵活、新颖的方式和多维的角度探求事物运动内部机理的思维活动。创新思维孕育观念创新,而观念创新是知识创新、理论创新、制度创新、管理创新、教育创新的内在驱动力,有了创新思维,就好比有了弘扬创新文化的一把钥匙。因此,弘扬创新文化必须从培育创新思维入手。

本书从创新思维的内涵、创新思维的形成机制、创新智能的培养、创新思维的方法以及创新思维与灵感思维、创新思维与形象思维、创新思维与知识创新与管理、创新思维与科技、制度、教育创新的关系等方面展开论述;全书最后,还专列章节介绍了创新思维训练的途径和方法。本书是创新思维的专题研究成果,也是普及创新思维知识的读本,书中既注重理论阐述,力求全面系统地涉及创新思维理论;又密切联系科学史、技术发明实践和人类认识史,穿插创新思维案例分析与介绍。本书在作者为本科生开设的"创新思维"课程的讲稿基础上,结合作者在创新思维方面的专题研究成果撰写而成。

特别感谢我的两位硕士研究生李慧敏和葛红芳,她们结合毕业论文的撰写,分别为本书撰写了第四章"形象思维与创新思维"和第七章"创新思维与知识管理"。

愿本书的出版为创新思维的研究、普及和发展添上一把火,增加一臂之力;为创新型国家的建立献上一份绵薄之力。

贺善侃
2006 年 1 月

目 录

导论 社会发展呼唤创新思维/1
 一、创新是推动社会进步的支点/1
 二、创新是知识经济的命脉/4
 三、创新是永葆生机的源泉/7

第一章 创新思维：人类思维最美的花朵/12
 第一节 创新与创新思维/12
  一、创新与创造/12
  二、创新思维及其基本特征/18
  三、创新思维的发展模式/21

 第二节 创新思维的形成机制/23
  一、创新思维的内外系统性/23
  二、创新思维的形成动因/24
  三、创新思维的形成途径/26

 第三节 创新思维在科学创造中的作用/31
  一、创新思维是科学创造的前提/31
  二、创新思维是科学创造的动力/33
  三、创新思维是促成科学创造的主导思维形式/35

第二章 创新思维素质：创新智能培养/39
 第一节 创新思维的智能培养/39
  一、创造力的涵义及基本要素/39
  二、创新思维能力的开发/40

三、创造性教育和创新人才培养/44

第二节　破除创新思维的枷锁/54
一、破除权威型、从众型思维枷锁/54
二、破除经验型、书本型思维枷锁/57
三、破除自我中心型及其他类型思维枷锁/59

第三章　创新思维法：逻辑与非逻辑的统一/62

第一节　逻辑创新思维法/62
一、演绎创新思维法/62
二、类比创新法/66
三、假说——逻辑创新思维法的主要形式/72

第二节　非逻辑创新思维法/74
一、想象——非逻辑创新思维法的主要形式/74
二、左思右想创新法/76

第四章　形象思维与创新思维/84

第一节　形象创新思维法/84
一、形象思维及其基本特点/84
二、形象思维的基本规律/89
三、形象思维的基本环节/92

第二节　形象思维与科学发现/93
一、科学发现的内在机制/93
二、形象思维在科学发现中的作用/94
三、形象思维中的情感因素/96
四、形象思维在科学发现中作用的情感机理/98

第五章　灵感：创新的非逻辑思维艺术/105

第一节　灵感是人类的一种基本思维形式/105
一、灵感思维及其基本特征/105
二、灵感思维与创新思维/112

第二节　灵感思维的激发机制/114

一、灵感发生的基本原理与规律/114
　　二、灵感思维的本质/119

　第三节　灵感思维的逻辑机制/120
　　一、激发灵感的认识论前提/120
　　二、激发灵感的实践基础/122
　　三、灵感的逻辑整理/123

　第四节　诱发灵感的方法/124
　　一、锲而不舍的精神/124
　　二、一张一弛的方法/125
　　三、珍惜时机的技巧/127
　　四、镇定乐观的情绪/127

第六章　创新思维：通向成功之路/129

　第一节　知识创新的源头/129
　　一、知识经济与知识创新/129
　　二、知识创新的基本特征与规律/133
　　三、知识创新与创新思维的内在关联/135

　第二节　科技创新的动力/136
　　一、科技发展与科技创新/136
　　二、科技创新的根本：自主创新/139
　　三、创新思维推动科技创新的机制/141

　第三节　教育创新的宗旨/143
　　一、创新时代呼唤教育创新/143
　　二、创新教育与一般教育/145
　　三、创新教育催生创新思维/146

　第四节　制度创新的前提/147
　　一、创新思维的制度制约性/147
　　二、制度创新的类型及实质/150
　　三、创新思维对制度创新的推进作用/152

第七章 创新思维与知识管理/155

第一节 知识进化与创新/155
一、知识的特性与分类/155
二、知识进化的内在机制/158
三、知识进化蕴涵着创新本质/160

第二节 以创新为目标的知识管理/162
一、知识管理的内涵/162
二、知识进化中的知识管理/164
三、知识管理对创新的作用/166

第三节 构建高效的知识管理体系/169
一、知识管理体系的组成及特征/169
二、当今我国知识管理的现状及问题/171
三、构建促进创新的高效知识管理/173

第八章 创新思维训练/177

第一节 思维训练原理/177
一、思维与知识/177
二、过程与结果/178
三、潜能与技能/180

第二节 强化创新理念/182
一、强健想象的翅膀/182
二、练就质疑的眼光/184

第三节 创新技能训练/186
一、发散思维技能训练/186
二、收敛思维技能训练/189
三、联想思维技能训练/193
四、形象思维技能训练/196

主要参考文献/199

导论

社会发展呼唤创新思维

创新思维是人类的伟大财富。人类的一切文明成果,无论是物质成果,还是精神成果,都是人类创新思维的成果、创新智慧的凝结。创新智慧的光辉照到哪里,哪里就显露出光明。它投射向宇宙,宇宙的秘密不断被揭示;它投向大地,地学革命的成果累累;它投向微观世界,分子、原子直至基本粒子,毫米、微米直至纳米,一个成就接着一个成就;它投向人自身,细胞工程、基因工程、生殖技术等把生命科学一步步推向深入……历史告诉我们,创新是人类社会进步的不竭动力;是知识经济的命脉;是我们永葆生机的源泉。

一、创新是推动社会进步的支点

社会的全面进步是社会发展的总趋势。社会的全面进步包括社会物质文明、精神文明及政治文明的进步,社会由低级阶段向高级阶段的演化,社会制度的更新、社会生活内容的日益丰富……总之,社会的全面进步是建立在以创新为核心的人类能动劳动基础上的社会的质的飞跃。一部人类社会发展史就是一部不断创新的历史。社会发展的速度是与社会主体的创新思维和创造能力的强弱以及创新成果的丰硕程度成正比的。可以毫不夸张地说,人类创新思维及其创造能力是推动社会进步的支点。正是有了人类的创新思维,才有人类社会的日新月异。中国古代思想家王充说过:"倮虫三百,人为之贵,贵其识知也,人,万物之中智慧者也。"这里所说的"识知"、"智慧",即创新思维能力。恩格斯则称赞人类的思维是"地球上最美丽的花朵"。人类思维的美丽之处,无疑就是创新。创新,既是人类思维的最可贵之品格,也是人类思维结出的最丰硕、最珍贵的果实。

创新作为推进人类社会进步的不竭动力,具体表现在如下方面:

第一,生产力的创新是社会发展的最终动因。

物质生产力是社会发展的最终物质动因。整个人类历史归根到底是生产力发展史。社会形态由低级向高级的更替,首先归因于生产力水平的提高。推进社会发展的一切措施,都必须最终落实到是否有利于生产力的发展。而生产力的发展,是先进生产力不断克服、取代落后生产力的过程。从质和量两方面综合考察，先进生产力主要表现为相对于前一历史时期的更高的社会化程度、更先进的生产工具以及更高的发展程度和水平。先进生产力克服、取代落后生产力的过程，就是生产力创新的过程。

在当今，科学技术是衡量生产力先进性的根本标志。在现代社会中，现代科技已成为推动社会发展的最重要力量。只有以现代科技武装起来的物质生产力才是先进生产力。当代先进生产力就是知识型的生产力、信息化的生产力、社会化的生产力、市场化的生产力。现代化先进生产力，主要表现为劳动者的较高的科学技术及文化水平、劳动资料和劳动对象的较高的科技含量以及以知识和技能为中介的科学合理的生产力结构。先进的科学技术和现代化的人才，是现代化先进生产力的两个重要标志。只有以先进科技武装起来、拥有先进生产手段、为智能型劳动者所掌握的高水平的先进生产力才是推进社会发展的关键力量。那些科技含量低、生产手段落后、社会化程度低的生产力非但不能成为推进社会发展的动力源，而且势必为社会发展所淘汰。从这个意义上说，现代生产力的创新本质上是现代科技的创新。

先进生产力作为推进社会发展的原动力，一方面具有引导整个社会生产力的发展方向、推动整个生产力前进的作用；另一方面又肩负着克服、改造和超越落后生产力的历史任务。因而，社会发展的进程，不仅是生产力和生产关系、经济基础和上层建筑的矛盾运动，而且是先进生产力不断战胜落后生产力的过程，如江泽民同志在纪念中国共产党成立80周年大会上的讲话中所说："人类社会的发展，就是先进生产力不断取代落后生产力的历史进程。"人类的生产力水平不是停止的、不变的，而是永不终止的，永远不会停滞在一个水平上。因而，在前一个历史时期算是先进的生产力，到后一个历史时期就变得落后了；先进生产力不可能永远先进，它总有一天要被更先进的生产力所取代。这就表明，在生产力的发展进程中，势必蕴涵着先进生产力和落后生产力的矛盾运动。先进的生产力不是凭空产生的，而是在前一历史时期生产力发展的基础上产生的；而任何现有生产力系统的结构、功能及其具体形态、发展状况，又无不预示着未来生产力的发展态势，并在一定程度上影响和决定着未来更先进生产力的发展状况。生产力的发展就是这样一个不断弃旧图新、更新不已的过程。正是这种生生不已的生产力的创新过程推动着社会的发展。

第二，社会体制的创新是推动社会转型的根本推力。

从广义上理解，社会转型泛指一切社会形态的质变、飞跃。社会革命、社会发展进程中的重大改革和变迁等都可被视为社会转型的形式。在历史上，每一次社会形态的更替，都经历过社会转型期。

作为一个社会学专用名词，"社会转型"具有确定的方向性，即：专指社会发展中的前进的、上升的变迁;那些后退性质的变迁不在社会转型的范畴内。当今,"社会转型"更是特指社会从传统型向现代型的变迁,或者说由农业的、乡村的、封闭半封闭的传统社会向工业的、城镇的、开放的现代社会变迁的过程。在我国,"社会转型"这一范畴主要指改革开放以来当代中国社会结构的变迁,具体内容包括:从计划经济体制占主导地位的社会向市场经济占主导地位的社会转型;从农业社会向工业社会转型;从封闭、半封闭社会向开放社会转型;从伦理型社会向法制社会转型;从同质的单一性社会向异质的多样性社会转型;从"以阶级斗争为纲"的社会向"以经济建设为中心"的社会转型;等等。

社会转型的实质是社会进步。作为一个现实的社会发展过程,社会转型具有全面性,即只有社会的全面变迁才称得上社会转型,单方面或某几方面的社会变迁不属社会转型。因而,社会转型实质上是全面的社会创新。其中,尤以社会结构的变迁及其相应的社会体制的变革为社会转型的重要内容。而体制变革的核心是体制创新:以新体制取代不适应生产力发展的旧体制。在当代中国社会转型的过程中,体制创新的主要内容是以适应市场经济发展的社会体制取代与市场经济不相适应的一切旧体制,其中尤以经济体制的创新为主。经济体制的创新从宏观上说,主要旨在建立适应社会主义市场经济,具有中国特色的创新体系,包括各种与经济体制创新相关联的经济调控、经济运行新机制及社会保障机制;从微观上说,就是企业制度的创新,即:破除不适应社会和经济发展的企业旧制度,建立适应现代生产力发展要求的新制度。现代企业制度正是体制创新在企业改革中的具体运用。企业制度创新是企业改革的重点,其根本目的在于:引入竞争机制,激发内部活力,通过管理制度、产权激励制度、收益核算制度等方面的创新,充分调动各方面积极性,从根本上解放和发展生产力。无论宏观还是微观方面的体制创新,都是推进社会改革和发展的重要推力。

第三,社会主体思想观念的创新是推动社会发展的先导。

由人们的思想观念构成的社会意识对社会发展具有重大的反作用,先进的、具有前瞻性的社会意识可以推动社会发展,保守落后的社会意识则将阻碍社会发展。从这个意义上说,人们思想观念的创新在社会发展进程中起到了先导作用。就我国改革开放的历史进程来说,人们思想的解放和观念的更新就起着关键的导引作用:先是打破"两个凡是"的思想牢笼,提倡"实践是检验真理的惟一标准",拨乱反正,解放思想,用实事求是代替"两个凡是";用以经济建设为中心代替"以阶级斗争为纲";用开拓进取、改革开放代替僵化、停滞;用社会主义初级阶段的理论代替对社会主义的"左"的理解。这一次全国全党的思想大解放极大地激发了全国人民的主体创新性。亿万人民的创新精神、实干兴邦精神得到了前所未有的发挥,社会面貌焕然一新,综合国力显著增强。20世纪90年代初,邓小平南巡讲话在全党全国又一次引起思想大解放,人们摆脱了把计划经济与市场经济看作属于社会基本制度范畴的思想束缚;摆脱了所谓"市场经济是资本主义特有的东西,计划经济是社会主义特有的东西"的传统观念,在计划与市场的关系问题上有了重大突破。这次思想观念的创新在全国确立了社会主义市场经济的体制目标,又一次推进了我国社会向现代化的转型。党的十五大以后,我国思想观念的创新更是不断:把邓小平理论确立为党的指导思想并写入党章;确立了社会主义初级阶段的经济、政治、文化纲领;在所有制结构方面的新思想、新观点;社会主义分配理论的新突破;依法治国与以德治国方略的提出;"三个代表"重要思想的形成;新时期党建理论的新突破;科学发展观的提出等。一次次思想观念的创新,为当代中国的社会转型提供了与时俱进的正确指导思想,为构建社会主义和谐社会和全面建设小康社会起着先导作用。

总之,人类历史是人们自己创造的。社会主体的创造力是推动社会发展的不竭动力。社会形态的每一个进步和每一次由低级向高级的进展,都是人们发挥创造力的结果。社会发展程度越高,社会主体的创造力就发挥得越充分。在前现代的传统社会里,人身依附型的社会体制造就的是依附型的人格。在传统社会中,人们往往把自己的利益、意愿和希望寄托在"真龙天子"、"太平宰相"、"青天大老爷"的身上,形成"逆来顺受、惟命是从"的人格特征,这当然也就谈不上主体创新性的确立。传统社会注重传统、推崇老祖宗的习俗也使社会成员更关注过去而怕创新,不敢悖逆老祖宗的章法,传统社会"面向过去"的特征同样严重影响着主体创新性的确立。现代社会打破了人身依附型的社会关系,赋予人以更大的主动性和能动性,给了社会成员更多的选择与创造机会;同时,现代社会社会变革日益迅速,社会发展速度为传统社会所不可比拟,这也促使社会成员更关注未来,注重创新。"面向未来"是现代社会区别于传统社会的一个重要特征。社会主体创新性的确立,也成了区分传统社会和现代社会的分水岭。

二、创新是知识经济的命脉

从历史上看,创新从来都是社会经济发展的重要动力。尤其是经济落后国家的崛起,无不依靠创新,包括科技创新、体制创新、产品创新等,依靠国民创造力的充分发挥。一部近代世界经济发展史,就是经济落后国家不断创新、后来居上、赶超先进国家的历史。

文艺复兴初期,意大利科学技术一度领先,因而经济繁荣。随后是英国经济崛起,独领风骚两百年。在此两百年中,英国经济之所以领先于世界其他国家,一个主要原因就是英国的科技创新领先。英国的工业革命时期即是发明创造的黄金时期。18世纪中期，法国急起直追，成为世界经济发展中心。法国资产阶级在启蒙运动和资产阶级大革命中高举科学和民主大旗，重视创新人才培养，实施教育改革，鼓励发明创造，倡导科技研究和应用，为开发民族创造力、推动经济发展奠定了扎实的基础。从1751年到1850年期间，法国取得的重大科学成就项目已明显超过英国。到了19世纪后半期，德国走到了科学技术发明的最前列，他们吸取了英法科学技术的新成就，并注重与工业应用相结合，先后发明了发电机、内燃机和合成染料等，并引发了以电力的广泛应用为标志的第二次工业革命。据史料记载，在1851年到1900年期间，无论是科技重大成就的排名，还是获得诺贝尔自然科学奖金的人数，德国都位居第一。正是科技的创新，促使德国从农业国一跃成为先进的工业国。

20世纪开始，美国用100多年的时间超过了英、法、德等欧洲列强，奇迹般地一举成为称霸全球的经济大国和军事大国。之所以如此，同美国一向重视创新人才培养和国民创造力开发有关。他们尤其重视科技自主创新能力的培育。从富兰克林发明避雷针开始，到莫尔斯、贝尔、爱迪生利用欧洲基础科学的研究成果，发明了电报、电话、电灯等，美国掀起了科学发明创造的第一次浪潮。20世纪40年代，美国又爆发了以原子能、电子计算机与空间技术等为核心内容的发明创造新浪潮。20世纪50年代末，美国以大学为依托，创办了科研与生产相结合的"科技工业区"（其中尤以"硅谷"为最著名）。在科技工业区，出现了英特尔公司、苹果公司、微软公司等著名公司，实现了真正意义上的科技创新，有力地推动了知识经济的到来。

同时，日本、亚洲"四小龙"等也依靠科技创新的力量，使本国本地区经济插上了腾飞的翅膀，一跃成为经济发达的国家。据有关资料统计，日本从20世纪50年代到60年代，在国民生产总值增长率中有65%可归因于科技进步。亚洲"四小龙"的经济腾飞也主要归因于科技自主创新能力。

如果说，以上事实充分证明了创新是经济腾飞的主要动力，那么，创新更是知识经济的命脉。知识经济是知识成为主要生产要素的经济，是继农业经济和工业经济之后发展起来的一种新型经济。20世纪最后二三十年间电子计算机的迅猛发展和软件产业的兴起是知识经济开始形成的标志。知识经济同以往经济形态的主要区别，就在于生产要素的不同：以农业为主要生产部门的农业经济是以劳动力、土地为主要生产要素的经济；以工业为主要生产部门的工业经济是以机器设备、原材料和能源为主要生产要素的经济；而在知识经济时代，知识成了主要生产要素，这就意味着，以知识为基础的高科技的创新、传播和应用成了经济发展的主要动力，承载着创新使命的教育和科技部门成为经济发展的关键部门；以创新为主要运作机制的信息产业（以网络、光纤、多媒体为主要标志）成为经济中最有活力的产业。其创造的价值往往居于国民经济产值的首位。如在知识经济最发达的美国,比尔·盖茨的微软公司的产值已超过美国三大汽车公司产值的总和。

事实已经证明:知识经济是创新型经济,创新是知识经济的命脉,具体表现为:

其一,在知识经济时代,知识信息量激增及知识创新周期性日益缩短,越来越成为经济增长中最具生命力和最活跃的生产要素;创新成为推动知识经济发展的不竭动力。在农业经济和工业经济时代,生产力的发展虽然也离不开创新,但创新的因素不占主导地位。而在知识经济的发展进程中,知识、科技创新在生产要素中占据了主导地位。现代科技发展速度越来越快,新的科技知识和信息迅猛增加。据英国学者詹姆斯·马丁的统计,人类知识的倍增周期,在19世纪为50年,20世纪前半叶为10年左右,到了20世纪70年代缩短为5年,80年代末几乎每3年左右就翻一番。近年来,全世界每天发表的论文达13000～14000篇,每年登记的新专利达70万项,每年出版的图书达50多万种。新理论、新材料、新工艺、新方法不断出现,知识老化加快。据统计,一个人所掌握的知识半衰期在18世纪为80～90年,19～20世纪为30年,20世纪60年代为15年,80年代缩短为5年左右。① 在知识经济领先的国家,技术每年的淘汰率是20%,即技术的平均寿命只有5年。一个国家或一个企业即使大量引进和采用最先进的工艺技术,如果没有自主创新能力,也会迅速老化、枯萎。当今,科技创新对经济增长的贡献率呈现不断上升趋势:在20世纪初为5%～20%,20世纪70～90年代为70%～80%,21世纪将高达90%②。知识经济靠科技的持续创新维持生命。

其二,知识经济是劳动主体智力化的经济。科技是第一生产力在知识经济时代得到了充分体现:在生产工具方面,作为人脑延伸的控制器占据了主导地位;在生产力要素结构方面,物质要素正让位于智力要素,知识、科技、管理已构成生产力要素中的重要成分;在劳动力结构方面,"白领"工人数量大大增加,有较高文化的素质和较高技能的知识工人上升到绝大多数,知识工人越来越成为未来社会的重心。以创新为主要特征的知识经济以作为劳动主体的人为创造的载体,惟有具备创新能力的人才能充当知识产业中的决定性因素。

其三,知识经济催生了智力型产业结构。知识经济引起了产业结构的大调整,并正在从根本上改造国民经济。包括:(1)知识产业迅速崛起,成为带动国民经济发展的主导产业。(2)产业新型化、"软化"。制造业比重下降,服务业比重上升;知识、科技向传统产业部门渗透,传统产业部门的知识含量与日俱增,以至发生质

---

① 梁良良.创新思维训练.中央编译出版社,2000.第12页
② 周瑞良等.创造与方法.中国林业出版社,1999.第26～27页

变,脱胎换骨,焕发出新生命力。(3)高科技催生一些新的智力型"边缘产业",如光学电子产业、航空电子产业、汽车电子产业等。这些产业与科学研究和教育相结合,带动了其他产业的新发展。(4)国民经济正由能源密集型和资金密集型向技术密集型、知识密集型和信息密集型转化。服务经济、信息经济、网络经济等日益成为知识经济社会的显著特征。(5)知识经济促成经济增长方式的转变。

其四,知识经济时代经济增长的方式将由外延增长为主转变为由内涵增长为主,即经济增长主要不是靠投资和就业的增加而是靠技术和知识的投入。国民经济数量扩张趋缓,而质量改善(电子化、信息化、低能耗、低物耗)加快。生产方式由"规模化、集中化、标准化"向"灵活化、多元化、分散化"转变,大工业模式已不再是流行的趋势,网路技术使企业组织分子化,通过建立网络化的联系,以知识和创意为产品增添价值。"总量增长型"的经济增长方式将让位于"质量效率型"的经济增长方式。

总之,创新成为知识经济的命脉。在知识经济时代,国与国的竞争将集中在科技与教育上,集中在一个国家有多大的知识、科技创新能力上,集中在能否培养出大批创新人才上。

三、创新是永葆生机的源泉

有一则寓言说,如果把一只青蛙放入沸水中,它会立刻试着跳出。但如果把青蛙放入温水,然后逐渐加温,青蛙会呆着不动,并显得若无其事,甚至自得其乐,直至最后被煮熟。

这则寓言说明,如果我们对外在的环境变化反应迟钝,不改变现状以适应外界变化,就会被时代所淘汰。不创新就是死亡,而创新是永葆生机的源泉。

我们正生活在一个创新的时代,新事物、新问题、新情况层出不穷。面对这些新事物、新问题、新情况带来的新矛盾,惟一的选择就是把握机遇,及时创新,与时俱进;非如此则不能适应时代、顺应历史。

在经济领域,创新增添力量,使经济主体在竞争中得以取胜;在科技领域,创新激发智慧,推进科技不断迈向新台阶;在教育领域,创新培育人才,促成新思想、新观念及拥有创新本领的人才辈出;而对于个人而言,同样"有智者事竟成",有创新思想、敢于不断创新者才能走向人生的新境界……

不甘落后,有忧患意识,是不断创新的根本途径。《易经·系辞》有言:"安而不忘危,存而不忘亡,治而不忘乱。"《孟子》也说:"生于忧患,死于安乐。"古人就已经深知忧患意识对于生存、发展的重要性。正是有了忧患意识,才能激励创新,从而有所发明、有所创造、有所前进。

一个国家要在忧患中激励创新，促进发展。日本在战败后的50多年里，宣传"危机意识"可谓年年讲、月月讲、天天讲。如20世纪40年代后期提出"民族虚脱危机";60年代提出"原料市场危机";70年代提出"能源危机";80年代提出"贸易危机"等等。据说日本中小学教科书中写道："日本国土狭小，没有资源，只有靠技术、靠奋斗，否则就要亡国。"美国前总统里根于1988年4月2日发表讲话："美国若不加强科学技术的研究，增加科研经费的开支，美国很可能沦为二流国家。"正是这种危机意识激励国人不断创新，不断奋进。

　　一个企业同样只能在不断创新中才能生存和发展。日本松下电器公司的成功在很大程度上归功于他们的忧患意识。在松下幸之助担任电器公司总经理期间，鉴于当时飞利浦电器公司因满足于现状而走下坡路的教训，时刻提醒公司员工："现在松下电器公司被认为是最优秀的电器公司，这种观点本身就是很危险的。"他说："今天的强者将成为明天的弱者。"为了确保松下电器公司今后立于不败之地，在"强化经营体制，改变企业现状"的口号下，松下曾多次自我否定，有时不惜推翻现有的工作模式与企业规划格局，进行一系列体制改革与技术革新，并起用一大批具有新思想的人才。正是由于松下公司经常查找自己的不足，做到居安思危，才得以长盛不衰。在美国硅谷，标新立异则成了受到尊崇的个性。硅谷强调创新，反对崇拜偶像，敢于向传统挑战，反对安于现状。它成了新思想新事物的发源地。

　　中华民族向来是勤劳智慧、富有创新精神的民族。我们的祖先从"燧人氏"发明钻石取火，"神农氏"发明农业、医药和制陶，"仓颉"发明织造技术进而开始造字，在其生生不息的生存发展的斗争中，创造发明曾经一路领先，留下过许多令人瞩目的光辉成就。例如，在织染方面，我国是世界上最早养蚕种桑和丝织的国家。早在公元前3000年，我国已经有比较发达的养蚕和丝织业了。在陶瓷业方面，我国制陶的工艺技术早在新石器时代就已达到了较高的水平，以后一直独领风骚上千年。在冶炼技术方面，直至产业革命前，中国的冶炼技术一直处于世界领先地位。中国的四大发明更是老幼皆知，马克思高度评价它们是"资产阶级发展的必要前提"。[1]

　　到了近代，由于种种原因，中国在科技创新和经济发展中落伍了。新中国建立后的几十年中，中国人民扬眉吐气，焕发出了极大的社会主义创造性，但由于"左"的影响，造成一次次失误，错过了一次次的机会，本来开始缩小了的与先进国家的差距又拉大了。改革开放后，中国才重新走上以经济建设为中心的发展之路。思想上的大解放砸碎了禁锢人民创造力的枷锁。自20世纪90年代以来，我国更加

---

[1] 周瑞良等.创造与方法.中国林业出版社,1999.第21~23页

重视科技进步在经济发展中的作用。1993年,我国颁布了《中华人民共和国科学技术进步法》,以法律的形式保护科技发明创造。1995年,中共中央和国务院发布了《关于加速科学技术进步的决定》,提出了"科教兴国"和"可持续发展战略",并在同年召开了全国科技大会。就在这次大会上,江泽民同志向全国全民族发出了"创新"的号召,指出:"创新是一个民族进步的灵魂,是国家兴旺发达的不竭动力……一个没有创新能力的民族,难以屹立在世界先进民族之林。"[1]以后,他又多次提到创新问题,诸如:"大力推动科技进步,加强科技创新,是事关祖国富强和民族振兴的大事"[2];"创新的关键在人才,人才的成长靠教育"[3];"在全社会形成尊重知识、尊重人才、鼓励创新的文化氛围"[4];"要使实事求是、探索求知、崇尚真理、勇于创新的精神在全党全社会大大发扬起来"[5]。党的第三代领导集体鉴于历史教训,明确地把提高全民族的创新能力作为事关我国能否在知识经济大潮来临的挑战和机遇中屹立于世界民族之林的大问题,把它提高为重要的议事日程。在十届全国人大四次会议通过的《国民经济和社会发展第十一个五年规划纲要》中,更是把着力增强自主创新能力,建设创新型国家提升为国策。这些都为我国经济的发展和综合国力的提升奠定了重要的基石。

改革开放的历史进程证明:创新是振兴中华的灵魂。

创新是实现中国特色社会主义跨越式发展的必由之路。我国人口多、底子薄,现代化程度远远落后于世界先进国家。据《中国现代化报告2005》预测,中国将在21世纪前50年达到世界经济现代化的中等水平;在21世纪后50年,达到世界经济现代化的先进水平,经济现代化水平进入世界前10名左右;到2080年中国有望成为经济发达国家。然而,《报告》指出,中国经济距离世界先进水平的差距仍然很大,虽然中国人均GNP的年增长率很高,但因为人均GNP的起点低,年增长量仍很小,我们与世界经济先进水平的绝对差距还在扩大。2002年中国综合经济现代化指数排世界108个国家的第69位。以人均GDP等三个指标来比较,2002年中国的经济现代化水平只是美国1892年的水平。中国和美国现代化差距达100年。要赶上世界先进国家,跟在人家后面亦步亦趋地爬行,肯定没有出路;只有不断创新,实现跨越式发展,才有望跻身于世界先进行列。

要实现我国社会主义生产力的跨越式发展,至少必须跨越如下鸿沟:

---

[1] 江泽民论有中国特色社会主义(专题摘编).中央文献出版社,2002.第243~244页
[2] 江泽民论有中国特色社会主义(专题摘编).中央文献出版社,2002.第245页
[3] 江泽民论有中国特色社会主义(专题摘编).中央文献出版社,2002.第244页
[4] 江泽民论有中国特色社会主义(专题摘编).中央文献出版社,2002.第235~236页
[5] 江泽民论有中国特色社会主义(专题摘编).中央文献出版社,2002.第270页

一是社会结构鸿沟。近代中国的城市化道路十分崎岖。从19世纪下半叶到20世纪中叶,在外资入侵、列强割据的困扰下,中国城市化的发展极不均衡,城市布局畸型。新中国建立后,国家虽制定了城市发展规划,但20世纪50年代中期以后形成的城乡二元分割的社会结构严重阻碍了城市化的发展。改革开放后,城乡壁垒打破,但城乡二元差异并未消除,社会结构的鸿沟依然存在。当今中国社会是一个差异性极大的社会,一方面在广大农村还存有非常落后的农耕地区;另一方面,在发达地区却也已有达到欧美水平的后工业发达社区。

二是数字鸿沟。改革开放后,尤其是20世纪90年代以来,我国信息化速度加快,广大人民群众已切身感受到信息化的步伐。然而,我国信息产业的发展还存在一些突出问题,诸如:整体水平比较落后、技术创新能力比较薄弱、城乡信息技术差距显著等。信息产业落后造成的数字鸿沟不仅表现在我国与发达国家间,而且表现在国内城乡间,以至出现这样一种情况:当宽带网已进入大都市千家万户时,在偏远的农村中却连电话还未普及,在那里上网甚至还是一种奢望。

三是素质鸿沟。在城乡二元分割的社会结构中,由于受教育机会等条件的差异,城乡人口的素质具有明显差异。改革开放以后,这种差异并未随打破农村人口流入大城市的限制而消除,反而有扩大趋势。这是因为,在市场经济条件下,劳动力的流动遵循"流动人口经济活动能力高于流出地人口平均水平"这一规律,大量高素质、高经济活动能力的劳动力流入了收入较高的城市地区,从而使本来素质就不如城市的农村人口的素质更低,城乡人口素质鸿沟更深。

要跨越这些鸿沟,需要多方面社会因素的配合,而其中科技创新是关键。

首先,信息化的进程依赖信息技术创新。当今世界,以信息技术为核心的新技术革命浪潮迅猛发展,信息化正成为经济增长的重要驱动力量,其发展水平已成为衡量国家现代化和综合国力的一个重要标志。全面推进信息网络化发展,以信息化带动工业化,走新型工业化道路,是面向21世纪我国经济发展的一项重要战略决策。大力推进信息化进程的当务之急是将信息化与工业化紧密结合,将发展的立足点放到抓应用、抓改造传统产业上来,将发展思路从所谓"注意力经济"(又称"眼球经济",即取决于网络浏览人数的经济)转向购买力经济(消费型经济)上来,注重开发电子商务等"实业经济",推广普及"农村网络",提高我国信息产业的技术及信息、网络服务水平,加快消除城乡间及我国与发达国家间的"数字鸿沟"。

其次,城市化的进程依赖技术产业结构的升级换代,即产业结构的创新。社会结构在现代化进程中的变迁依赖于技术产业结构、就业结构、阶层结构等的变迁。从历史上看,发达国家的城市化进程大体上经历了两大阶段:第一个阶段始于工业革命,以"集中化"为特征,表现为农村人口大量流向城市,大城市迅速扩张;第二阶段以"分散化"为特征，表现为大批城市居民从城市中心迁往市郊，形成以大城市为中心的"都市圈"。这一城市化进程是由技术产业结构以及由此产生的就业结构、阶层结构的变迁为推动力的。以近代科技为基础的传统制造业及传统的工业大军促成了以"集中化"为特征的城市化进程；而以现代高科技为基础的信息产业则促成了以"分散化"为特征的城市化进程：一系列高技术产业开发区、新兴工业区兴起；传统的以"集中化"为特征的产业地区格局让位于由中心城区向四处辐射的产业地区分布结构，如美国加利福尼亚州的硅谷地带、北卡罗来那州的研究三角公园及围绕波士顿128号公路的技术地带等。

就当代中国而言，由于地区之间的差异性大，发达国家城市化的两个阶段往往同时出现于不同地区，当绝大多数地区仍处于"集中化"阶段时，一些发达地区已进入了"分散化"阶段，正朝着都市经济圈方向迈进。21世纪初上海与长江三角洲城镇协调发展模式的必然选择就是一例。这种城市化不同阶段交织发展的局面造成我国城市化进程中的社会结构鸿沟。跨越这一鸿沟的关键同样在于科技创新，走新型工业化道路。诸如：以现代科技推动现代农业，发展农村经济，积极推进农业产业化经营；用高新技术和先进适用技术改造传统产业，大力振兴装备制造业，保持大中小城市和小城镇协调发展；加强东、中、西部科技合作与交流，实现优势互补和共同发展，形成各具特色的经济区和经济带。在发达地区，应以推进农民居住向城镇集中、工业向园区集中、农业向规模经营集中为突破口，逐步实现郊区土地集约、产业聚集、人口集中，从根本上转变郊区的经济结构和布局；率先实现城乡一体化、农业现代化、农村城市化、农民居民化，形成与现代化国际大都市相匹配的郊区发展新格局，走出一条具有中国特色的城市化道路。

最后，在城乡"数字鸿沟"逐步缩小、大中小城市和小城镇协调发展的过程中，人口素质的鸿沟也必将能逐步缩小。这是因为：其一，随着信息技术的日益普及，"农村网络"的推广，不仅城市居民而且广大农村人口的信息意识、信息技术能力都将提高；其二，东、中、西的科技合作及大中小城市的协调发展，将促进城乡人口的双向流动，有利于填补人口单向流动造成的城乡人口素质鸿沟；其三，知识、信息、技术致富的新渠道打通了以往社会中一直存在的城乡、贫富阶层之间的森严壁垒，增加上下阶层流动的活力。

正由于创新是实现中国社会生产力跨越式发展的必由之路，创新也就是增强我国自身竞争力，提高我国国际地位的必由之路。当今世界各国综合国力竞争的核心是知识创新、科技创新。谁的创新能力强，谁就能在经济发展中占据主导地位。我们要提高综合国力，要在高科技领域立于不败之地，要屹立于世界民族之林，必须强调创新，重视创新，倡导创新，实施创新，以创新推进社会的全面进步。

第一章

创新思维：人类思维最美的花朵

创新与创造既有联系又有细微区别。本书所说的创新是从最广泛的意义上理解的。创新思维性与习常性思维是人类思维的两种基本属性。不同于习常性思维，创新思维以"奇"、"异"制胜。它是人类智慧的集中体现。创新思维与逻辑思维有着不可分割的联系，是逻辑思维链条的"中断"。创新思维作为一种复杂的立体思维，具有复杂的系统性。创新思维形成的内外系统性决定了创新思维的形成有内外两方面动因。创新思维形成于思维的多角度拓展中。

第一节 创新与创新思维

一、创新与创造

（一）创新的涵义

从广义上讲，创新也是一种创造。何谓"创造"？据韦氏大词典（Webster's Dictionary）的解释，创造（Creating）即"产生"（Productive），指"新的、从前没有的"意思。早在古希腊时期，亚里士多德就将"创造"定义为"产生前所未有的事物"。以后，国内外学者对"创造"有不同角度的理解，有的从心理角度理解创造，认为所谓创造即心理感觉的重新融合、经验的重新组合、新见识的产生等；有的从最终结果、产物这一角度理解创造，认为创造即"新颖和价值的统一体"、"新颖而且适于作为问题解决的方法"；有的从创造的目的理解创造，认为它是一种"寻求真理"的脑力和科学劳动；有的从社会价值的角度理解创造，认为"创造或创造活动是提供新的、第一次创造的、新颖而具有社会意义的产物的活动"；有的则从自我意义的角度理解创造，认为"当一个人自己想出、做出或发明了一样新东西，就可以说他完成了一次创造性行动"。尽管对创造有不同的解释和理解，但在对创造的不同理解中存在着两个共同因素："新颖性"与"适用性"。所谓"新颖性"，即一是独特性，独树一帜、标新立异、别出心裁；二是超越性和突破性，突破已有成果，超越已达到的水平;三是前瞻性和预期性,超越现实,预测未来,代表事物发展方向。所谓"适用性",即真理性和价值性,创造活动及其后果必须实事求是,符合客观规律,有益于社会或个体、群体的进步和发展,并经得起实践的检验。

依据"新颖性"程度的不同,可以把创造区分为两种情况:一是"原创",即在"前所未有"的情况下创造出新东西(新思想、新意见、新产品等);二是"二度创造",即在原有事物的基础上进行改良、革新,"推陈出新"。也有一种意见,仅把"原创"理解为创造,而把"二度创造"理解为"创新"。从词意上理解,创新即改革、革新、更新。笔者认为,"创新"似乎更全面地概括了具有新颖性的创造活动,它不仅可以指称"二度创造",也可指称"原创"。因为,各个领域的创造活动都必须在充分掌握本领域前人已经取得的成果的基础上进行新颖的、有价值的活动,所谓"原创"与"二度创造",有时并不是界限非常分明的,而往往是你中有我、我中有你。本书就是从比较宽泛的意义上定义创造的,因而使用"创新"一词。

依据"适用性"程度的不同,也可把创造区分为两种情况:一是具有社会价值的创造,即所创造的成果对全社会、全人类而言属于首创,对于社会发展、人类文明具有重大意义;二是具有自我价值的创造,即所产生的成果仅对创造者自身而言有创新意义,仅对个人的发展有价值。具有社会价值的创造活动以优见长,属高级、精华、尖端的创造活动;具有自我价值的创造活动属经常可见的、较为普遍的创造活动。没有自我价值的创造活动作铺垫,具有社会价值的创造活动也就失去了存在基础。本书所论及的创新,泛指上述两种不同"适用性"程度的创造活动。

依据表现形式的不同,还可把创造区分为内隐和外显两种情况:内隐的创造即以心理形式存在的、还未表现出来的创造能力;外显的创造即通过一定的成果、事实表现出来的创造能力。内隐的创造转化为外显的创造需要具备一定的条件,诸如:相应的知识和技能、必要的物质条件、适当的环境及机遇等。本书所论及的创新,包括内隐与外显双重意义。

(二)创新的类型

综上所述,本书所说的创新,其内涵广、适用面宽、表现形式多样。根据不同的标准,我们可把创新划分为以下诸种类型:

按创新的主体分,有知识创新、技术创新、管理创新、制度(体制)创新和教育创新。

所谓知识创新,即新思想、新理论的产生、深化。知识创新的成果表现为对新事物的判断或对已有事物的新判断、对经验事实的新说明、对经验定律的新解释以及对理论危机的化解等。知识创新的途径主要有两条:一是研究和发展;二是教育。研究和发展为知识创新提供必要的手段;教育为知识创新提供人才保证。知识创新是各领域创新的前提、基础,它为各领域创新提供原动力和智力保证。

所谓技术创新,即与社会发展密切相关的生产技术方面的重大变革,是指与新技术、新产品、新工艺的研究开发、生产制造及其商业化应用有关的技术活动。它是把科学理论物化为生产工具、生产产品或转化为生产者劳动技能的创新活动。1999年中共中央和国务院制定的《关于加强技术创新,发展高科技,实现产业化的决定》把技术创新界定为:"企业应用创新的知识和新技术、新工艺,采用新的生产方式和经营管理模式,提高产品质量,开发新的产品,提供新的服务,占据市场并实现市场价值"。① 最早使用技术创新概念的是美国经济学家舒姆彼得,他认为,技术创新是以新的产品和生产方法取代旧的产品和生产方法时所进行的"创造性破坏过程"。其内容包括五方面:(1)由于企业家的创造活动而导致新产品的出现;(2)新生产方法的引进;(3)新市场的开辟;(4)新资源的获得;(5)新经营组织的形成。②

在现代经济活动中,技术创新依赖科学理论的指导;而科学理论的创新必须转化为技术创新才有实际意义。技术创新是"知识形态"生产力转化为物质生产力的现实途径。

技术创新的主要形式有:

其一,生产工具创新。生产工具作为劳动资料的主要内容,是生产力发展水平的主要标志。在人类历史上,生产力每一次大的飞跃,都以生产工具的根本变革为标志。无论是从石器向铁器的更新;从手工工具向大机器的更新;还是从机械工具向自动化工具的更新,生产力性质和水平的跃迁都首先得益于生产工具的创新。生产工具作为用以改变或影响劳动对象的物质手段,直接决定着生产力的性质和水平;劳动者在生产过程中所积累的新的生产经验和所获得的新的劳动技能,首先要通过对生产工具的创新而形成新的更高水平的生产工具,才能改变人类作用劳动对象的方式,物化为更高的生产力。生产工具的创新程度是衡量技术创新水平的主要标志。

其二,产品创新。产品作为生产的成品是科技物化的最终成果。技术创新最终为的是开发科技含量高、在市场上有竞争力的新产品。在市场经济条件下,产品创新原则是"以市场为导向,以竞争作定位"。为此,技术创新的方向也必须瞄准市场,以技术创新促市场创新;以不断技术创新的动态优势确保新产品在市场竞争中的动态优势。

---

① 周瑞良等.创造与方法.中国林业出版社,1999.第6页
② 周瑞良等.创造与方法.中国林业出版社,1999.第6页

其三,技术人才创新。这是技术创新的根本。劳动者是生产力中最活跃、最重要的因素;劳动者素质的提高和劳动积极性的发挥,对生产力的发展起着关键作用。生产力中物的因素要靠人去把握;技术创新要靠具备创新素质的人才去实施。劳动者的创新素质对现代生产力的发展至关重要。因而,现代企业应通过各种途径,对劳动者实施创新教育,经过评价、考核和培养三个环节,实施开发技术创新人才的系统工程,把潜在的人才资源变成实在的人才资源。

开发技术创新人才的具体途径主要有:(1)建立科学的评价体系,公正地选拔人才;建立科学的人才评价制度和人才评价机构,变由少数人选人、在少数人中选人为科学选拔人才;(2)制定灵活的激励政策,广泛地吸引人才,鼓励那些德才兼备的创新人才脱颖而出;(3)持续开展继续教育,多方提供实际锻炼机会,不断提高企业员工素质,激发劳动者的创造能力,鼓励劳动者进行创造性劳动,以求得新的发现、新的发展和新的突破;(4)建立健全约束监督机制,科学地管理人才,建立优胜劣汰的用人机制,不断提高人才队伍的竞争力。

技术创新的最主要目的是提高自主创新能力,实现技术创新的可持续发展。现代经济的发展已使科技竞争的严峻性日益凸现。要在世界高科技领域占有一席之地,必须冲破发达国家的技术垄断。而发达国家是不肯轻易放弃高科技领域中的霸主地位的。目前发达国家向发展中国家的技术产业转移要么集中在成熟的技术产业;要么集中在科技产业中的劳动密集型技术;对核心技术是不会轻易转移的。培育技术创新能力,正是打破技术垄断,改变单纯靠引进、对国外技术消化不良现象的最好途径。

所谓管理创新,就是企业按照产业供销技术的变迁和市场的变化,调整企业组织、更新管理观念和管理方式。管理创新的过程就是随着科学技术和生产力的发展,根据企业内外经营环境的变化,对生产要素和管理职能所作出的新的变化和新的组合。

技术创新必然要求管理创新。因为管理也是现代生产力的一个重要构成要素。管理的基本任务是组织、协调生产力各要素,使其达到最优组合,取得最佳效益。在现代化生产中,专业分工细、生产环节复杂、配合密切,更需要有集中统一的管理和生产指挥。要把技术上和制度上的创新落实到现实生产力中,发挥出生产的现实力量,都必须有管理上的创新作保证。

就目前情况看,管理创新的主要内容包括:

其一,管理观念和管理方式的创新。管理包括人对物的管理和人对人的管理。单靠人对物的管理,难以推动生产力的发展。从20世纪上半叶开始,西方管理学实现了"人——物"关系原理向"人——人"关系原理的转化,创立了人际关系学说及行为科学,开始倡导管理的"人本"原理。所谓"人本"原理,就是指任何管理都应以调动人的积极性、做好人的工作、处理好人际关系、创造一个和谐的工作氛围为根本。"人本"原理体现了人的因素第一的思想,代表了管理创新的方向。根据管理的"人本"原理,管理者应把激励人的创造性放在首位,管理应实行为人服务的方式;应建立必要的为人服务的机构,给每一个人热情参与工作,在自己岗位实行创新的自由空间。

其二,管理机构创新和职能创新。一个企业能否在市场竞争中生存、发展、壮大,在很大程度上取决于有没有一个好的经营管理群体和高效的管理机构,尤其是有没有高素质的厂长、经理。因此,必须根据市场的导向及科技创新和制度创新的实际需要,随时调整管理机构,不断保持管理职能的高效性,保持管理者的高素质。只有这样,才能不断改善经营,加强管理;投入的资金才能发挥实效,快速增值。

其三,生产力要素组合的创新。既然管理的基本任务是组织、协调生产力各要素,以发挥生产力的最佳效益;因而,管理创新的一个重要内容,则是根据不断变化的生产力性质与水平,不断对生产力各要素作出新的组合。例如,面对知识经济的来临,知识和智力资源的创造、占有、运用,将会成为经济发展和社会进步越来越重要的推动力,生产力正由"物质要素主导型"转向"智力要素主导型";在信息化、数字化的条件下,生产组织趋于虚拟化和网络化;现代化的管理也就必然要向高度自动化、程序化发展,依靠现代科技尤其是信息技术协调生产力各要素。

所谓制度(体制)创新,即社会体制的更新,主要包括经济体制和政治体制的更新,即变革不适应生产力发展的旧体制,代之以生机勃勃的、充满活力的适应先进生产力发展的新的经济体制、政治体制及其他体制。

经济体制的创新从宏观上说,主要旨在建立适合社会主义市场经济,具有中国特色的创新体系,包括各种与经济体制创新相关联的经济调控、经济运行新机制及社会保障机制;从微观上说,就是企业制度创新。所谓企业制度创新,就是指破除不适应社会和经济发展的企业旧制度,建立适应现代生产力发展要求的新制度。现代企业制度正是制度创新在企业改革中的具体运用。制度创新是企业改革的重点,制度创新的根本目的在于:引入竞争机制,激发内部活力,充分调动各方面积极性,从根本上解放和发展生产力。就国有企业来说,制度创新就是要改变企业吃大锅饭、国家承担无限责任的状况,按照产权清晰、权责明确、政企分开、管理科学的原则改革企业领导体制和组织制度,为企业转换经营机制创造条件,形成以市场为中心进行技术创新的内在动力机制。就其他经济成分的企业来说,制度创新就是要围绕实行企业租赁、承包、股份合作等多种经营机制的建立与实践这个中心,以科学的管理制度和灵活的经营机制,提高企业的经济效益,增强就业的安置能力,提高企业的实力和活力。

产权问题是企业制度创新的核心。从20世纪80年代起,人们就开始从体制改革入手,力图解决国有企业缺乏活力的问题。在改革过程中,曾先后推出过三大类改革措施:一是调整国有企业的隶属关系:或将国有企业由中央政府管下放到由地方政府管,目的在于调动地方与企业的积极性;或将国有企业由地方政府管上收到由中央政府管,目的在于制止重复建设;或将国有企业由政府管改为由行政性行业集团管,目的在于解决政企不分的问题;或将国有企业由行业性政府机构管理转为由综合性政府部门管理,目的在于提高管理效率,解决政府机构在管理上的"相互扯皮"问题。二是调整国有企业的利益关系,力图通过实行利润分成、利改税和利润承包等措施,放权让利,增强企业活力。三是调整国有企业的权力关系,力图通过所有权与经营权分离,最终所有权与法人财产权分离等手段扩大企业自主权。然而,实践证明,调整国有企业隶属关系、利益关系和权力关系的改革,都无法从根本上解决国有企业问题。在这些问题的背后,还有更深层次的问题。这就是产权问题。国有企业所有者的产权主体虚置、资产无人负责状态的存在,是多年来国有企业改革之所以未能取得实质性进展的根本原因。要解决国有企业问题,必须从产权这个问题入手,必须建立现代产权制度,实行产权改革,将所有者引入企业。这正是现阶段企业制度创新的实质性内容。只有把产权问题解决了,才能真正实现国有企业的扭亏为盈,为科技创新创造良好的外部条件,从根本上解放和发展生产力。

政治体制的改革、创新的最终目标,则在于通过建立高度民主的、法制健全的、富有效率的社会主义政治体制,建设高度民主的现代化国家。江泽民同志指出:"我国政治体制改革的目标是,建设有中国特色的社会主义民主政治,健全社会主义法制,切实保障人民群众当家作主的权力。"①这就是说,建设有中国特色的社会主义民主政治,必须通过政治体制改革这一具体途径。通过政治体制改革、创新,发展社会主义民主政治,建设社会主义政治文明,这是党的十六大提出的重要任务。

所谓教育创新,即对传统教育观念、教育体制、教育手段、教育模式等等的革新、变革,旨在运用现代教育理念,采取科学的创造性的教学方法和手段,培养学生的创新素质,开发学生的创造性品格,培养创新人才。创新教育是提供创新人才的"蓄水池",是社会整体创新的基础。

按创新的层次分,有创见、创办、创举和创业。

---

① 江泽民论有中国特色社会主义(专题摘编).中央文献出版社,2002.第299页

创见属思想、观念层面的创新,是一种思想创新,其成果表现为一种新观念、新设计、新方案、新信息等。

创办和创举都属实践层面的创新。创办即创立和开办前人未曾从事过的新事业,是从创见转向创造的实践;创举也是一种创办,只是其规模更大、意义更重大,对社会发展的推进作用更显著。一般的创办称不上创举。

创业包括了创见的提出和创办的实践,是创造活动的整个过程:从创导新目标到创立新理论、提出新方法,直至做出新成绩、产生新结果。

按创新的状态分,有例行型创新、压力型创新和主动型创新。

例行型创新即"小改小革"型创新,对原有的产品、观念冲击不大;压力型创新即在外在压力下的不得已的创新,是被动型的创新;主动型的创新是出于创新者的高瞻远瞩的创新。主动型的创新才是真正的创新。

二、创新思维及其基本特征

(一) 创新思维与习常性思维

创新思维,是指人类在探索未知领域的过程中,充分发挥认识的能动作用,突破固定的逻辑通道,以灵活、新颖的方式和多维的角度探求事物运动内部机理的思维活动。

人类思维具有习常性和创新性两个基本属性。习常性思维即有既定方法可借鉴、利用,存在确定规则可遵循的日常思维。创新性思维即无有效方法可供直接利用,不存在确定规则可遵循的思维。英国剑桥大学认知基金会主席波诺(E. D. Bono)曾根据思考的出发点的不同情况,把思维活动的方式分为垂直思考法和水平思考法。垂直思考法从一固定的前提出发,遵照思考者惯常的推论定势,一直往下推衍,直至获得结论。水平思考法无固定的推论前提,当思考者从原有的观点出发,推不出所期望的结论时,便尝试以其他观点为推论前提,探寻认识事物、解决问题的新途径、新角度。这种变换观点、变换前提为特征的思维就是创新性思维。相对应而言,垂直思考法即习常性思维。由此,我们可把习常性思维称为垂直思维,把创新性思维成为水平思维。也有人根据生理结构把人类思维划分为左脑思考法和右脑思考法,认为,左脑的功能主要在于语言性的逻辑思考、推论能力;右脑的功能则主要在于语言性地直觉、创造想象力等。这样,创新性思维又可称为右脑思维,习常性思维成为左脑思维。

创新思维与习常性思维具有不同的思维品格。首先,两者性质不同:习常性思维是常规性思维,追求确定规则、方法、进程;创新性思维是开拓型思维,追求独到新颖性。其次,两者思维形态不同,习常性思维是平稳不息的思维,创新性思维是时断时续的思维。打个比方,习常性思维活动好比一条潺潺的河流奔腾不息,一刻不停;创新思维则好比山间的小溪,一会儿不见了,一会儿又冒出来了,来无影,去无踪,断断续续。

然而,创新思维与习常性思维又有着密切联系。其一,它们是同一思维的两个侧面,不可分离;其二,两者互为前提,习常性思维是创新思维的基础,创新思维是习常性思维的升华。人类大量的思维活动是习常性的思维活动,创新思维是对习常性思维的突破,没有持之以恒的习常性思维,就不会产生创新思维;其三,两者相互渗透,创新思维往往渗透于习常性思维活动中,而创新思维过程也离不开习常性思维(如逻辑推导)。

就创新思维而言,也有广义和狭义之分。广义的创新思维是经常可见的、面广量大的思维,常见于人们日常的思维活动中。只要对确定的规则有所突破,对已有的思路有所更新,对以往的方法有所改善,都可称作某种意义的创新。诸如:技术上的革新、工作思路的改善、产品的完善、学习和工作方法的改进,以及种种新观念、新点子、新想法的提出等等。其特征或是"二度创造",或是对某个体具有新颖性。狭义的创新思维以优见长,属高级、尖端的思维活动,是创新思维中的精华。其特征或是"前所未有",或是具有重大社会价值和社会影响。广义的创新思维与大多数人有缘,可以说,每个正常的人,都或多或少地具有程度不同的创新思维能力。狭义的创新思维则为少数人具有。狭义的创新思维是在广义的创新思维的基础上发展起来的。也就是说,尽管创新思维是高级的、复杂的思维活动,但决不是神秘莫测、高不可攀的,决不是少数天才人物才有的东西。

(二) 创新思维的基本特征

创新思维的本质在于"新",而不是重复,不是墨守成规。创新思维体现出的创造力,即首创事物的能力。创新思维的过程,就是根据一定的目的、任务,在脑中创造出新东西的过程,包括构思新思路、创作新艺术形象、设计新产品、发明新技术、勾勒新图样、制定新规划等。离开"新",就谈不上创造力,当然也就无所谓创新思维。

同其他思维类型相比,创新思维以"奇"、"异"制胜。它是人类智慧的集中体现。人类之所以能与其他动物相区别,成为大自然的主人,主要就是归功于其创造性禀赋。正是人类的创造性禀赋,赋予人类改造自然和社会环境、创造新世界的能力。创新思维作为人类创造性禀赋的集中体现,使人类突破各种自然极限,在一切领域里开创新局面,以不断满足人类精神与物质需求的重要思维活动。

创新思维具有五方面基本特征:

其一,独立性(求异性),即积极地求异,与众人、前人有所不同,独具卓识。创新思维是一种求异思维,人云亦云,步人后尘,不可能创新,只有敢于在认识过程中着力于发掘客观事物之间的差异性,发掘人们司空见惯、习以为常的事物背后的问题,对似乎是完美无缺的惯常的现象和已有的权威理论进行分析、怀疑、批判,才能力破陈规,锐意进取,勇于创新。科学史上每一次科学革命都同科学怀疑紧密相关。科学怀疑是从反面进行思考、探索、研究的理性思维活动,是具有否定性、试探性、不确定性等特征的思维形式。科学怀疑是人类进行创新思维活动所必不可少的。它既是科学思维的起点,又是科学思维发展的环节和手段,起着开拓思路、促进创新的重要作用。因此,"怀疑因子"是构成独立性即求异性的关键。除此之外,主动否定自己,打破"自我框框"的"自变性因子"以及敢于坚持真理,敢于反潮流,不怕外在压力的"抗压性因子"也是独创性的重要条件。

其二,连动性(联想性),即由此及彼的思维能力。创新思维往往出自于举一反三、融会贯通。这种连动或表现为"纵向连动",即发现一种现象后,立即向纵深挖掘,探究其内在机理;或表现为"逆向连动",即看到一种现象后,立即联想其反面;或表现为"横向连动",即发现一种现象后,随即联想到特点与之相似、相关的事物。连动性表明创新思维是一种逆向思维、联想思维。

其三,多向性(发散性),即善于从不同的角度思考问题。这种思维特型,或表现为"发散机智",即在一个问题面前尽量提出多种设想、多种答案;或表现为"换元机智",即灵活地置换影响事物质与量的若干因素,从而产生新思路;或表现为"转向机智",即在一个方向受阻时,不钻"牛角尖",立即转向另一方向;或表现为"创优机智",即在多种答案中努力探寻最优方案。多向性特点表明,创新思维是一种具有流畅性、灵活性的发散思维、置换思维和迂回思维。具有创新思维素质的人应思路开阔,不受传统的思想、观念、习惯的束缚,敢于从新角度去思考问题,善于从不同角度考虑问题,能"思如潮涌","一气呵成"。思路越流畅,思考量越大,成功的可能性就越大。

其四,跨越性(反常性),即越出常规,超越一般的逻辑推导规则和通常的实践进程,另辟蹊径,走出新的路子;或跨越时间进度,省略思维步骤,加大思维的前进性;或跨越转换角度,省略一事物转化为他事物的思维步骤;加大思维的跳跃性、灵活性。跨越性表明,创新思维是一种突发性的非常规思维,无序性往往是其一个重要特征。

其五,综合性(统摄性),即统摄前人成果、统摄多种思维形式和方法、智慧杂交的性质。创新思维不是一种简单的平面思维,而是一种复杂的立体思维。创新思维形成于大量概念、事实和观察材料的综合;形成于前人智慧的巧妙结合;形成于多种思维形式和方法的交替、融合。在创新思维过程中,既有归纳、演绎、分析、综合等逻辑思维,又有超越经验材料的科学遐想;既有长期的积累和经久的沉思,又有短时间的突破和一时的顿悟;既有正向、逆向的线性思维和纵向、横向的平面思维,也有多维开阔的立体、空间思维和交叉、整体思维。一言以蔽之曰,创新思维是一种具有综合、统摄性的高级思维形态,具有高度概括性,是建立在各种思维基础上的整体,是人类多方面智慧的体现;又具有极其深刻性,是各种思维的最后升华,是突破性的质的飞跃。正是从这个意义上说,创新思维是人类思维的最美花朵。

以上特点说明,创新思维的形成,需要创新者敏锐的洞察力和独特的知识结构。有敏锐的洞察力,才能独具慧眼,敏锐观察、洞察事物的本质,揭示事物的规律,才能抓住机遇,作出创新;有独特的知识结构,才能对各种知识成果进行科学的分析与综合,从中选取智慧精华,并通过巧妙结合,形成新的成果。

三、创新思维的发展模式

创新思维始于问题的提出,终于问题的解决。曾有不少人对创新思维发展进程的结构模式进行过有益的探讨。其中最有代表性的是英国心理学家澳勒斯(G. Wallas)提出的观点。他在1926年就提出,科学创造一般都呈现出"准备——酝酿——明朗——验证"四阶段的结构模式。

一是准备期。在这一时期,发现问题,提出创造性课题,并搜集与课题有关的知识材料,对材料进行整理和加工。

二是酝酿期。在第一阶段搜集材料、加工整理的基础上,对问题作试探性解决,提出各种试探方案。

三是明朗期。经过第二阶段的试探,提出新的认识成果,产生新的观念、新的思想。这是创新思维最关键的阶段。正是在这一阶段,思维主体的思想得以摆脱旧经验、旧观念的束缚,新思想脱颖而出,从而产生质的飞跃。

四是验证期。这一阶段的主要任务是对第三阶段得到的初具轮廓的新思想进行验证和证明。

上述创新思维的四阶段模式说明:(1)创新思维过程实际上是运用逻辑与非逻辑两种思维形式来完成的。作为创新思维关键阶段的"酝酿期"和"明朗期"同其他阶段的思维活动紧密相连,不可分割。没有问题的提出,没有对问题的反复酝酿,就不会有新思想的产生;没有对新思想的验证,新观点也就失去了牢固基础。从这个意义上说,逻辑思维与非逻辑思维都是创新思维所不可缺少的。(2)尽管逻辑与非逻辑的思维形式都不可或缺,但两者的地位、作用和意义却是不同的。逻辑思维的作用在于收集资料、观察实验,以至数学推导、逻辑证明等,它主要表现为常规性思维活动，本身不具有创新性质；反之，作为创新阶段的非逻辑思维的意义则主要在于摆脱旧观念的束缚，冲破旧知识的传统，提出新观念、新思想。以创新为特征的非逻辑思维形式在整个创新思维活动中至关重要。没有这种非逻辑思维形式，就没有思维的质变。正是鉴于此，狭义的创新思维专指这一阶段的思维活动。(3)在创新思维四阶段中，创新阶段处于以逻辑思维形式为主要特征的准备和验证两阶段中间，是逻辑思维的中断。这说明，创新思维是在长期的逻辑思维基础上对客观规律的深刻揭示而产生的。没有这种严格的逻辑思维的作用，创新是难以想象的。科学创造若没有逻辑思维的规范，必将脱离客观规律而陷入荒谬。

上述创新思维的四阶段模式还说明：创新思维是一种以逻辑思维为基础的"超越逻辑思维"。创新思维有两种形式：一种是未经过逻辑思维的基本训练，以纯粹想象力为基础的零散的四处辐射。这种思维虽然有时也很丰富，很有弹性，也有智慧的闪光，但深度不够，形成的往往是无根或断线的风筝式的游思，甚至是纯粹的幻想。它除了表现出"孩童式"的美感外，对新观点的培养无多大用处。另一种是以较强的逻辑为铺垫，与深刻的逻辑思考相结合的丰富想象、灵活跨迁。这种思维既有开创性，又有洞察力；既有发散性，又有系统性。这才是真正的创新思维。

创新思维必须以逻辑为基础，这是因为：

第一，只有经过逻辑训练，熟知逻辑规则，才能超越逻辑，达到更高境界。好比打牌，创新思维就像不严格按牌理出牌。最劣等的和最高明的牌手都是不按牌理出牌的，然而前者往往乱出牌，因而经常一败涂地，即使偶尔取胜，也是巧合；后者却往往形成妙牌，出奇制胜。两者的区别就在于，后者经过严格的牌理基础方法训练，而前者没有。打牌如此，创新思维与逻辑思维的关系同样如此。

第二，逻辑思维倾向于人类共同的知识领域，创新思维倾向于人类个体的心理领域；个人创造力的激发，必须基于对人类普遍知识的掌握，离开生生不已的人类知识海洋，再良好的个体心理思维素质也激发不出创新性。

第三，在科技史上，无数事例证明：创造想象力的强化往往归功于逻辑思维的训练。在哲学、数学上有开创性成果的英国大哲学家怀特海(A. N. Whitehead)、罗素(B. Russell)和德国大哲学家维特根斯坦；开近代传记文学新河、名列三大传记文学家之一的史特拉屈(G. C. Strachey)和著名文学家赫胥黎(A. L. Huxley)、萧伯纳(S. B. Shaw)；获诺贝尔物理学奖的物理学家卢瑟福(E. Rutherford)、汤姆生(G. P. Thomson)等都受过良好的、严格的逻辑思维训练。怀特海和罗素合著的《数学原理》算得上是逻辑发展史上的金字塔。总之，严格的逻辑思维训练会使思维更有系统、更为严谨，也会使思维创造力得以强化。

第二节 创新思维的形成机制

一、创新思维的内外系统性

创新思维作为一种复杂的立体思维,具有复杂的系统性。以创新主体为中心,创新思维是内外系统性的统一。就内在系统而言,创新思维与创新主体的认知因素、知识背景、动机、人格等因素有关;就外在系统而言,创新思维与创新主体所在的群体、社会及历史背景有关。这就要求我们以系统的观点来考察创新思维,即不仅要考察思维主体的创新过程和结构,还要综合考察影响主体创新思维的诸多其他因素。

构成创新思维内在系统的主要因素有:

其一,智力品质和认知风格。比较得以公认的创新思维之智力品质和认知风格主要包括:(1)敏感性,即容易接受新事物,发现新问题;(2)流畅性,即思维敏捷,反应迅速,对特定的问题情境能顺利产生多种反应或提出多种答案;(3)灵活性,即变通性,指具有较强的应变能力和适应性,能发挥自由联想;(4)独创性,即产生新思想的能力;(5)再定义性或再构成性,即善于发现特定事物的多种使用方法,进行意义、关系的变换;(6)洞察性,即能够通过事物的表面现象,认清其内在本质的智慧。[①] 除此之外,发现问题的能力、明确问题的能力、阐述问题的能力、组织问题的能力以及确定解决问题方案的能力也是创新思维所必需的智力品质的认知风格。

其二,知识、技能和动机。有关领域的知识、技能和动机直接关系到创新思维的产生和发展。有关领域的知识和技能是特定领域中开展任何活动的基础,也是特定领域中创新思维形成的基础,它决定着思维者的成果能否超越以往成果的水平。同时,个体的工作动机则决定着一个人对待工作的态度及理解程度,决定着个体对周围事物的热情和兴趣。有好奇心、有高度的热情被视为创新思维的有价值的构成要素。

其三,人格因素。人格因素也影响着一个人的创新思维水平。据有关专家研究,富有创造性的个体具有如下人格特征:(1)有高度的自觉性和独立性,不轻易与别人雷同;(2)有旺盛的求知欲;(3)有强烈的好奇心,有深究事物运动机理的动机;(4)知识面广,善于观察;(5)工作中讲求条理性、准确性与严格性;(6)有丰富

---

① 张庆林.创造性研究手册.四川教育出版社,2002.第20页

的想象力、敏锐的直觉,喜好抽象思维,对智力活动与游戏有广泛兴趣;(7)富有幽默感,表现出卓越的文艺天赋;(8)意志品格出众,能排除外界干扰,能长时间地专注于某个问题之中。当然,上述人格特征不可能完整地体现于某单个个体,不同类型、不同领域的创造者,会体现出不同的组合。①

影响创造个体的外在因素主要包括两大部分:一是文化因素,二是社会因素。文化因素称作"领域",是形成创新思维的知识背景,是产生创新的必要条件,很难想象可以脱离任何知识领域而可能创新的。一个人如果没有某领域的知识,即使有创新的天赋,也不会有创新的成果。社会因素称作"场",即特定领域中的社会组织。这种社会组织往往对创新成果的评价具有特别重要的意义。现实的创新过程固然需要创造者个体自身特有的素质和必备的知识,但也需要获得必要的社会承认。一个人如果产生了某些新的思想或理论,但如果没有人认识到它的创新价值,那么这种创新思维也是不会对社会产生影响的。在人类历史上往往出现这样的现象:在一定地区的某个历史时期,创新人才尤为集中,如古希腊时期、中国春秋战国时期、欧洲近代文艺复兴时期、近代几次重大的科技革命时期等。这一现象说明,创新思维的形成不仅是单纯的心理因素,而且是一种社会现象,特定历史时期的环境因素决定着创新思维的产生。例如,轻松、民主的工作、学习环境中创新者与评价者之间的"热情宽容的关系"有助于弘扬创新性;较强的团体凝聚力及团体中的民主气氛有助于团体中的成员自由地展现其聪明才智;适当的竞争则有助于组织成员创造性潜能的激发;反之,则不利于团体成员的创造性的激发。

可见,创新是一个系统的运动过程。在创新思维的内外系统中,创造者、社会和文化三者相互作用,构成一个不可分割的整体;信息在创造者与文化的交互作用的"领域"中传递,社会在与文化、创造者交互作用的"场"中选择、评价新事物;新思想、新事物在三者交替作用的过程中产生并有所选择地发扬光大。

二、创新思维的形成动因

创新思维形成的内外系统性决定了创新思维的形成有内外两方面动因。

就创新思维的内在动因而言,包括开发智力的整合原理、流动原理和调节原理。

所谓整合原理,即创新思维产生于多种思维方式长期综合交融的原理。在科学研究中,各种研究内容、方法密切配合,水乳交融,才形成一个系统。创新思维往往是以各种常规思维方式作为要素而构成的整合思维。"独创性"正是这种整合

---

① 张庆林.创造性研究手册.四川教育出版社,2002.第21~22页

思维的新质。创新思维的品格恰恰产生于多种思维方式和方法的有机结合。也就是说,创新思维并非游离于其他各种思维方式和方法而独立存在的思维方式,而是渗透于其他各种思维方式中,由多种思维方式和方法"总体综合"的结果。在创新思维过程中,既有逻辑思维式的理智,又有形象思维式的勾画,还有灵感思维式的直觉;既有类比、分析、综合、归纳和演绎的逻辑方法,又有超越这些方法的发散、收敛、统摄等。

所谓流动原理,即创新思维产生于合理的、不停顿思维流动过程中的原理。运动是物质的根本属性。商品只有在流通中才能体现其价值;动物只有在竞争中才能生存;人的思维只有在不停的流动中才能处于相应的能级结构,充分发挥自己的智力。实践证明,创新思维形成的一个重要内在动因在于思维的合理的流动。首先,按兴趣和爱好流动是形成创新思维的一个重要原则。强烈的兴趣和爱好可以集中人的精力和注意力,使人专心致志,废寝忘食,深入钻研,向纵深推进,从而形成创见。永不间断的好奇心和对周围事物不断更新的兴趣是创新者最显著的个体特性之一。相传瓦特在研制蒸汽机时,专心致志到了如痴如狂的地步。有一天邻居家不慎起火,人们大喊大叫,但瓦特仍专心于研究,对屋子外的吵闹声全然不知。待到火焰蔓延开来,自家的屋梁快要倒塌时,他才如梦初醒。可正要离开屋子时,他又对由从消防水管中喷出的水在火焰中变成的水蒸气产生浓厚的兴趣,开始呆呆地观察、研究起来,完全把自己的安危置之度外。强烈的创新意向大大提高了创新者对外界事物的敏感度。其次,向智力结构更高的层次流动,是形成创见的又一重要原则。创新思维是高智能的思维。只有不断提高思维者的智能,丰富思维者的知识,开阔思维者的眼界,才能激发思维创造力。

所谓调节原理,即创新思维往往产生于适当的目标调节的原理。创新应有一个相对固定的目标,但也不能死盯在一个固定不变的目标上,应根据创造者的能力、社会环境及种种条件的变化,随时注意对原有的目标进行适当的调节。因为,一种创新思维的成功,不是任意的、无条件的,它不仅受到主观兴趣、个人智力和知识程度的影响,而且受到多种客观条件的限制。一旦发现自身的能力及各种客观条件与原定的目标不符便及时转向,寻找更合适的目标,是促成创见的明智做法。

就形成创新思维的外在动因而言,则有形成良好创新环境的信息轰击原理、群体激智原理和压力原理。

首先,创新思维的形成仰仗于大量信息量的轰击。人的大脑只有在大量的、高档的信息传递场中,才能开发、发展自己的智力。一个人对外界的接触面越广,从外界获得的信息量越多,诱发创新思维的可能性就越大。闭目塞听、孤陋寡闻的人是不会有所创新的。因此,为诱发创新思维,必须设法增加接触的信息量,提高接触的信息的质,加速信息的交流、传递速度,让创新者置身于广阔的信息交流场中,多看、多听、多写、多想、多记,接受大量高质量信息的轰击。

其次,创新思维的形成又依赖于"群体激智"。一般说来,创新思维是群体激智的产物。思维者如果脱离外界,离开学术交流,在封闭的场合冥思苦想,闭门造车,创新思维是不会光顾他的。尤其是现代科学的发展,更需要群体的思想交锋,需要团队的配合。在科学发展史上,依靠群体进行科学创造,一直是个光荣传统。畅谈会就是基于这种想法而创造出来的一种组织形式。爱因斯坦青年时代和几位朋友组织了"奥林匹亚科学院",经常举行科学讨论会。这种讨论丰富了爱因斯坦头脑,对他以后发表科学创见起了重要作用。物理学家劳厄在慕尼黑大学任教时,常去一个咖啡馆参加一群物理学家的畅谈,受益匪浅。"X射线对晶体的衍射现象"的重大发现,就是在这种气氛中形成的。控制论的创造者维纳,也常从"午餐会"的高谈阔论中捕捉思想的火花,激发自己的创见。事实证明,创新思维的形成需要群体的力量。只有依靠群体的力量,才能通过启迪思维而扩展思路,强化思维而向纵深开掘,灵活思维而在多维中纵横。国外心理学家曾以"Brainstorming"(原意是"头脑起风暴")这个词表示群体激智的方法,可译为"头脑起风暴会议"、"智力激励法"、"振脑会议"、"诸葛亮会"、"BS法"等。

再次,创新思维的形成还少不了环境的压力,包括自然压力、社会压力、经济压力和自我压力。压力能驱散怠惰,能激发强烈的事业心,能增长求知欲,能培养永不枯竭的探求精神。压力作为一种势能,能在一定条件下转变为动能。正确使用压力,正确把握压力的"度",能使之成为开发智力的强大动力。

三、创新思维的形成途径

创新思维形成于思维视角的拓展。从某种意义上说,创新,也就是用不寻常的视角去观察寻常的事物,从而使事物显示出某些不寻常的性质。有时,这里所谓不寻常的性质并非事物新产生的性质,而是一直存在于事物之中,只不过已往人们并未发现的性质。首先转换视角发现这种性质,就构成了创新思维。例如,人们通常竖切苹果,从未发现从苹果中可以切出一个五角星。一次,有位小朋友从幼儿园回到家并告诉爸爸,从苹果中可以切出一颗星星;爸爸吃过许多苹果,但从未发现苹果中有星星。于是拿起一个苹果,按老习惯切开,问小朋友哪有星星。小朋友拿起另一个苹果横刀一切,从横断面看,苹果核果然显现出一个清晰的五角星状。孩子换一种切法,居然发现了自己从未发现的苹果里所隐藏着的五角星,这使爸爸感慨万分。这一例子说明,创新的智慧往往来源于转换思维、拓展思维视角。有人把这种善于转换思维视角的方法称为"液态思维法",即没有固定的形态,能随形就势进行变通的创新思维法。这种思维法往往是创新的金钥匙。

1. 在肯定与否定的对立中拓展思维视角

唯物辩证法认为，任何事物都是肯定与否定的统一。因而我们要学会从肯定与否定的对立统一中观察事物，既要看到事物的肯定方面，又要看到事物的否定方面，不能"全盘肯定"，也不能"全盘否定"。创新思维往往来源于肯定视角与否定视角的辩证统一。

思维的肯定视角，指思考一种通常容易被否定的事物或观点时，首先设定它是正确的、好的、有益的、有价值的，然后沿着这种视角，寻找这种事物或观点的价值。思维的否定视角，则指思考一种通常容易被肯定的事物或观点时，反过来考虑问题，把它设定为错误的、坏的、有害的，并由此出发寻找其对立面价值。许多新的想法往往产生于这种"颠倒过来思考问题"的肯定与否定思维视角转换。

如对一件失败的事，只需转换一下视角，就是一件成功的事。每一项失败都包含着成功的因素。我们需要用肯定的视角去发现隐藏在失败中的成功因素。历史上有不少新发明，都是在犯了错误后而"将错就错"的产物。据说，德国某造纸厂因为配方出问题，造出的纸无法写字。有位技师却用肯定的视角看待这件事，开发出一种吸墨纸。一位发明家在研制高强度胶水时，生产出的胶水粘性很低，他不以为败，却沿着肯定"粘性低"的思路造出了不干胶。美国一家玩具公司的董事长从孩子喜欢在大人看来是"丑陋"的东西这一点出发，试制出大受孩子欢迎的"丑陋玩具"而为公司带来丰厚利润。凡此种种，都是肯定视角促成创新。

否定视角同样是引发创新的可贵思路。当众人都在肯定这一事物，你如能持否定视角，表现出"反潮流"的思维品格，往往能高人一筹，提出创新。日本的大企业都有专职"视察员"，他们的职责在于从否定视角"专挑毛病"，时刻注视着那些错的、坏的、需要改进的东西。工人们习惯地称其为"挑刺员"。恰恰这些"挑刺员"推进着产品的改进、创新。

当然，对肯定或否定视角不能机械地看待而生搬硬套。对有些问题一时难以下结论，不妨可以暂时"搁浅"，使我们的思维处于"待定"状态。"待定"状态可以让头脑放松，"伺机待发"，引发创新。这是"待定视角"。待定视角基于这样一个事实：创新思维的形成需要一个酝酿过程，不到火候，新思维不会产生。待定，正是一个思考、酝酿、等待时机的过程。

2. 在"今日—往日—来日"的流变中拓展思维视角

任何事物都处于发展的进程中。今日的事物从往日的事物发展而来，又向明日的事物发展而去。没有一成不变的事物。因此，我们必须学会用发展的眼光观察事物。创新思维离不开发展的眼光。在"今日—往日—来日"的流变中拓展思维视角,正是这种发展眼光的具体体现。

要在"今日—往日—来日"的流变中拓展思维视角,就要求我们突破只看到事物现状的静止视角,强化"往日视角"和"来日视角"。所谓"往日视角",即注意把握事物和观念的起源、历史和发展根据;在事物发展的历史中探寻事物发展的规律。所谓来日视角,即思索事物和观念的未来发展,预测其发展方向和趋势,以实现思维创新。

在创新思维过程中,来日视角尤其重要。不少发明和创造都是从未来着眼、立足于发展的观点而构想出来的。20世纪60~70年代,日本丰田汽车厂预测中东将爆发战争,战争将引起石油涨价。于是,他们把"省油"作为开发研制小汽车的一个重要目标,并利用这个优势,最终打入国际汽车市场。"预则立,不预则废。"事实证明,缺少"来日视角",就无法把握事物的未来发展,可能造成决策失误,从而失去发展、创新的机遇。1969年,瑞士设计出世界上第一只石英电子表,但因缺乏"来日视角"而误认为电子表没有发展前途。他们继续走机械表老路,不对产品结构作调整。而日本却从"来日视角"出发,看到了电子表的巨大潜力,投入大量的人力和物力进行研制。不久,日本生产的电子表涌入国际市场,很快夺占了瑞士机械表市场,在钟表竞争中遥遥领先。

3. 在由"自我"向"非我"的跨越中拓展视角

我们观察和思考问题,往往习惯于以自我为中心,用"我"的目的、"我"的需要、"我"的态度、"我"的价值观念、感情偏好、审美情趣等作为标准或尺度去衡量外界事物。也就是说,每一个人都处于"自我"的围墙内,透过"自我"围墙的窗户了解外部世界。他往往把"自我"摆在世界的中心位置,以"自我"的独特经验、感情和价值观念去观察、理解、判定别人乃至整个世界。长此以往,"自我"的围墙就禁锢了头脑,框定了思路,一切似乎"驾轻就熟"、习以为常。要有所创新,就要突破"自我"的思维框架,由"自我"向"非我"拓展。

这里所说的"自我",既指个人的小自我,也指"团体自我"乃至"民族自我"、"人类自我"。因而,由"自我"向"非我"的跨越是多层次的跨越。不仅要突破个人的狭隘眼界,也要突破小团体的狭隘眼界、民族的狭隘眼界乃至"人类中心主义"的狭隘眼界。有一位外国留学生到中国某大学专攻《红楼梦》。他苦读数年,终于获得文学博士学位。学成回国前夕,他突然向导师提出一个问题:"贾宝玉和林黛玉既然相爱那么深,他俩为何不从大观园里拿些珍宝逃到外面去独立生活呢?"显然,只有跨越中华民族的"自我"才能提出这一问题。同样,只有跨越"人类中心主义"的眼界,才能关注人与自然的和谐,才能关注大自然的利益。

当然,"自我"的眼界不是不重要。正确对待"自我",善于利用"自我视角"反观自身,注意挖掘自身的潜力,同样可以激发思维创新。20世纪初,美国有一位名叫康维尔的牧师,以"宝石的土地"为题,在全国巡回演讲6000多次,大受听众欢迎。演讲内容大致是:从前印度有位富裕的农民,为了寻找埋藏宝石的土地,变卖了自己所有家产,出外探险,然而一无所获,终于因贫困而死。后来,人们在他所变卖的土地里发现了世界上最珍贵的"祖母绿"宝石。这一故事说明,许多宝藏就在身边,就在自身,不要只注意外界而忽略自身。因而,在突破"自我"围墙而向"非我"跨越的同时,也要关注"自我"。就如一位哲人所说:了解世界的捷径,就是了解你自己。

4. 在同异的比较中拓展思维视角

任何事物之间既有相同性又有差异性,只是有时相同性明显而差异性不明显,有时差异性明显而相同性不明显。敏捷的思维往往表现为能发现别人不注意的事物间的相同点或不同点。这就是思维创新的起点。

国外有一家烟草公司试制了一种新品牌卷烟,命名为"环球牌"。正准备大张旗鼓地宣传时,却逢全国开展禁烟活动。如何把禁烟活动与新品牌香烟的宣传这两件看来截然对立的事件结合起来呢?该公司用求同的思路构思出了一句绝妙的广告词:"禁止吸烟,连环球牌也不例外"。在日本大阪的南部,有一处著名的温泉,四周是景色优美的青山翠谷。来这里观光的旅游者,既想泡一泡温泉,又想坐缆车观赏一下周围美景。但由于时间有限,有些游客只能二选其一,或者洗温泉澡,或观赏山景,不能统统如愿。能否想出一个两全其美的游览计划呢?旅游公司运用求同思路,推出了一项具有创意的"空中浴池"服务项目:将10个温泉澡池装在电缆车上,让它们在丛山峻岭中来回滑行。游客可以怡然自得地泡在温泉池中,边洗温泉浴,边观赏山涧美景。这一富有创意的游览项目吸引了许多游客,旅游公司也因此生意兴隆,赢得高额利润。创造学中的组合创造法就是这种求同思路的运用。组合创造法在一个相同点上把不同事物加以组合,从而获得新的性质和功能,形成创新。

注意发现事物间不同点的"求异视角"也是激发创新思维的重要思路。香港有一家粘合剂商店,推出一种新型的"强力万能胶"。店主把一枚价值数千元的金币用这种胶粘在门口的墙上,并告示说,谁能够把这枚金币扣下来,谁就能得到这枚金币。这一富有新意的"广告"引来了许多人,许多人因不能把这枚金币扣下而对这种"强力万能胶"感起兴趣,从而大大提高了"强力万能胶"的销售量。这一"广告"的成功之处一是抓住了该产品的独特之处——有强有力的粘合力;二是突出了广告方法的独特之处——不是用广告词空口宣传,而是抓住人们的好奇心理以事实作宣传。

求同视角与求异视角的结合即是求合视角。所谓广泛征求意见，就包含着"求合视角"。美国总统罗斯福在执政期间，每当遇到重大问题时，总是广泛听取不同助手的意见，他总让每一个助手独立思考，形成独立意见，然后把各人意见加以综合，提出最后决策。这种决策方法就是"求合视角"的运用。

5. 在有序与无序的对比中拓展思维视角

任何事物都是有序与无序的统一。创新思维的形成往往需要打破事物的固定程序，包括种种既定的法则、规律、定理、守则、常识等，需要思维者进行一番"混沌型"的"无序思考"。在许多情况下，无序更能激发人们的创新思维。有这样一个实验:实验者把被试者(一群艺术家)分成两组，第一组观看两幅并排陈列的图片，图片上的图像清晰可见;第二组观看同样这两幅图片，只是重叠在一起，图像混乱而模糊。观看完毕，实验者要求被试者就他们所见的内容创作一幅画。结果证明，第二组被试者所作的画更有创新性。

可见，创新思维需要鼓励"胡思乱想"，不能拘泥于统一的标准答案式的思维框框。有时，创新的阻力就来自于头脑中先前所存在着的无形的条条框框。"哥伦布的鸡蛋"这一故事就是范例。众人为什么不能把鸡蛋竖立在桌子上，原因就是受"鸡蛋不能打破"这一条条框框的束缚。而哥伦布不受这一束缚，因而非常简单地完成了把鸡蛋竖立在桌子上这一并不复杂的动作。其实，把鸡蛋竖立在桌子上的方法很多，只要我们不"作茧自缚"，可以构想出许多方法，诸如:在桌面上挖一小坑;使用"万能胶";在天花板上拴一根绳;使鸡蛋高速旋转而站立起来;用手扶着，等等。在此，无序视角的核心是破除头脑中先前存在着的各种阻碍思维创新的条条框框，鼓励发散，扩展联想，从而形成创新。

当然，肯定无序视角对创新思维的重要意义，并不能否认有序视角对创新思维的意义。所谓有序视角，即严格按照逻辑顺序思考问题，遵循事物发展规律，实事求是地对方案进行论证，透过现象，揭示本质，排除偶然性，认识必然性，促发创新。有序的逻辑思考法，也是形成创新思维的一条重要途径。

20世纪60年代，日本对我国大庆油田的开发非常关注。他们从画报上刊登的王铁人照片和人民日报的新闻分析大庆油田所处的方位:照片上大雪纷飞，王铁人身穿大皮袄，由此推知大庆可能在东三省;王进喜在马家窑说:"好大的油田呀，我们要把石油落后的帽子甩到太平洋去!"由此推知:马家窑是大庆的中心。日本人又从《人民中国》关于大庆设备不用马拉车推而用肩扛人抬的报道推知:马家窑离车站不远。1966年，王进喜进京参加全国人民代表大会，他们又推知:大庆油田出油了，否则王进喜不会参加全国人民代表大会。凡此种种推论，都是有序视角的运用。

在科技史上,门捷列夫元素周期表的发现是有序视角运用的典范。1867年,俄国化学家门捷列夫被聘为彼得堡大学化学系教授。他在准备讲稿时思考着这样一个问题:在当时发现的63种元素中,应该先讲什么,后讲什么。他认为,在这些元素之间,肯定存在某种内在秩序,问题是,应该以什么为标准进行排列。从比重、导电性到磁性,他一个个地尝试,又一个个地否定,最后确定按原子量为元素进行排序:从氢元素或碱金属元素开始,经过一些过渡性元素,逐渐变成非金属元素,然后又返回到一个新的碱金属元素,如此周而复始,显得非常有规律。一些性质相似的元素恰巧排列在同一个系列里,组成了同一个族。例如,氯、溴、碘等排在同一个竖列里,组成卤族元素;锂、钠、钾、铷、铯等组成碱金属元素族等。门捷列夫在排列元素的过程中,在一些原子量跳跃较大的地方还为尚未发现的元素留下空白。门捷列夫这样做的指导思想就是坚信元素的内在有序性。当然,门捷列夫并非机械地按原子量对元素进行排序。在对碘和锑进行排序时,按其化学性质,把原子量较大的锑元素放在前,把原子量较小的碘放在后,因为锑元素与氧族元素的性质较一致,碘与卤族元素的性质较一致。这样排列,正好把锑归入氧族,把碘归入卤族。这样的排列恰恰符合更深层次的规律——同位素变化规律。

　　总之,创新思维的形成,既需要无序视角,也需要有序视角,在有序与无序的对立中拓展视角,是创新思维的重要形成途径。

第三节　创新思维在科学创造中的作用

一、创新思维是科学创造的前提

　　科学创造是科学认识活动中的一个重要环节。正是有了科学创造这一环节,才会有科学发现、创新;才能推动科学理论的发展并进而推动技术进步。创新思维是科学创造的重要前提。为认清这一问题,有必要先探究一下科学认识活动的机制。

　　从总体上说,科学认识是真善美的统一。人类从事科学认识,就是在实践基础上认识世界、改造世界,探索客观规律,把自在之物转化为为我之物。由自在之物向为我之物的转化包括三层含义:一是外在的客观事物被人所认识,去除假象以达到真理,体现出人类认识的选择性;二是外在事物被人所利用,体现了人的目的与愿望,具有善的价值;三是外在事物被人改造,打上人的意志印记,凝聚了人的本质力量,不仅为人类服务,而且成为人的美感对象。自在之物转化为为我之物的过程是达到真、善、美的过程。而无论是真,还是善和美,都离不开人的意志、愿望、情感。因此,科学认识的主体是知情意的统一人格,也就是说,科学认识主体在认知客观对象的同时,也对客观对象充满了情感,在科学认识的过程中贯穿着意志力。科学创造是科学认识主体知情意协同作用的结果。

就科学认知过程而言,形成对科学认知对象的新的认识成果是科学创造的关键。如何才能形成新的认识成果呢?人的认知结构由主体、客体和中介三个要素组成。主体运用概念、判断、推理等思维形式揭示客体规律;客体作为认知对象,不断被主体所假设、构想、更新;科学创造产生于主体对客体的假设、构想中。当主体对客体产生新的认知成果,形成科学发现,并被以后的科学实验所验证,就有了科学创造。那么,新的认知成果的产生依赖于什么?在科学认知过程中,包含着已有的知识和经验,以及被主体所掌握的既定的推理法则、思维方法等。如思维主体拘泥于现有的知识和经验,依据既定的推理法则和思维方法进行认知活动,显然是难以创新的。光有依据既定逻辑通道进行的习常思维即垂直思维、纵向思维,没有跳跃性的、不拘泥于固有逻辑通道的水平思维、直觉思维、自觉的创造想象,科学创造难以想像。这说明,创新思维是科学创造的前提。

伴随着科学认知主体的科学认知活动,思维主体的情感和意志力也起着重要作用。从来没有脱离情和意志的纯粹的科学认知活动。首先说"情",科学家追求真理的热情是科学认知的基本前提,没有科学热情,最基本的科学认知都不可能,何以谈得上科学创造。爱因斯坦在谈到物理学时指出:"科学并不就是一些定律的汇集,也不是许多各不相关的事实的目录。它是人类头脑用其自由发明出来的观念和概念所作的创造。"①"要是不相信我们的理论构造能够掌握实在,要是不相信我们世界的内在和谐,那就不可能有科学。这种信念是,并且永远是一切科学创造的根本动力。"②爱因斯坦在此所说的"人类创造"和"信念"不正体现了科学家相信真理、追求真理的热情吗?而爱因斯坦所说的人类对把握自然规律的信念,同样也存在于人们的技术活动中。人们的技术更新、技术创新,也是伴着人们的高度情感的。

至于意志力,就更为重要了。科学创造是艰巨的,其中难免伴随着失败和挫折,没有顽强的意志,科学创造活动是难以完成的。

而无论创新的热情还是科学创造活动中的顽强意志,都是基于创新思维的基础之上的,并围绕着创新思维而表现出来的,是创新思维的延伸、扩展。科学家的创新热情和意志,与创新思维同在,同是科学创造的前提。

---

① 《爱因斯坦文集》(增补本)第1卷,商务印书馆,2009.第518~519页
② 《爱因斯坦文集》(增补本)第1卷,商务印书馆,2009.第520页

二、创新思维是科学创造的动力

创新思维不仅是科学创造的前提,而且是科学创造的不竭动力。创新思维对科学创造的动力作用主要体现为创造观念对科学创造的推力。

科学创造的起始基于创造观念的形成。创造观念首先对创新的基本问题提供解答。这些问题包括:创新的基本内容是什么？如何进行创新？这一创新是否值得？其社会意义究竟何在？科学创造的深化基于创造观念的明朗。在科学新概念的酝酿和选择、科学假说的建构和论证(评价新想法、假说的发明)乃至科学新概念的最终形成过程中,自始至终都伴随着创造观念的作用。可以说,创造观念贯穿于科学创造的全过程,在科学创造全过程都起着关键的推动作用。

创造观念何以对科学创造起着如此重要的推动作用？

第一,从创造观念与创新思维的关系看,创造观念是创新思维的原动力。

创造观念与创新思维有着密切联系,两者相辅相成,相互促进。

一方面,创造观念可以推进思维创新。人们头脑中的观念是在实践中不断吸收信息(知识)而逐渐积累形成的,观念在头脑中相对于一般新认知的知识是更具稳定性的。即是说,头脑中新吸收的信息(知识)开始时还未形成观念,而通过反复地积累,才被头脑内化,形成比较稳定的观念。一旦在头脑中形成观念,就必然对思维活动起着指导作用,影响思维的内容、方法以至方向和进程。因而观念对创新思维来说,必然会起一种推动力或阻力的作用。创造观念推动创新思维,而僵化陈旧过时的观念则会阻碍思维的开展。

创造观念对思维创新的作用主要表现为:(1)启发思考的作用。平时所谓要"敢想"、"开动脑筋"、"勤于思考",说的就是用观念推动人们去思维。创造观念可以促使人们去想问题,"愿意去想、敢于去想"。而如果思想僵化,陈旧观念发挥作用,则会成为思想懒汉,思维停滞。(2)突破思维定势的作用。人的思维方式具有习惯性,自发性,遇到新问题会不自觉地沿用以往经验,沿袭习惯的思路去寻求答案,这是一种思维定势。思维定势阻碍人们寻找和探索新的思维方法,限制着人们的思维空间,对创新思维是不利的。创造观念能帮助人们增强思维的主动性、创新性,帮助人们突破思维定势。(3)支配思维方向的作用。面对一个新信息,有些人思维敏捷,有些人则无动于衷;有些人从这个角度去想,有些人则从另一个角度去想。之所以如此的缘由在于人们头脑中原有观念的结构不同。观念结构合理,人们的思维方向正确、开拓性强;观念结构不合理,人们的思维方向往往要么偏执,要么保守。

另一方面,思维创新是观念更新的原动力。观念作为一种思维成果、思想积淀,是以往知识的积累,受着思维主体以往思维方向、思维品格的影响;一个思维开放、不断更新知识的人,形成的观念也往往较新;反之,就较陈旧。观念作为思维的成果,当然归根到底以思维为前提和基础。正是从这个意义上说,创新思维又是强化创造观念的源头、基础。

第二,从观念在科学认知中的作用看,创造观念能为科学理论发展趋势提供预测和展望。

前苏联逻辑学家科普宁曾对观念在科学理论中的作用作过深刻阐述。他指出:"观念不仅反映存在着的东西,而且反映必定存在着的东西。"在科普宁看来,观念高于其他思维形式的地方就在于它反映现实的"完备度和精确度","在于观念中发生了思维在内容上同客观性最完全的一致,即达到了最完全、最深刻的反映。"①科普宁认为观念是从理论上把握现实的最高形式,观念集中体现了科学认识的成果,是在其发展中达到某种成熟程度的概念,因而观念可以成为科学理论的核心和灵魂,可以体现科学理论的生命,可以展现科学理论发展的前景。

当然,观念并非就是理论,在观念中往往包含着猜测的成份,而正是这种猜测的成份,使由观念转化而来的科学原理成为可以继续超越的东西,从而成为推进理论发展的不竭动力。科学理论也就在"观念——科学理论——新观念——新科学理论"的发展模式中不断创新、进化,循环往复,以至无穷。在这一科学理论的发展模式中,创造观念往往为科学家提供了科学理论发展、创新的愿景。

第三,从观念和信念的关系看,创造观念往往体现着科学信念,为科学创造提供精神激励作用。

在人们的认识活动中,特定的观念往往会转化为特定的信仰。而特定的信仰中必然包含着特定的观念。科普宁指出:"信念不仅是知识,它还是为人的意志、感情和志向所充实的一种业已转化为信心的知识。""自觉的信念反映出主体出自内心的深信观念的真理性和使观念在实践上实在化这一计划的正确性。"②可见,信念乃是对隐含在观念中的某种思想、理论、方案、价值取向等的坚定置信,是对观念的正确性、真理性的坚定不移的确信。信念的形成基于对观念的坚信,而这种坚信当然首先在于观念的客观基础。观念与信念的这种互动关系在创造观念与科学创造中就体现为创造观念为科学创造提供坚定的科学信念,为科学创造提供精神激励作用。

创造观念对科学创造的动力作用具体体现为综合、探索、指导实践的作用。

创造观念的综合职能即思维主体在所掌握的原有知识的基础上,经过归纳、概括、融会贯通,从中提炼出超越局部、个别知识、经验的新带有全局性的观念,从而

---

① [苏]科普宁:《作为认识论和逻辑的辩证法》,彭漪涟、王天厚等译,华东师范大学出版社,1984,第303~305页

② [苏]科普宁:《作为认识论和逻辑的辩证法》,彭漪涟、王天厚等译,华东师范大学出版社,1984,第226页

形成创新思维的功能。综合各方面知识,超越局部和个别,是观念的特有功能。如科普宁指出:"观念本身包含知识的综合,并且成为新的综合的基础。"①在科学认知过程中,思维主体头脑中的个别概念、原理还不足于形成一种新的想法或观念,只有当对客观事物的各种规定性有了一定程度的综合之后,才能在概括的基础之上作出预测,提出创造观念。在综合基础上产生的创造观念又指引着新的综合,即思维主体借助于既成观念或从研究中萌发的新观念,对经验事实或理论知识(有些看来是与研究领域无关的经验事实和理论知识)进行新的综合,提出新的创造观念。科学理论就是在创造观念对经验事实和理论知识的不断综合的过程中向前推进的。如达尔文在创立生物进化论的过程中,曾得益于"生存竞争,适者生存"的观念。而这一创造观念正是达尔文在综合生物进化领域内各方面材料和知识的基础上形成的。

创造观念的探索职能即指引思维主体探索未知,揭示科学规律,探求奥秘的职能。科学探索不能是无目的的,需要一定观念的指引,否则就不知道该如何起步,朝什么方向发展,走什么具体途径。即使在科学创造的起步阶段,也少不了"初创观念"的启示。如魏格纳在 20 世纪初提出的大陆漂移说,就是受到观察世界地图时所形成的"大陆原本是连在一起的,以后才逐步漂移开来"这一"初创观念"的启发的结果。这一"初创观念"具有极强的探索价值,成为科学创新的强大动力。许多科学家为此而付出努力,20 世纪地学的革命也从这里起步。

创造观念的实践职能即观念对改造世界的实践活动的指导作用。创造观念作为对一般概念的超越,对一般原理的概括,尽管可能带有某些猜测的成份,但如上所说,因创造观念能为科学理论发展趋势提供预测和展望,并体现着科学信念,能为科学创造提供精神激励作用,所以,它对科学的实践活动比一般的理论、概念更具有指导作用。通过科学实践,人们在观念中形成的对客体的构想或转变为现实,或被修正、推翻,科学创造活动才被赋予实际意义。

三、创新思维是促成科学创造的主导思维形式

科学创造以创新思维为前提,以创新思维为动力,基于创造观念的创新思维贯穿于科学创造的全过程。因此,创新思维形式理所当然地成为科学创造的主导思维形式。具体说来,科学怀疑、创造想象和科学假说是贯穿于科学创造全过程的三种最主要创新思维形式。

科学创造始于问题,而问题源于科学怀疑,即对已有知识的质疑,有质疑才会有创新。

---

① [苏]科普宁:《作为认识论和逻辑的辩证法》,彭漪涟、王天厚等译,华东师范大学出版社,1984.第 299 页

科学怀疑首先是一种科学精神。科学就是探索未知。而探索离不开敢于怀疑的精神。科学创造需要对已有知识甚至权威理论的大胆挑战。人云亦云,步人后尘,不可能创新。只有敢于在认识过程中着力于发掘客观事物之间的差异性,发掘人们司空见惯、习以为常的事物背后的问题,对似乎是完美无缺的惯常的现象和已有的权威理论进行分析、怀疑、批判,才能力破陈规,锐意进取,勇于创新。科学史上每一次科学革命都同科学怀疑紧密相关。没有哥白尼对托勒密"地心说"的怀疑和批判,就没有"日心说"的创立;没有对"物种不变论"的怀疑和否定,就不可能有达尔文进化论的创立;没有对牛顿经典物理学的绝对时空观的怀疑和超越,就不可能有爱因斯坦狭义相对论的出现。所以,怀疑是产生新思想的起点,是科学发展的动力,是"走向真理的第一步",也是科学家必不可少的品质。

从思维形式角度分析,科学怀疑是从反面进行思考、探索、研究的理性思维活动,是具有否定性、试探性、不确定性等特征的思维形式。科学怀疑是人类进行创新思维活动所必不可少的。它既是科学思维的起点,又是科学思维发展的环节和手段,起着开拓思路、促进创新的重要作用。波普尔说过:正是怀疑、问题激发我们去学习,去发展认识,去实践,去观察。

创造想象是科学创造的又一种重要创新思维形式。

创造想象,就是在已有知识和形象的基础上,发挥主观能动性,构思某些未知理论和形象的思维形式。它是一种从现有事实出发,又超越事实的高级思维活动,是把原来以为没有联系的两个或几个经验材料在头脑中联系起来,借以去探求未知事物的思维过程。

在科学史上,曾经出现过许多大胆而成功的科学创造想象。爱因斯坦16岁时就大胆提出了包含着狭义相对论萌芽的想象。哥白尼在《天体运行论》中象写诗一样描述他对太阳系宏伟天象的想象。俄国科学家齐奥柯夫斯基在1894年就作出了关于宇宙航行、人造地球卫星、登月等宏伟规划的想象。科学各领域的各种局部的创造想象更是不计其数。

科学的重大变革以勇敢的奇思异想为先导。"既异想天开,又实事求是,这是科学工作者特有的风格。"(郭沫若语)创造想象,可以引导人们超越经验材料,深入事物的内部联系,从而唤起新的科学发现;可以使人们看到可能实现的前景,从而激励人们去作出新的努力。创造想象在科学研究中起着导航作用和催化作用。列宁说:"以为只有诗人才需要想象,这是没有道理的,这是愚蠢的偏见!甚至数学上也需要想象,甚至微积分的发现没有想象也是不可能的。"[①]没有想象,人类的认

---

① 《列宁全集》第43卷,人民出版社,1987.第122页

识将只是一堆经验记录,一本流水账,没有普遍性,也没有预测性,人类思维也就无从谈起。伟大科学家爱因斯坦说得好:"想象力比知识更重要,因为知识是有限的,而想象力概括着世界上的一切,推动着进步,并且是知识进化的源泉。"[1]

创造想象是创新思维的可贵品质。它超越了既有经验,让思维插上翅膀,达到崭新境界,但又不是纯粹的自由想象,不是空想。科学的想象必须凭借事实的空气,以事物发展的可能性为基础。想象越符合事物的客观规律,其可靠性程度就越高。巴甫洛夫说:"无论鸟翼是多么完美,但如果不凭借空气,它是永远不会飞翔高空的。事实就是科学家的空气。你们如果不凭籍空气,就永远也不能飞腾起来。"[2]这段形象的比喻正确地说明了科学想象的唯物主义前提。当然,在科学研究中,也并不是在经验材料十分完备以后,才能开始想象;一旦科学研究的问题明朗化,掌握的资料和线索积累到一定程度后,研究者就能开始构思新思路、新理论、新观念了。在整个研究过程中,人们不断提出一个个设想,又一次次充实、提高,开始可能是朦胧的构想,以后才变成愈来愈清晰的图景。想象又同思维者是否具有广阔的知识有着密切的关系,思维者知识的宝藏越丰富,产生重要想象的可能性就越大。

可见,创造想象并不是什么不可捉摸的东西。尊重实践,占有大量材料,掌握广博的知识又注意善于从事物的普遍联系和事物的运动和发展中考察事物,我们就会获得一个想象和创造的广阔天地。而头脑中的想象是否符合实际,是否有价值,必须接受实践的检验。忽视甚至背离实际,根据一些虚假的线索而进行的想象,不可能推进而只能阻碍创新思维。想象要注意倾听实践的呼声并不断修正和调整自己的方向。

科学假说是科学创造的必经阶段。科学假说是人们在已有知识的基础上,对在实践中观察和研究到的一些现象所作的理论上的假定和解释,或在创新思维中初步提出的未经证实的创造性设想。假说是科学理论的前身和先导。恩格斯指出:"只要自然科学运用思维,它的发展形式就是假说。"[3]在科学实验中,新事实层出不穷,新的事实材料经常冲破已有的理论观点,向人们提出新的问题。这些新问题引导科学家对新事实作新概括,提出新理论。但新理论不能一下子形成,它的最初形态往往既有确实可靠的内容,又有真实性尚未判定的内容,这便是假说。随着资料的积累和研究的深入,假说才能逐步增加科学性,减少猜测性,发展为理论。随着实践的发展,又会出现原有理论所不能解释的新现象,这就需要提出新的假

---

[1] 《爱因斯坦文集》第1卷(增补本),商务印书馆,2009.第409页
[2] 《巴甫洛夫选集》,科学出版社,1955.第32页
[3] 《马克思恩格斯选集》第4卷,人民出版社,1995.第336页

说，建立新的理论。假说——理论——新的假说——新的理论，这是科学发展的重要形式。科学假说是通往科学理论的重要桥梁。任何科学理论都经过假说阶段。哥白尼的"日心说"、门捷列夫的元素周期表、爱因斯坦的狭义相对论、马克思的唯物史观等都是从假说发展而来的。

科学怀疑、创造想象和科学假说是科学创造中相互关联的三种主导创新思维形式。科学怀疑是科学创造的催化剂；创造想象是科学创造显示途径；科学假说是科学创造的初步成果。三者相辅相成，相互渗透和促进，共同推进科学创造。

第二章

创新思维素质：创新智能培养

广义的创造力是普遍存在于人们日常的工作、学习活动中的。从这个意义上说，广义的创造力是人人都具备的。对这种创造力的开发具有重大意义。开发创造力的基础是培养创新人才、造就创新人才的素质。创新人才的培养离不开创新教育。创新教育要"以人为本"，发展个性化教育；创新智能的培养需要破除各种思维枷锁。

第一节 创新思维的智能培养

一、创造力的涵义及基本要素

创造力亦称创造性。在英语中，创造力常用 creative ability 或 creative power 表示，源于拉丁文 creare 一词。意指创造、创建、生产和造就等。在本书中，笔者把创造力指称为创新的能力，即：人类在创造活动中表现出来的一种特殊的创造新东西的能力。这种能力或具体表现为在实践中以已有的知识为基础，凭借个性品质，通过一定的思维活动，新颖而独特地解决问题的能力；或表现为在原来一无所有的情况下，发明新事物、新技术，获得重大发现的能力；或在已有事物的基础上，对经验作重新整合，对事物关系作重新组合，从而导致新的意义群集的呈现的能力等。一言以蔽之，创造力即人们在新颖而独特地解决问题的实践活动中表现出来的心理、思维以及技术的能力。

与创新思维分为广义和狭义之分相对应，作为创新思维能力的创造力也有广义和狭义之分。狭义的创造力是高档次的、在解决重大问题中表现出来的创造能力；广义的创造力则是普遍存在的、在日常生活、学习过程中就能表现出来的创造能力。高层次的创造力是在广义的创造力的基础上发展起来的。没有广义的创造力，也就没有狭义的创造力。但我们又不能满足于广义的创造力，向高档次的创造力发展，是创造力发展的方向。

创造力与智力有密切的关系。但如何看待两者的关系,目前尚无定论。一般认为,创造力强的人,智力不可能很低;但智力高的人不一定创造力一定高。两者有相关性,但肯定不是正比关系。

创造力一般由潜在的能力与现实的能力两方面构成。潜在的创造力有四方面的基本能力构成,即感知力、记忆力、思考力和想象力。所谓感知力,即通过感觉和知觉,对客观世界产生感性认识的能力。富有创新思维能力的人,一般具有敏锐的感知力、观察力。这是从事创造活动的前提和基础。所谓记忆力,即保存和再现信息材料的能力。任何一种创造活动都不是凭空产生的,如若没有对已有知识(即已有的记忆)的整理和连接,并由此基础上产生联想,就不会有创新。记忆力是创新的必要条件。所谓思考力,即判断、推理的能力,也即逻辑思维能力。创新离不开逻辑推论,没有提出问题、解决问题的能力,是不可能有创新思维的。所谓想象力,即发散、联想的能力。它是形成创新的必经途径。现实的创造力包括:(1)实践能力(即操作、技术能力),即把新思想、新观点转化为现实的能力。一般表现为操作的技能和心算、阅读等心智技能。(2)组织能力,即组织团队、协调人际关系、统领项目的能力。许多创新不是个人所能完成的,需要集体的力量,因而组织能力也是创新思维的一种重要能力。

二、创新思维能力的开发

如上所述,广义的创造力是普遍存在于人们日常的工作、学习活动中的。从这个意义上说,广义的创造力是人人都具备的。对这种创造力的开发具有重大意义。

二次世界大战后,日本许多大城市相继建立了"星期日发明学校",发动大众从事创造发明活动。参加发明活动的人员多达几百万。日本的小发明之多,每年申请专利之多,在当今世界首屈一指。作为资源贫乏的日本,所以能成为世界经济大国,与它广泛地开展群众性的发明创造活动分不开的。驰名世界的松下电器公司,就是以这种群众性的小创造发明取胜的。松下先生曾经说过:"我公司拥有每年提供52万项发明的预备军。"①

2005年5月4日《文汇报》报道,宝钢科技发展部知识产权室提供的数据表明:2004年,宝钢股份公司1.5万名员工中,有半数员工提出过"金点子",人均提出有效实施的"金点子"2.27条,取得经济效益7.43亿元。产生专利49件,产生技术秘密416项。"金点子"状元、宝钢股份冷轧厂质检站综合巡检组长胡鸿雁在他的243个工作日里,提出并实施的"合理化建议"竟达244项,真是一天一个"金

---

① 周瑞良等.创造与方法.中国林业出版社,1999.第34~35页

点子"。这一事实再一次证明了创造力确实普遍存在于广大群众之中。宝钢高级人才如云,但依然十分重视普通员工的创造性。正是普通员工的创新能力,决定着生产力发展的速度和质量,也决定着企业的命运。

人人具有创造力,依据在于人有聪颖的大脑。已有的研究表明,人的大脑可以容纳1000万亿个信息单位。人的大脑的功能远远超过其他高等动物。有人曾这样描述:一个人的大脑所储存的信息量相当于美国国会图书馆藏书量的50倍,即至少几十亿册。还有人统计,大脑的储存能力可达到同时掌握5门外语,上两所大学,熟记大百科全书10万条词目的内容的程度。在现实生活中,有的天才人物的记忆力和判断力特别强。如恩格斯能用20多种语言同人交谈,我国史丰收的心算速度可以同计算机比赛。以蒙眼下棋而著称的国际象棋手阿列克分别创下了蒙眼独对24局和32局的记录。另一位国际象棋手科尔诺夫斯基则同时与56人对弈,创下胜50局,平1局的记录。对于这样丰富的大脑资源,至今还未充分开发利用。有的科学家认为,人类对大脑的使用率还不到1%[1]。可以说,创造力的开发,就是人的大脑的开发。

人人都有创造力,但各人的创造力并不相等,创造力的显示也有迟有早。有些人很早就显示出非凡的创造力。如意大利诗人但丁9岁就能赋诗,奥地利作曲家莫扎特6岁就担任了音乐会的主角,德国作曲家贝多芬13岁就创作了三部鸣奏曲。有些人则较晚才显示出创造力。如爱因斯坦在小学时并未显示出其非凡的创造力,相反,却被老师和同学称为"智力不佳、反应迟钝"的人,有的老师还骂他为"笨头笨脑的孩子"。但不管创造力显示早晚,有一点是肯定的,即,人与人的秉赋的差异仅仅提供了创造力大小的可能性,而并不能最终决定创造力的大小。天赋条件好的孩子长大后并不一定创造力强,反之天赋条件差的孩子长大后也可能做出富有创造性的成果。创造力的开发主要取决于后天的努力。

开发创造力的基础是培养创新人才、造就创新人才的素质。

创新人才的智能结构,可归为四个基本构成要素,即基本素质、基本能力、基本知识和基本方法。

基本素质是培养创新人才的必要前提,包括自然素质和精神素质。自然素质主要指健康状况、体力精力等生理素质,它在很大程度上由先天的遗传所决定。精神素质主要指思想道德素质,包括对社会、国家、民族的价值取向和态度以及个人与他人、集体、社会的关系的认识。这种价值取向可具体化为创造活动的毅力和动力,毅力来自于献身精神和责任感,动力来自强烈的事业心。精神素质是创新人才

---

[1] 周瑞良等.创造与方法.中国林业出版社,1999.第39页

智能结构的灵魂。没有优良的精神素质，就不可能成为优秀的创新人才。

基本知识和基本方法是培养创新人才的文化技能准备。首先，创新人才必须具备渊博的知识，不仅要有精深的本专业知识，而且要有丰富的邻近学科知识和尽可能多的其他知识。知识愈多，联想就愈丰富，激发创见的概率也就愈高。历史上著名的、有创见的科学家都是学识渊博者。其次，创新人才还必须掌握一定的科学方法和创新思维法。这些方法作为前人经验的总结，带有普遍有效性，可以成为指导创新的方法论武器。有意识地掌握一些行之有效的创新方法，对于初出茅庐的有志于从事创造性活动的人来说，无疑可以加快成功的几率；对于那些有较深资历的科学研究人员和工程技术人员来说，无疑如虎添翼。创新思维法是开发创造力的重要思维工具。本书第三章将重点介绍几种常用的创新思维法。

基本能力是培养创新人才的关键。要成为一个优秀的创新人才并获取的出色的创新成果，仅仅靠对知识、理想和方法的掌握和一腔热忱、决心毅力是不够的。创新领域五彩缤纷，无所不包，变化万千；创新方法和知识、理论只能提供一些门路，创造一些条件；但要真正逾越一道道创新的"峡谷"和"高峰"，还要辅之以创新者足够的能力，只有具备较强的创新能力才能有效地搏击于创新的海洋中。创新基本能力也就是前面所述的创造力。分潜在能力和现实能力。潜在能力是每一个正常的人都具备的（当然有程度的差异，甚至有天才与平常之分），而现实能力则主要通过学习、训练，在后天实践中形成的东西。当然，经过刻苦的训练，也可提高潜能的素质，并通过娴熟的现实能力把潜能更充分地发挥出来。总之，创新者在创新实践中应充分调动自己各方面的创新能力，使之得以最完备的协调配合，这样才能取得创新成果。衡量创造力开发水平的标准，就在于能否最充分地挖掘各方面的创新能力。

依据创新者的素质要求，开发创造力的途径主要有：

第一，要打好坚实、广博的知识基础。

知识和创新之间具有什么关系？学界有不同看法。有一种观点认为，对于创造性而言，并非知识越多越好。知识和创新之间，呈现一种倒 U 型关系，即中等程度的知识水平才有利于创新思维。这种观点认为，知识多了，反而有碍于创新。确实，在现实中的确存在知识过多而阻碍创新的现象，但不能因此而得出"知识多一定不利于创新"的结论。毕竟知识是人类生活和实践经验的总结，是人们吸取新知识、提出新思想的基础。任何发明创造都是建立在一定知识经验基础之上的。认为只要掌握一定程度的知识就可以有很高水平的创新的观点似乎站不住脚。持这种观点的人或者把教育程度与知识水平混为一谈；或者把知识的量等同于知识的质。

一方面,学历与知识不能划等号。在历史上,有高水平创新的人并非都有高学历,但一定都有高知识。例如,达尔文只获得了学士学位。但他的成就远远超出了学士水平。这是因为,他对知识的获取并没有因为学士学位的获得而终止。当他在跟随"贝格尔号"船完成科学考察时,他在物种进化方面所积累的知识已经达到了当时的最高水平。法拉第14岁就离开学校而成为一个装订商的学徒工。然而辍学不等于终止学习。他向他所装订的书本学习。23岁那年,他开始给科学家戴维当助手,他又向戴维学到了不少东西。可以说,没有他多年积累的深厚知识基础,就不会有以后的伟大成就。

另一方面,知识的量与知识的质不能划等号。创新需要运用知识,而知识的运用必须避免知识的僵化。为此,应实现知识的结构化和条件化。所谓结构化,即善于对知识进行组合、抽象、概括、归类。当头脑中的知识以一种网络的方式进行排列时,其提取检索率就大大提高。所谓条件化,即在掌握知识内容时,同时掌握知识运用的条件,懂得运用这些知识的方法。良好的知识素养不仅包括知识的量,更要求对知识的良好掌握。创新思维所需要的是高质量的知识,而非僵化的知识。

为创新打知识基础,要在五个字上下功夫:一是"基",即扎扎实实地掌握基础知识、基本原理;二是"博",即有广博的知识背景,"学愈博则见愈远";三是"深",即有精深的专攻领域;四是"精",即改善知识在头脑中的结构状态,善于对凌乱的知识进行整理;五是"活",即善于运用知识,让知识进入流通领域,或聚合,或分解,或置换,或替代,或跳跃,或嵌入,保证思维的流畅、变通。

第二,要培养思维的灵活性、敏捷性、开放性。

创新思维是一种高度灵活的思维,思路开阔,善于发现问题,善于预测事物的发展趋势,保持对事物的高度敏捷性,是养成创新思维的重要条件。为此,要注意经常更新观念,不断追求新的目标;要注意扩大视野,既高瞻远瞩、面向未来、追踪时代,又纵横驰骋、全方位考察、立体思考问题。切忌思维的单一性、刻板性、狭隘性。为提高思维素质,有必要学习一些创新思维技法,进行必要的创新思维训练,为创造力的开发奠定基础。

第三,要培育良好的人格基础。

心理学家们从不同角度探讨了不同领域内创新人才的人格特征。经过广泛的调查研究,对创新性人才的人格特征达成了共识包括:勇敢,敢于对公认的东西表示怀疑,甘愿冒险;富有幽默感,对饶有趣味的事物有敏感性;独立性强,有顽强意志,有恒心,有一丝不苟的精神,能排除外界干扰,长时间地专注于某个问题的钻研。在当今时代,创新人才特别需要有强烈的事业心和历史责任感,具有坚定的理想信念。这是成就事业的必要条件。

第四,要投身于创造活动实践,在实践中增长才干。

实践出真知。创新思维的训练,创新能力的培养,归根结底依赖于实践。只有积极参加创新实践,在实践中发挥创造力,不断开发、增强自己的创新能力,才能有所成就。青年学生在课堂学习之余,要积极参与课外科技活动,努力锻炼科学研究能力,努力培养运用知识的能力。科技人员要努力进行科技自主创新,积极在实践中提出新理论,开发新技术、新产品。教师要在教育实践中努力进行教育创新,努力尝试新教育理念、新教育模式、新教育内容。各行各业都努力致力于在自身实践中的工作创新,我国的社会生产力才会不断跃上新水平,迈向新阶段。

三、创造性教育和创新人才培养

(一)创新教育及基本特征

创新人才的培养离不开创新教育。创新教育与一般教育相对应,具有与一般教育不同的特点。一般教育以知识积累为目标,以记忆显现型思维为主,即将书本和老师讲课的内容不断重复地输入大脑储存,在考试时再输出,这种学习是被动型的,学习内容提倡统一性、规范化。创新教育则以培养求知欲望、开发创新能力为目标,要求人们突破现有知识范围,尽力扩大知识面,将专业知识学习与多学科知识学习相结合,开阔视野,丰富想象力,提倡学习的多维性、多元性和自主性。创新教育与一般教育的区分如下表所示:

表 2-1 创新教育与一般教育的区分

类别	一般教育	创新教育
类型	单纯教学型	探讨开发型
目的	传授知识	开发创新思维能力
方法	1. 单纯在课堂 2. 单纯教师讲授 3. 单纯按教材讲 4. 固定知识和目标范围	1. 课堂和走出课堂、参观现场、社会调查相结合 2. 讲授、讨论、交流、总结、答疑 3. 课本和现代知识相结合,理论和实践相结合 4. 开发和超越原有知识范围,开发创新思维能力
特征	1. 记忆型 2. 学生型	1. 应用探索型 2. 创造型

表中所谓"学生型"的特征有:以听取教师意见、遵照课本为主;记忆、理解固定的知识内容;以考试成绩为目标;尊重现在成果;尊重、服从权威理论等。所谓"创造型"的特征有:思考问题不为讲课和课本内容所限,有时会对教师意见和课本内容有异议;喜欢探索自己向往的各种知识;不为考试所限,对有兴趣的学科不

惜花费时间,主动钻研;不满足现在成果;敢于超越权威理论等。

我国正处于改革年代。一切社会改革都离不开创新人才的培养;而在创新人才的培养中,创新教育起到关键作用。可以说,我国的改革事业正呼唤着教育创新。

(二)创新教育要"以人为本"

1. 确立以人为本的教学理念

以人为本作为一种尊重学生的人格和潜能,把学生作为教学的出发点和归宿的新教学理念,是创新教育的题中之义。以人为本的教育观以"学生观"和"知识质量观"的转换为核心内容。

所谓学生观,主要涉及教育者对学生的角色定位和对学生智能状况的基本估价,如学生是单纯的知识接受者,还是知识的探索者;学生的人格、主体性是否应该得到充分尊重;学生是否具有一定程度的学习自由(即一定程度的选课自由、选择教师自由、怎样学的自由以及形成自己学术思想的自由等)。在中国教育史上,一直传颂着"师道尊严"、"一朝为师,终身为父"的古训。在这样的教育理念下,教师往往主宰教育活动一切,学生只能是被动地学,只能盲从教师、教材。权威化的教学态度、灌输式的教学方法、统一呆板的教学模式,都出自于这种传统的、忽略了学生主体性的、陈旧的"学生观"。

以人为本新教学理念下的学生观冲破"师道尊严"的藩篱,以学生为本,充分尊重学生的人格,充分发挥学生的主体作用。

以人为本的学生观实现了从教育的单一主体论向教育双主体论的转换。谁是教育的主体?是教师,还是学生?传统的教育观视教师为单一的主体,学生作为被教育者仅是教育的对象、客体。以人为本的教学理念持"双主体论",即:在师生互动的教育活动中,由教师和学生所构成的对象性关系的两极实体均是主体。教师主体性与学生主体性同时存在,相辅相成,共处于一个统一体中。

教育活动中的学生主体性主要表现为学生学习活动的主观能动性,诸如:对教学科目的主动选择;对教学内容的能动理解、消化和吸收;对学习专题的主动钻研、质疑;对教材、教师讲授内容的能动超越等。学生在学习活动中表现出来的这些主观能动性是成功教育的主要动力。许多教育家认为:所有真正的学习都是主动的,不是被动的,它需要运用头脑,不仅仅是靠记忆。它是一个发现的过程,在这个过程中,学生要承担主要的角色,而不是教师。以开发人的创造潜能为主旨的创新教育,关键在于重视学生的主体性,尊重和唤醒学生的主体意识,倡导和发挥学生的主动性和创造性。当前,我国教育的最大问题是没有把学生当作教育活动的主体,忽视学生的主体意识。因而,确立以人为本的教育观,实现学生观转换的核心是肯定学生在教育活动中的主体性。

提倡确立学生在教育活动中的主体地位,并不是抹杀教师在教育活动中的主体地位,只是对教师的主体作用要有一个正确的理解。不能把教师在教育活动中的主体作用等同于无上权威的主宰作用;相反,教师仅仅是教育活动的设计者、组织者,教师的主体作用仅仅是一种主导作用,教师的讲授、示范、指导,仅仅是对学生学习活动的一种引导。应该理智地认识到:在学生求知和探索的曲折人生路上,教师只是给学生以提示和引导的火把而已,而不是真理的化身。

"知识质量观"的转换也是确立以人为本新教学理念的重要内容之一。所谓"知识质量观",主要涉及如何看待学校传授的知识,如何评价学生的质量问题。传统的教育把知识作为既定的、永恒的结论传授给学生,要求学生被动地记忆、机械地模仿;并以既定知识的考试成绩作为评定学生质量的最终标准。以人为本新教学理念下的"知识质量观"提出了新的见解。

以人为本的"知识质量观"强调知识的发现过程,而不是现成结论的记忆。从知识的形态区分,我们可把知识分为既定的知识和形成中的知识两大类。前者表现为一系列既定的概念、命题、法则、定理等;后者着眼于对获得知识的机制、规律的探索。既定知识的传授在学校教育中占有重要地位,因为任何人的认知活动都需要一定的背景知识,没有对由前人知识和旁人知识构成的社会文明的把握,也不会具备发现新知识的能力。然而,旨在培养创新人才的创新教育应更关注"形成中知识"的教育,即应更关注学生发现知识能力的培养。这实际上是包括知识教育在内的智力教育。智力教育是以人为本的"知识质量观"的主题,它重视培养学生独立自主的思维能力、学习能力、发现问题和解决问题的能力、处理与社会和自然关系的能力,以及适应未来社会需求的能力等;相应地,评定学生质量的标准也在于学生应用和拓宽知识的能力,在于学生的创新能力。显然,这种知识质量观的确立是以尊重学生的主体性为前提的。

2. 发扬以人为本的教学作风

贯彻以人为本的教学理念,需要发扬以人为本的教学作风,这就是教育上的民主作风(或称"教育民主化")。民主体现着对人的尊重,教育的民主化则体现着对学生的尊重。

首先,学生主体性的形成和发挥离不开教育的民主化。学生的主体性养成于学生对教育活动的参与。惟有以主体身份参与教育实践,在教育活动中有施展自身才能、发挥自身主动性的机会,隐藏在学生中的主体潜能才能得以充分发掘,学生才能清楚地认识到自身的价值,其主体性才能从不自觉上升到自觉,从朦胧变为清晰。教育民主化追求的目标就是提高学生的主体性。

其次,以人格平等为前提的新型师生关系形成于教育的民主化。教育民主化的基本原则是承认师生人格的平等。尊重、信任和理解学生,懂得维护学生的人格尊严,不把自己看作高于学生一等的人,抛开以教师为中心的观念,警惕自己对学生可能产生的禁锢影响和控制欲望,坚持以学生为中心,是在教学中发扬民主作风的必要前提。为此,教师要善于与学生作学术思想的平等切磋,并虚心听取学生的意见,吸取学生的有益思想,从学生的提问、责疑中寻找自己教学中的不足,甚至鼓励学生否定自己的意见;要学会用欣赏的眼光看学生,善于发现学生的长处,并虚心向学生的长处学习,以弥补自身的不足;要善于洞察学生的心灵世界,熟悉学生心理,多与学生进行心理交流,同学生交知心朋友,学会用"心"与学生作平等对话,以达到师生的彼此真情理解。

再次,学生的个性发展、创新思维的自由空间也源于教育的民主化。创新是一种个体思维素质的体现。创新思维的培养,一来源于对学生个性发展的鼓励,因为智力是个体掌握知识、运用知识、创造知识的一种个性心理品质,它以个体知识为基础,受个体认知结构和质量的制约,因而,只有个性化的教育才能激发学生的创新思维;二来源于给学生以主动探究、自主学习的空间,因为学生创新能力的形成和发展,不能单方面依赖教师的讲解或读书,而主要依赖于自己的探究和体验,依赖于群体讨论和思想交锋,创新思维往往是群体自由讨论中大量信息轰击的结果。如教师在教学中不给学生自主学习的机会,不为学生提供探究的自由空间,不鼓励学生思维的自由驰骋,创新也就无从谈起。为此,教师要尊重学生个性,鼓励学生进行创造性学习,努力构建生动活泼、主动探索的学习气氛,引导学生积极思维、主动探索,在学习中发掘内在潜力。

总之,教育民主化关系到学生主体性的发挥,关系到新型师生关系的形成,也关系到创新思维品格的养成,一句话,关系到以人为本教学理念的落实。

3. 倡导以人为本的教学手段

好的教学理念、民主的教学作风最终必须落实于恰当的教学手段。因而,倡导以人为本的教学手段是确立以人为本的教学理念、发扬教学民主作风的最重要环节。

所谓以人为本的教学手段,即贯彻以学生为中心的原则的,体现平等、宽容的新型师生关系的,有利于发展学生个性、激发学生创新思维的,区别于"一支粉笔一块黑板教师一言堂"传统教学模式的新型教学手段。根据国内外先进的教学经验,已在不同程度上经历过试验,并已见成效的、能体现以人为本教学理念的新型教学手段有:

1) 启发式教学法

所谓启发式教学法,即引导学生独立思考和主动学习、提高学生学习兴趣和积极性的教学方法。启发式教学法有两个要点:一是要引导学生真正理解所学的知识;二是要引导学生运用所学的知识解决实际问题。为此:(1)要努力创设具有挑战性的问题情境,诸如,设计一些有助于理解和灵活运用知识的问题;提供解决这些问题所必需的研究素材;提供解决问题的参考步骤;提供评判解决问题方案的原则和标准等。这是一种以问题为本的教学,即在问题的一步步展开中进行教学。(2)要努力创设一种活泼而宽容的教学气氛。为有效地引导学生思考,必须充分尊重学生,包括:尊重学生提出的古怪问题;尊重学生的想象或别出心裁的念头;让学生知道他们的观念是有价值的;并公开地向学生表示,他们的任何好奇心和探究性行为都值得鼓励。(3)要允许学生按自己的想法活动,自己动手解决问题,尽力倡导轻松活泼的气氛。

2) 发现式教学法

发现式教学法即研究型教学法。最早由美国学者布鲁纳于20世纪60年代提出。他认为,发现式教学法的基本特征是:(1)教师引导学生以科学家们从事研究的方法进行学习、观察和实践;(2)提出问题,以启发学生思考,激发学生探索的欲望;(3)引导学生提高归纳推理的能力;(4)重视寻找导致结论的理由或论据。发现式教学法旨在激发学生多方面思维,使其智力活动多样化、丰富化;旨在培养学生独立研究的能力,并养成学生的学术兴趣,促进其探求未知的热忱,强化其创新动机。发现式教学法已在我国一些学校作过试点,并取得明显成效。

3) 吸引教学法

吸引教学法即努力把学习场所(如课堂)构建成令人向往的"最吸引人的场所",以人际交往的情绪吸引、激发学生学习兴趣的教学法。其指导思想是所谓"吸引教育"(Invitational Education)理论。这种理论相信人是有能力、有价值和负责的,所有人都有未开发的潜能,旨在探索发掘人的潜能的激励机制;强调教学的民主化,认为教育应该是合作、配合的过程,教师应通过吸引的方式(如开放的、自由的、平等的对话)激发学生的学习积极性,使学习成为学生的自愿,而非强迫命令。吸引教学法的具体实施环节有:培育良好的教育环境、制定以人为本的教育政策、设计吸引人的教学大纲和课程、提倡尊重和关怀行为,以吸引、召唤学生主动参与教育过程,促进学生潜能的发挥与实现。

4) "学习自由"教学法

追求学术自由是高等教育发展的主题之一。高校的学术自由包括学生的"学习自由"。学习自由的思想和实践系统形成于19世纪。洪堡、费希特等人创建的柏林大学自开办之日起就把"尊重自由的学术研究"作为办学的根本思想。柏林大学所倡导的学术自由包括学习自由,这在教育史上尚属首次。当时的柏林大学校长费希特认为,学术自由由"教的自由"和"学的自由"两部分构成,"学的自由"指"学生在教授的正确方法指导下,在专业学习上拥有探讨、怀疑、不赞同和向权威提出批评的自由,有选择教师和学习什么的权力,在教育管理上参与评议的权力……"在当时柏林大学的各种"Seminar"(研习班)中,学习自由的精神得以最充分的体现。在此,传统的权威学说不再成为研讨的前提,师生可以大胆的怀疑和批判,充分发挥个人的独创精神;师生关系也发生了变化,师生共同研究和讨论,一起探讨真理。学生由过去的被动学习者成为教育过程的积极参与者。

5)强化、改革哲学类课程

在实施以人为本的教学理念,培养学生创新思维方面,哲学类课程具有义不容辞的责任。这是由哲学固有的精神所决定的。哲学是对智慧的追寻,它作为一种质疑的艺术,其根本特征是批判、反思和超越。无论是对现成问题的质疑,还是对超经验理想的追求,或是对客体深层次本质的挖掘,都体现出创新的精神。卓越的创造性的科学研究需要哲学素养;科学所需要的多方面品格和素养,如热情、敏感、惊异、好奇、善于发现问题等,都与哲学素养有关。离开哲学就没有创新。哲学教学不是一般知识的传授,而是智慧的培养。因而,创新教育无疑是哲学教学的本意。然而,在我国的学校教育中,哲学的理性思维训练功能一直未能得以充分重视。要改变哲学教育的现状,首先必须全面认识哲学课程的功能,并从根本上改革陈旧的、满堂灌的哲学理论教育模式和标准化的考核方式,建构有助于调动学生主体性的、符合哲学本性的哲学教育模式。

(三)创新教育应发展个性化教育

1. 个性化教育体现了教育创新的本性

创新教育应发展个性化教育,是由创新与教育的本性所决定的。

我们说过,创新思维,是指人们在探索未知领域的过程中,充分发挥认识的能动作用,以灵活、新颖的方式和多维的角度探求事物运动内部机理的思维活动。创新思维的本质不仅在于结果的"新",而且在于"创",即获得"新"的过程。创新精神本质上是一种独立探究的精神,关键在于突破常规,独立思考、独立判断、独立探究、独立发现,而不是迷信、盲从、墨守成规。显然,以"独创"为特色的创新思维必然是一种个性化的思维。创新思维离不开逻辑思维,但又不同于逻辑思维,逻辑思维倾向于人类共同的知识领域,创新思维则倾向于人类个体的心理领域。构成创新思维的重要因素——独立性因素是一种个性化的"积极求异性";作为创新思维的重要能力——想象(包括幻想、联想等)能力是一种个性化的能力;创新的过程更是一种个性化的思维建树过程。

真正有成效的教育也必须是个性化的教育。这是由教育的特殊规律决定的。

首先,教育不仅仅是使人接受前人的知识技能、价值观念、思维方式等的传承性事业,而是开发人的潜力,发展人的个性,活跃人的思想,激励人们去创造新的社会生活的开创性事业。教育以开发人的智能为最终目的,而人的智能分为实能和潜能两部分。实能即知识和技能,这是共性的东西;潜能指分析、综合、评价等学习能力及创新能力,这是个性化的东西。传统的"应试"教育重实能而轻潜能,即重共性而轻个性;实际上,实能仅是人的认知能力中的低层次部分,教育的真正目的应是开发人的认知能力中的高层次部分。这也就是传统的"应试"教育的根本缺陷所在。

　　其次,在知识经济时代,中国急需有创造能力的人才,我们的教育要适应这一形势需要,适时地实现思路转换,以培养创新人才为宗旨。因而,当今的教育应强调素质教育。而创新教育正是素质教育的核心。创新教育之所以是素质教育的核心,这是由新世纪对人才素质的新要求所决定的。随着新世纪的来临,知识经济的脚步愈益迫近,而知识经济是一种创新型经济,知识信息量激增及知识创新周期性的日益缩短,越来越成为经济增长中最具生命力和最活跃的生产要素;创新成为推动知识经济发展的不竭动力。知识经济又是劳动主体智力化的经济。知识经济的发展依赖于具有创新精神的劳动主体,惟有具备创新能力的人才能充当知识产业中的决定性因素。同时,在新世纪中,社会变革的速度将更快,五彩缤纷的未来社会必将呼唤富有创意、勇于创新的人才。社会可持续发展所面临的许多世界难题也迫切需要最具创意的科学思想。可见,只有以开发创造能力为目标,以培养创造型人才为宗旨的创新教育才能适应社会、经济发展的要求。以培养高级专门人才为使命的高等学校理应把创新教育作为素质教育的中心环节,成为培养创新人才的摇篮。

　　创新教育呼唤崭新的教育理念、教育机制和教育手段。如前所述,创新教育不同于一般教育。一般教育以单纯的知识传授、积累为目标;以记忆显现型思维为主,拘泥于现成理论;学习内容提倡统一性、规范化。创新教育则以培养求知欲、开发创造能力为目标,要求学生不满足于现成知识和结论,尽力扩大知识面,将专业知识学习与多学科知识学习相结合,开阔视野,丰富想象力,提倡学习的多维性、多元性和自主性。在具体教学手段上,一般教育拘泥于教科书和课堂教学,以听取单方面讲授为主;记忆、理解固定的知识内容,以考试成绩为目标;尊重既成知识,服从权威理论。创新教育则提倡课堂教学与社会实践、调查研究相结合,开发和超越原有知识范围,强调能力培训,开发学生创新能力;并鼓励学生探索自己向往的各种知识,不为考试所限,对有兴趣的学科不惜花费时间,主动钻研,敢于超越权威理论。显然,无论从教育理念还是从教育手段看,创新教育都是个性化的教育。

2. 当今发展个性化教育的主要障碍

同个性化教育的要求相比，当今的教育是不能令人满意的。当今发展个性化教育的主要障碍可从教育观念、教育体制和教育评估体系三方面加以考察。

障碍之一：轻素质教育、重职业教育的教育理念。尽管素质教育的提法如雷贯耳，但真正用素质教育的理念指导教育过程的却不多。尤其在高等教育中，职业教育的观念始终没有被突破。在这种教育观念的支配下，我们的高等院校都把对学生进行职业培训作为自己的培养目标。在高等学校以及社会看来，学生进入高等学校，就在事实上进入了某个职业群体的预备队伍；而毕业生进入这个职业群体，那就将终生从事这一职业。因而，高等院校的任务，就是按某一职业群体的统一要求，打造某一合格的职业群体。医学院的任务是造就合格的职业医生；工科院校是"工程师的摇篮"；师范院校旨在培养各科的教师；如此而已。至于人的素质，尤其是人文素质，往往置于脑后，至多也是作为附加上去的东西，一带而过。这样培养出来的学生，当然缺乏个性。

障碍之二：简单划一的教育体制。多年来，我国的学校犹如一座座工厂，按照统一的流程，小学六年、初中三年、高中三年、大学四年、硕士和博士研究生各三年，一以贯之，一成不变地培养着学生，不管进去的生源如何，都千篇一律地对待，千篇一律地要求，千篇一律地毕业。有些原本可以更早成材的优秀学生，到了这一简单划一的教育体制下，也只能按照统一的年限"熬"满规定的年限；而一些原本不够格的学生，年限一到，也牵强附会地进入社会，作为"合格"产品同那些优秀毕业生享受同等待遇。在这种简单划一的教育体制下，学生的差异一概被抹杀，个性化教育荡然无存，教育成了名副其实的批量生产。

障碍之三：生硬的教育评估体系。传统"应试"教育的评估体系有两大抹杀个性化教育的弊端。其一，"分数"至上。一切评估指标都围着分数转，评价学生质量的好坏看分数；评价教师教学质量的好坏也看分数；分数压倒一切。其二，面面俱到，四平八稳。现行的教育评估体系对各学科的要求往往过于统一，一个学生要成为学校所要求的优秀生，必须在各门学科的学习中都崭露头角，或至少都必须过关。而一些在某些学科中有杰出成绩的学生，如在其他学科中成绩不佳，则只能因过不了教育评估关而望洋兴叹，其某方面的突出才能也往往无用武之地。在这样的教育评估体系下，教师衡量学生的标准势必过于"标准化"；学生的个性势必被抹杀；即使进校时存在着的"棱角"也势必在几年的学习过程中被磨平。

3. 发展个性化教育的主要途径

教育创新的关键是发展个性化教育，而轻素质教育重职业教育的教育理念、简单划一的教育体制和生硬的教育评估体系不同程度地扼杀了个性化教育；因而，实施教育创新,发展个性化教育,必须从更新教育观念、变革教育体制和改革教育评估体系入手。

首先,要树立个性化教育理念。如上所述,教育是开发人的潜能、发展人的个性、活跃人的思想的开创性事业,因而,教育的"育人"本性决定了教育的个性化特征。既然教育的宗旨是培养人,而人的潜能、个性各不相同,所以教育不是生产流水线,无法按照统一的设计、既定的流程,生产出标准化的产品;而只能根据各人的具体情况,采取不同的教育手段。古希腊苏格拉底采取"精神助产术",在与学生相互诘难的过程中,不断提出"为什么"来引导学生层层深入地思考问题,直至学生经过自己的独立思考,达到对问题的解答。这种通过对话辩论来研究问题的方式被称之为辩证法。这种教育方式就是个性化的教育方式。这种教育方式与当今长期实施的"教师一言堂"式的教育方式是背道而驰的。当今,教育改革的目的就是要重新唤起前人早已倡导并实施过的个性化教育方式,这样才能推进教育创新,真正变革当今不合时宜的教育模式。

个性化教育观念的确立离不开教师多重角色观和现代知识质量观的确立。首先,在现代化教育中,为充分发挥学生的个性,教师应善于承担多种角色,诸如:学生全面发展的培养者、民主师生关系的建立者、学生学习课程的指导者和鼓励者、学生终身学习的奠基者等。如若仅仅把教师当作传统意义上的"园丁",按统一的要求和规格培育"浇灌"学生,只能是抹煞学生的个性。其次,如前所述,传统的"知识质量观"以既定知识的考试成绩作为评定学生质量的最终标准。这样的知识评价标准势必是简单划一的。新教学理念下的"知识质量观"提出了新的见解:强调知识的发现过程,而不是现成结论的记忆。智力教育是现代教育"知识质量观"的主题,它重视培养学生独立自主的思维能力、学习能力、发现问题和解决问题的能力、处理与社会和自然关系的能力,以及适应未来社会需求的能力等;相应地,评定学生质量的标准也在于学生应用和拓宽知识的能力,在于学生的创新能力。显然,这些能力是个性化的。

其次,要建立个性化的教育体制和评估体系。长期以来,我国的教育习惯于计划经济的一套模式,改革开放以来,教育改革虽然不断深化,但以计划模式为主导的教育体制未有根本改观。这套计划模式不变,要推进教育创新是很难的。只有从根本上突破计划模式,打破简单划一的教育体制,给个性化教育留有广阔空间,教育创新才有可能。为此,我们要通过不断探索,尝试建立并不断完善个性化的教育体制。诸如:改革现行的生硬的学期制,充分发展不受年限限制,有利于鼓励优等生脱颖而出,给学生充分发展空间和自由余地的真正的学分制;改革统编教材制,给学生教师充分选择教材的自由;改革生硬的教育评估体系,给有某方面突出才能的学生有充分的发展空间,不以单纯的分数压人、卡人,给学生多方面施展才能的机会等。

要探索鼓励创新的教育评估体系。在这方面,国外有些做法值得参考。例如,北欧有两种教育评估指标,一是称为"PISA"的"学生基础能力国际比较计划"(Programme For International Assessment);二是称为"IB"的"国际文凭标准"(International Baccalaureate)。这两种评估指标体系都以强调评价学生的能力为主。如"PISA"注重考核学生运用知识和技能以满足现实生活挑战的能力。"IB"有三方面的特别要求:(1)CAS,即创造性、活动和服务(Creativity, Action, Service);(2)TOK,即知识论(Theory of Knowledge),知识论注重提高学生批判性思维能力;(3)EE,即扩展性论文(Extended Essay)。这些要求注重考核学生的探究能力和实践活动,注重考核学生的人文素质。这两种评估指标体系都不是以知识的简单积累和记忆为根据,都注重学生的个性潜能发挥,给学生以充分的发展余地,因而是建立个性化教育评估体系的很好参考。

再次,要探索个性化的教育手段。要改变那种传承了多年的"满堂灌"、"填鸭式"的没有生气的教学模式,实现"以教师为本"向"以学生为本"的"互动式"的教学模式的转换,即:从复制有余、创新不足、围着教师转的应试教育向激发学生求知欲望、学生兴趣,为学生个性发展提供条件、创造环境的素质教育转换。这种转换的实质即是学生个性的解放。如陶行知所说的"六大解放":解放头脑、解放双手、解放眼睛、解放嘴、解放空间、解放时间,使学生会想、会干、会看、会说、会接触自然和社会、会自主学习。国际上成功的人才开发都是重视个性,以学生为本的。如牛津大学一贯主张尊重学生的个性发展。自学、独立思考、触类旁通、全面发展是牛津大学办学的基本思路。牛津大学自创建以来,人才辈出。英国历史上的40位首相中有29位毕业于牛津大学。此外,这里还培养出培根、雪莱等著名的学者和诗人,产生出不少诺贝尔奖金获得者,可谓誉满全球。

我们要放开手脚,鼓励试验多种教学方法,鼓励学生独立思考、合理想象;提倡"异想天开",允许"标新立异",克服学生思维单一化的倾向,启发学生对同一件事从不同角度、不同视角、不同方向进行思考,启发学生对课本、对课堂教学提出质疑,触发他们的灵感,逐步形成多维、多角度的立体式思维习惯,激发学生的创新思维能力。

许多教育家认为:所有真正的学习都是主动的,不是被动的,它需要运用头脑,不仅仅是靠记忆。它是一个发现的过程,在这个过程中,学生要承担主要的角色,而不是教师。以开发人的创造潜能为主旨的创新教育,关键在于重视学生的自主性,尊重和唤醒学生的自主意识,倡导和发挥学生的个性和创造性。凡此种种,都离不开发展个性化教育。教育创新应注重发展个性化教育。

实施个性化的教育手段的前提是培育民主化的教育作风。要给学生以主动探究、自主学习的空间，给学生自主学习的机会，为学生提供探究的自由空间，鼓励学生思维的自由驰骋，努力构建生动活泼、主动探索的学习气氛，引导学生积极思维、主动探索，在学习中发掘内在潜力。显然，所有这些，都是以尊重学生的个性发展为前提的。

第二节　破除创新思维的枷锁

一、破除权威型、从众型思维枷锁

思维转换是形成创新思维的一条重要途径。苏东坡游庐山，发现路回峰转，观察的角度不同，庐山的山山水水也呈现出不同景象。有感于此，他写下了著名的诗句："横看成岭侧成峰，远近高低各不同。"这句富有哲理的诗句告诉人们，要从不同的角度观察事物，不要把事物看死了。许多科学上的发现、发明和创造，都是自觉不自觉地运用从不同角度观察事物的方法的结果。

要从不同角度观察事物，就要善于拓展视野，克服思维定势。所谓思维定势，亦称"心理定势"。美学上指主体预前特定审美心理准备状态及其对审美中后继类似心理活动施加影响的趋势。原是心理学概念，由德国心理学家缪勒于1889年提出。有知觉定势、认识定势、情绪定势等。20世纪80年代被运用于中国审美心理的研究。审美思维定势是定向的思维趋势，它以预前的审美经验、观念、态度、情绪、趣味直接影响乃至决定着后继审美活动的方向、内容、性质。它的客观基础是特定对象审美特性同主体审美经验相通或已局部地把握，使主体有了预前的思想准备。主观条件是对象特性在主体大脑皮层已形成巩固的神经联系，已积累相应的审美经验，形成特定的审美观念、趣味、思维方式，同时也受传统观念、民族或集体意识的影响。思维定势有稳定性、指向性与非自觉性。它在审美活动中的积极作用是作为一种心理能力，直接制约审美的定向选择，增强审美思维活动的敏捷性，形成动力定型，使审美心理活动系统化、迅捷化、自动化、轻松化，增强审美的感受力、创造力。但如将原有心理准备加以定型化、凝固化，使思维模式化，忽略对象的多样性、变易性，就会导致思维僵化、主观主义、片面性。①

在思维活动中，思维定势同样具有两面性，一方面，它能提高思维活动便捷性、

---

① 哲学大辞典.上海辞书出版社,2001.第1378~1379页

敏捷性,提高思维效率;另一方面,如若把它绝对化、固定化,势必成为束缚思维创新的条条框框,成为创新的思维枷锁。它往往形成思维主体对某种对象的"自动应答",自觉不自觉地引导思维主体沿着以前熟悉的方向和路径进行思考;自觉不自觉地把外界的信息纳入既定的认知框架中,并按既定的程序和方法进行筛选,从而阻碍另辟新路。阻碍创新的思维枷锁具有强大的惯性。它能够"不假思索"地支配人们的思维过程、心理态度乃至实践行为,具有很强的稳固性甚至顽固性。倡导创新思维必须破除思维枷锁。

阻碍创新的思维枷锁有许多。从众型、权威型思维枷锁是最常见的两种。

（一）破除从众型思维枷锁

从众型思维枷锁源于从众心理。在社会互动中,人们无不以不同的方式影响那些与他们互动的人。同许多人在一起,个人极易受到诱惑。因而在场的旁人能促进或阻碍某人完成某项任务。实验资料表明:个人往往易受别人的诱惑而不相信自己的认知成果。遵从的压力能迫使个人接受大多数人的判断。不仅在模棱两可的情况下如此,而且即使在明确无误的情况下也会发生类似现象。因为在心理上人们更倾向于相信大多数,认为大多数人的知识和信息来源更多、更可靠,正确的机遇更多。在个人与大多数人的判断发生矛盾时,往往跟从大多数而怀疑、修正自己的判断。

从众心理发生在思维活动中,往往会扼杀创新。这是因为,创新以求异为基本特征。新思想必然与众不同。趋同、随大流,必然不会有创新。即使产生了新思想,经不起大众的反对,屈服于群体的压力,不能持之以恒,也会最终放弃。从众型思维枷锁的强化源于社会传统。一个社会越强调遵从传统,从众型思维枷锁越稳固。在"枪打出头鸟"的传统观念影响下,人们往往"多一事不如少一事",宁肯"太平",也不愿"鹤立鸡群",免得"生出事端"。

因而,破除从众型思维枷锁,需要提倡"反潮流"精神。创新思维能力强的人,大都具有较强的反潮流精神。麻雀是害鸟还是益鸟？历来有争论。世界历史上出现过两次大规模的灭雀运动。一次是在普鲁士王国。一位国王喜欢吃樱桃。但是,他的御花园中有很多麻雀,常常啄食樱桃。于是他认为麻雀是害鸟,下令全国灭雀。一段时间后,麻雀果然销声匿迹。但从此以后,国王很少吃到樱桃了,因为果园里的樱桃还未成熟,就被害虫吃了。另一次就是20世纪50年代的中国。当时中国认定麻雀是"四害"之一。全国人民出动灭雀,短时间内消灭几十万只麻雀。在全民参加、全国动员的运动正如火如荼地开展之际,有位名叫郑作新的生物学家却反其道而行之,在北京郊区的农业区和河北省的昌黎果园区捕捉了848只麻雀,一只只进行研究。结果表明:在冬天,麻雀以草籽为食;春天下蛋孵卵期间和育雏期间，主要以虫子为食，食虫率为95%；在秋收期间，它们会飞入田间，糟蹋粮食；秋收以后的季节，觅食地里掉下的谷粒、草粒。这表明，在多数季节里，麻雀对人类是有益的，它在消灭害虫、清除杂草方面是有功劳的①。这项研究纠正了对麻雀的误解，很有意义。显然，这位生物学家的独立研究是需要反潮流精神的。从某种意义上说，这项研究成果正是破除从众型思维枷锁的产物。

（二）破除权威型思维枷锁

一个社会需要权威。有人群的地方总会有权威。没有权威，就没有社会秩序，没有法规，没有行为规范，社会就要乱套。社会的稳定有序往往基于人们对权威的崇敬之情以及对权威的必要服从。如恩格斯在批判反权威主义者时所说："一方面是一定的权威，不管它是怎样形成的，另一方面是一定的服从，这两者都是我们所必需的，而不管社会组织以及生产和产品流通赖以进行的物质条件是怎样的。"恩格斯举例说："能最清楚地说明需要权威，而且需要最专断的权威的，要算是在汪洋大海上航行的船了。那里，在危险关头，要拯救大家的生命，所有的人就得立即绝对服从一个人的意志。"②然而，如果把权威绝对化、神圣化，对权威的崇敬之情就会变成对权威的迷信、盲目推崇。权威型思维枷锁由此产生。主要表现为：不恰当地引用权威的观点，不加思考地以权威的观点论是非，一切以权威的观点为最高准则，不敢越权威的"雷池"一步。

意大利物理学家、天文学家伽利略在《关于托勒密和哥白尼的两大世界体系的对话》一书中讲了这样一个故事：一个经院哲学家硬是不相信人的神经在大脑中会合这一科学事实，一个解剖学家邀请他去参观人体解剖，他在解剖室里亲眼看到人的神经的确是在大脑中会合的。解剖学家问他："现在你该相信了吧？"他回答说："您这样清楚明白地让我看到了这一切，假如亚里士多德的著作里没有与此相反的结论，即神经是从心脏里出来的，那我一定会承认这是真理了。"在这位经院哲学家看来，权威的话就是永恒的真理。与权威的话相矛盾的结论，哪怕符合事实，也不是真理。这是典型的"诉诸权威"，其思维过程牢牢地套上了权威型思维枷锁。

要破除权威型思维枷锁，必须学会审视权威。

首先，要审视一下，是不是本专业的权威？社会上有一种"权威泛化"现象。所谓"权威泛化"，即把某个专业领域中的权威不恰当地扩展到社会的其他领域。其实，权威一般都有专业局限，某专业领域中的权威，一旦超出本专业领域，不一定能成为权威。如若我们不加分析，不恰当地扩展权威的专业领域，无疑将加剧人们

---

① 朱长超.创新思维.黑龙江人民出版社,2000.第176~177页
② 马克思恩格斯选集.第3卷.人民出版社,1995.第226页

思维过程中的权威定势。

其次，要审视一下，是不是本地域的权威？权威除了有专业性，还有地域性。适用彼时彼地的权威性意见，不一定适用于此时此地。所以，当我们听到某种权威性论断时，请想一想，这种论断是不是适用于本地区，千万不能不加分析地盲目套用。

再次，要审视一下，是不是当今的权威？权威的另一特性是时间性。没有永久的权威。"江山代有人才出，各领风骚数百年"。随着时间的推移，旧权威必然不断让位于新权威。尤其在当今知识经济时代，知识更新速度不断加快，不能与时俱进的权威也将更快地被时代所淘汰。鉴于此，我们在面对权威的时候，也要审视一下这种权威人士的言论是在什么时候说的，考虑一下这种言论在当今是否适用，分清其中什么是应该坚持的，什么是应该丰富发展的，千万不能"生吞活剥"地对待权威言论。

最后，还要审视一下，是否是真正的权威或权威结论？有两种情况需要注意：一是借助某种力量包装出来的权威，如靠其政治地位，靠其经济力量，靠新闻媒体的"炒作"等"渲染"而登上权威"宝座"的，其实并非真正的权威。二是即使真的是权威，但其结论的得出是出于某种利益需要，这种结论未必具有真实性。在这两种情况下，我们都要保持清醒的头脑。

二、破除书本型、经验型思维枷锁

我们的一生积累了大量经验，诸如：我们生活的亲身感受、实践的直接知识，乃至传统的习惯与观念等。

人类的经验不完全是感性的东西，而是包含着理性认识成分的，是作为感性认识与理性认识综合的经验。有的经验甚至就是在理性认识中形成的，是对理性认识活动的直接感受，如演算数学题的经验、写文章、搞创作的经验等。

经验具有如下特征：其一，个体差异性。因个人的经历、感受不同，会形成不同的思维习惯、方法和定势，从而显示出很大的个体差异性。其二，直接可行性。经验的内容都直接来自实践活动，这种成果又可以直接回到实践活动中去，指导人们下一步类似于造成经验的那种实践活动。经验本身通常就是一些指导行动的具体指令，人们利用这些指令便可以直接调动和控制自己的操作，从而完成现实的实践活动，如演员的表演经验、教师的教学经验、运动员的竞赛经验等。其三，认识的表面性。经验在认识的深度上，还只是对事物的表面联系和外部面貌的认识，还没有洞察到事物内部本质和运动变化发展的真实原因，往往是知其然而不知其所以然，懂得"是什么"而不懂得"为什么"。其四，自发的习惯性与连续性。人们的某种生活感受和实践体会的重复出现会促成人们形成某种经验,并使它们之间逐渐建立了较为牢固的联系。于是,人们在运用经验进行思维活动或受到外界的相关刺激时,就会使自己的那些具有连续性的经验一个接一个地自动产生出来,构成一种连续的思维活动。

经验在人们的实践活动中起着重要作用。首先,在一定的范围内和条件下,人们可以凭借经验指导在相同条件下的相同的实践活动,使某些习常性的实践活动提高效率。其次,经验是理论的基础。理论思维必须建立在经验的基础上才有生命力,离开了经验,理论思维就无法进行。但经验又具有极大的局限性,它只能在一定的实践水平上,在一定的条件下对一定的实践活动有指导意义;而且,即使在适当的范围内,它对实践活动的指导意义也是有限的。经验具有时空狭隘性,只适用于特定时空,一旦超出限定的时空范围,某种经验就会失去效用。经验又具有主体狭隘性。个人的经验总是极其有限的,他没有经历的事情总会比经历过的事情多得多。如以有限的经验对付无穷多的事情和问题,难免要犯错误。恩格斯说过,单凭观察所得的经验,是不能充分证明必然性的。黑格尔也指出,经验并不提供必然性的联系。因此,一旦拘泥于狭隘的经验,势必极大地限制个人的眼界,从而阻碍思维创新。在这种情况下,经验就成了创新思维的枷锁。

破除经验型思维枷锁的关键是冲破经验的狭隘眼界,把经验上升到理论。理论思维以揭示和把握事物的内在本质和一般规律为根本任务,它是依据一定的理论知识、遵循特有的逻辑顺序而进行的思维活动,因而又称为"逻辑思维"。理论思维是建立在经验基础之上的一种较为高级的思维类型。理论思维具有如下特征:其一,同实践相联系的间接性。理论思维是在经验感受的基础上,经过抽象思维加工的产物,它是通过经验这一中介环节而与实践活动与客观对象发生联系的。其二,抽象性。构成理论思维的,是一系列抽象的范畴体系,而不是那些具体、直观的形象。其三,自觉性。理论思维通常都是人们有意识地、自觉地进行的一种思维活动。在理论思维活动中,思维主体需要自觉地把握和运用一系列概念、判断和推理;需要自觉地遵守一定的逻辑规则;理论思维对实践活动的指导也是自觉的。其四,系统性。理论思维通常要建立起具有普遍性的知识和理论,并使它们系统化、条理化,构成理论知识的体系。各门理论科学的体系就是通过理论思维建立起来的。也正是通过一定的理论知识体系,理论思维也才能揭示事物之间的本质联系及内在规律性。

由于理论思维把握了事物的内在规律性,因而能较之经验思维更深刻、更全面地把握事物的内在本质和发展趋势;更有效地指导人们的实践活动。

书本知识同样具有两面性。一方面,人类社会离不开书本知识。书籍是知识的海洋,是人类的朋友。创新思维也要基于必要的书本知识。许多调查研究充分肯定书本知识对创造性思维的积极作用。一些专家通过跟踪调查得知,无论是科学家,还是艺术家,在创新思维成果形成之前,都经过一段"沉默期",然后才是"处女作"的诞生、作品的涌现期、创作稳定期。在此,所谓"沉默期",即知识准备期,或说知识积累期。这一发展规律说明,书本知识奠定了创新思维的基础,是创新的"起跑点"。

另一方面,如若迷信书本,惟书本是从,无视活生生的现实生活,甚至用书本知识去裁剪活生生的现实,那就要禁锢思想,就要犯错误。此时,书本就成了创新思维的枷锁。书本何以会成为创新思维的枷锁呢?

其一,知识虽然是创新思维的基础、"起跑点",但创新思维源于知识的灵活运用,而非单纯源于知识的积累;如若没有运用知识的智慧,只是单纯的积累,那最多成为知识的"活辞典",而不会成为创造者。从这个意义上说,知识的量与创新能力并不是成正比关系。雅虎浏览器的创造者当时还是一个大学生,其知识的量并不算多,但其高明之处就在于运用知识的智慧。在《三国演义》中失街亭的战斗中,马谡为什么打了败仗?并不是因为他兵书读得少,而是他不会灵活运用兵法,教条地对待军事知识。

其二,知识可以成为创新思维的起点,但如若拘泥于某个领域的知识,陷于其中而不能自拔,也可能限制眼界,束缚视野。在科学史上,某些专业领域的创新,并不是资深的本专业人员做出的,而是由其他专业领域的人员或初涉本专业的新手做出的。这一事实充分说明了,开阔的视野,丰富的想象力,远比单纯局限于某个知识领域重要得多。爱因斯坦的创新思维就归功于对几个相近学科的知识的连贯性思考。

因而,破除书本型思维枷锁的途径在于增长运用知识的智慧;在于尊重实践,注意在实践中学习;在于善于超越有限的专业领域,开阔视野,拓展思维空间。

三、破除自我中心型及其他类型思维枷锁

人的认识活动是主观和客观的统一,是主客体的交互作用过程。一方面,主体的认识活动有受动性一面,主体的认识活动受客体的制约;另一方面,客体之所以成为客体,就是因为它纳入了主客体的关系,因而人的认识活动必然渗透着主体的因素,具有主体制约性。人的认识活动的主体制约性具体表现为:

其一,主体特性制约性。认识主客体的关系是一种反映者与被反映者的关系。而所有反映者与被反映者的相互作用方式,都既依赖于被反映者,又依赖于反映者。反映者即主体的性质不同,其反映被反映者的方式也不同。这不仅表现为人

类主体反映客体的方式不同于非人类主体反映客体的性质，也表现为不同的人类主体（不同的个人、不同的民族、不同的国家、不同的群体等）反映客体的不同方式。不同的主体必然以自身特有的方式反映客体。

其二，主体"定位"制约。主体获取客体信息，不仅主体要顺从客体，客体也要接受主体"定位"：定客体信息流向的中心和渠道。特定的主体总是以其自身为中心去观察、认识客观世界的。任何主体所理解的客观世界都基于该主体所处的时空。对于同样的客体，由于特殊的瞬间和特殊的方位，可导致特殊的认识角度，形成特殊的认识中心，从而获取特殊的信息。在此，主体所处的特殊时空是基础，它决定了客体信息的流向和渠道。主体对客体的认识的变化，除了主要取决于客体的变化外，还取决于主体指向客体的时空特性的变化，或两者的同时变化。从不同的"窗口"观察客观世界，观察的结果是不一样的。

其三，主体"选择"制约。主体对客体的认识，并非来者不拒，照单全收，而总是一种选择，即对客体信息的取舍。主体对客体信息的选择性体现了主体认识活动的价值取向性。不同的主体总是从自身的需要、兴趣和利益出发，去认识客观世界的。一旦某一客体对象符合主体的价值取向，主体便与之发生现实联系，反之，主体对客体信息就往往"熟视无睹"，拒斥于主体认识范围之外。例如，对"古松"这一事物客体，不同的主体就往往从不同的侧面去反映：木材商人观察到的是一段价值几多钱的木材；植物学家观察到的是一种棵叶为针状、果为球状、四季常青的显花植物；画家观察到的则是一棵苍翠挺拔的古树。三种不同的主体分别从各自的价值取向出发观察到了不同的客体侧面，这充分体现了人类认识活动中的主体选择制约。

上述人类认识活动中的主体制约性说明，人类的思维活动必然有以思维主体的"自我"为中心的一面。这是一种规律性现象。然而，一旦把这种以自我为中心的现象绝对化，凡事一概站在自身的立场，用自身的眼光去思考别人乃至整个世界，并一味排斥他人的立场、他人的观点、他人的利益，便形成了自我中心型的思维枷锁，就会产生固定的思维定势，阻碍创新思维。

破除自我中心型思维枷锁的根本途径在于"跳出自我"，多参与别人的思绪，试着站在别人的立场考虑问题，试着理解自我之外的事物和现象，在"自我"与"非我"的跨越中开拓视野。许多新思想、新观念的提出，归功于自我中心型思维枷锁的破除，例如，"可持续发展战略"和"地球伦理观念"的提出，归功于跳出"人类中心主义"的眼界；国际间"和平共处原则"的提出，归功于跳出狭隘的民族主义和以意识形态为中心处理国家关系的眼界，等等。

"自我贬抑"也是自我中心型思维枷锁的一种表现形式。"自我贬抑"即总是认为"我不行,我做不到",而不想去尝试,不敢去实践。而事实也许并非如此。只要破除这种思维枷锁,确立起信心,定会挖掘出隐藏于自身的潜力,从而成就原先不敢成就的事业。

除此之外,阻碍创新思维的思维枷锁还有:

(1) 迷信标准答案的惟一性。学生在考试中,往往追求标准答案。这种思维习惯一旦加以扩展,就会形成"迷信标准答案型思维枷锁"。其实,在日常生活及其科学认识活动中,许多问题并不存在惟一的标准答案。对许多事物可从不同的角度去考察,对许多问题可用不同的方法去解决。迷信标准答案的惟一性,势必抑制思路,造成思维的狭隘性。

(2) 求稳,怕失败。创新是有风险的。如若怕冒风险,过分求稳,恐惧失败,不敢闯一闯、试一试,老是想"万一搞砸了怎么办?",势必因循守旧,不敢创新。这就形成了"过分求稳型思维枷锁"。

(3) 求有序,怕乱。创新是在有序视角与无序视角的交替中实现的。如若单纯追求有序,怕杂乱无章,认为"一切都要井然有序",从而排斥无序视角,势必阻碍创新,形成"过分求序型思维枷锁"。

第三章

创新思维法：逻辑与非逻辑的统一

人类在长期的创造实践中摸索、总结出许多行之有效的创新思维法。这些创新思维法有些主要比照逻辑推导过程而形成；有些主要依靠无拘束的想象而形成。我们称前者为逻辑创新思维法，称后者为非逻辑创新思维法。

第一节 逻辑创新思维法

一、演绎创新思维法

在逻辑创新思维法中，比照演绎推理思维进程的称演绎创新思维法，比照类比推理思维进程的称类比联想创新法。逻辑创新思维法的最大特点是有相对稳定的思维进程，它好似遵循逻辑步骤，但又不是机械地重复一般的逻辑推导，而是巧妙地运用逻辑规则，在不同类或看来不相关的事物间大胆比照类推，从而激发创见。

演绎创新思维法主要有逆向思维法、置换思维法、移植思维法和离散思维法等。

（一）逆向思维法

所谓逆向思维法，就是为了实现创新过程中的某项目标，通过逆向思考，运用背逆常规的逻辑推导和技术以实现创造发明的思维法。

逆向思维的实质是"思维倒转"。心理学的研究表明，一般人思考问题，往往按照以往经验，因袭老办法，按照事物的先后顺序进行"正向思维"。"正向思维"无疑是解决问题的一种有效思路，然而，如若把这种思路凝固化、绝对化，使之成为一种套路，形成思维定势，就会阻碍创新。在科技史上，一些专家受正向思维定势的束缚，因循守旧，从而窒息自己思维的例子不少。如德国物理学家普朗克早在1900年就提出能量子的假说，提出了能量不连续的新概念，依据这一想法，本可在经典物理学上有所突破。然而，由于受经典物理学固有思路的束缚，他在理论上徘徊不前，最终未能跨出关键的一步。相反，爱因斯坦突破了原有思路的束缚，超越传统观念,沿着与传统观念迥然不同的思路寻求解决问题的方法,提出了光量子假说。可见,思维创新的一个重要前提是突破惯常的思维定势。逆向思维正是这样一种克服思维定势,另辟蹊径的行之有效的创新思维法。

逆向思维法有其客观基础。客观事物的联系无不具有正反两个方面,具有可逆性。当人们对事物的一面习以为常时,思维倒转反过来理解事物的另一面,往往会产生出新的认识成果。在科技史上,由于采用"逆向思维法"而取得硕果的,不乏其例。例如,19世纪以前,人们一直以为电和磁相互独立,毫不相干。丹麦物理学家奥斯特却反其道思之,相信自然界的各种力量是统一的,因而冲破僵化的思维定势,深入研究电和磁的关系,终于第一次发现了电流能够产生磁场的电磁效应。以后,人们又反过来思考,提出磁是否能产生电的问题,这一问题导致法拉第发现了电磁感应现象。

逆向思维法在创造实践中的运用,往往通过以下具体途径:

第一,功能型反转构思法。指从已有事物的相反功能去设想新的技术或寻求解决问题的新思路。如反画面电视机的发明,正是功能反转的结果。日本索尼公司名誉董事长井琛大在理发时从镜子里看到的是电视的反画面,受此启发,他发明了反画面电视机。反画面电视机有着特殊的用途,如可供病人躺在病床上看,可供乒乓球训练用,可供理发者观看用等。

第二,结构性反转构思法。指从已有事物的相反结构形式去设想新技术、新思路等。如把通常热源在下面的煎鱼锅颠倒一下位置,把电热源安装在煎鱼锅的盖子上,采用上热源加热方式,从而发明一种新型无烟煎鱼锅。这种新型煎鱼锅的发明,正是突破了"热源一定在下面"的思维定势,对常见的热源在下的煎鱼锅的结构性反转。

第三,因果关系反转构思法。指通过倒转已有事物的因果关系来引发新的创造性设想和解决问题的新思路。例如,水力发电机输入的是水力产生的是机械能,输出的是电能;鼓风机输入的是电能,输出的是气体流动产生的机械能;两者结构原理等价,只不过因果关系互换。电磁感应原理也是因果关系的倒转。

第四,缺点逆用构思法。指不是以克服事物的缺点为目标,而是巧妙地利用事物的缺点,化弊为利,形成创新思维,发明新技术。例如,金属腐蚀本是一件坏事,但人们却用腐蚀原理发明了刻蚀和电化学加工工艺的方法。工业材料,尤其是金属材料具有脆性的缺点,现代科学技术巧妙地利用这一缺点制造出各种金属粉末。

(二) 置换思维法

置换思维法是将几个不同的元素从一种排列变成另一种排列,或用其他元素替代某个元素,从而变成新的组合的思维方法。例如,火车发明之初,车轮和车轨都有齿,严重影响了车速。英国的一位火车司炉工斯蒂芬森为改进车速,提出取消"牙齿",改车轮与车轨都是平的大胆设想,经试验,果然灵验,大大提高了车速。在此,斯蒂芬森的创新就运用了置换思维法——把火车的齿轮与齿轨转换为平轮与平轨。这一置换,使火车发生质的飞跃。许多产品的升级换代,都同产品中某些元素的置换有关。

置换思维法借用了数学和化学中的"置换"概念,把不同元素的置换或元素排列的置换用于创新思维,产生奇特效果。置换思维模式有4种:

(1) 轮换 $\begin{bmatrix} a\ b\ c\ d \\ b\ c\ d\ a \end{bmatrix}$ (2) 对换 $\begin{bmatrix} a\ b\ c\ d \\ d\ b\ c\ a \end{bmatrix}$

(3) 倒换 $\begin{bmatrix} a\ b\ c\ d \\ d\ c\ b\ a \end{bmatrix}$ (4) 替换 $\begin{bmatrix} a\ b\ c\ d \\ a\ e\ c\ d \end{bmatrix}$

斯蒂芬森把齿轮、齿轨换为平轮、平轨的思维法属"替换"模式。

属"倒换"模式的如美国工程技术人员使用的"反求工程法"。一般对工程技术的研究程序是:需要(a)——设计(b)——制造(c)——成品(d)。而反求工程法的程序却是:成品(d)——拆开(了解制造技术、部件c)——分析(设计方案b)——需要(a)。

属"轮换"模式的如文艺创作中的情节变换。小说和剧本都有情节,包括开端(a)、发展(b)、高潮(c)、结局(d)等。如果将元素排列换成dabc或cabd,就是将小说和剧本的结局或高潮放在前面,以引起悬念,增强作品的感染力。

巧妙运用置换思维法可以简化复杂问题,以简单的方法解决看来用常规方法无法解决的问题。中国人妇孺皆知的"曹冲秤象"的故事就是一例。如何把大象这个庞然大物的体重秤出来,在曹冲主持的带有智力竞赛的场合下,试图找出一杆当时无法制造的巨秤是愚蠢的。曹冲的过人之处在于:把秤盘这个元素换成了浮在水面上的大木船,把秤花(刻度)换成船帮上标志大象体重的刻度线,把一块块代替重量的砝码换成同等份量的一堆石头,总共换了三个元素,就轻而易举地"造"出了一杆巨秤,完成了秤大象这一任务。

置换思维法具有发散性特点,但又借助逻辑"置换"原则,并符合事物序变引起质变的辩证法,因而具有普遍有效性,在人类创造活动中占有重要位置。

(三) 移植思维法

移植思维法指把某一学科领域的科学概念或科学技术成果运用到其他领域从而导致创新的思维技法。例如,美国的斯廷豪斯把开凿阿尔卑斯铁路隧道时运用的压缩空气新技术移植于火车动力制动装置,发明了火车的空气制动器。法国化学家巴斯德在解决啤酒发酸问题时,发现腐烂是由细菌引起的,这一发现被美国外科医生李斯特移植到医疗技术中,从而改进了外科手术的消毒方法。据统计,从20世纪30年代以来,由技术移植而导致的创造性成果惊人,阿波罗飞船总负责人韦伯声称他的飞船没有一项新的技术发明,而仅仅是把原来已有的技术加以巧妙地移植组合,从而第一次把人送上月球。

移植法可分为三类:

一是科学概念的移植。即把一学科领域的基本概念引入其他学科,导致其他学科的理论突破,如把生物学概念引入地质学,根据古生物学的进化顺序确定地层的先后顺序;把力学概念引入地质学,创立新兴的地质力学理论体系。

二是技术手段的移植。即把一个领域中的技术手段移植到另一个技术领域,根据新的技术要求进行变换和组合,从而导致新的技术发明。例如,第二次世界大战以后,航空技术中的喷气式发动机纷纷取代活塞式内燃机。技术专家把淘汰下来的内燃机技术移植到火车和轮船上,从而使内燃机机车取代了蒸汽机机车,使活塞式内燃机获得了广阔的发展前景。

三是技术功能的移植。即把一些通用技术所具有的独特功能以某种形式移植于其他技术领域,从而导致技术功能应用领域的拓展,并实现新的技术创造。如把激光技术移植到工业加工部门,研制出激光打孔机;把激光技术移植到精密测量技术部门,出现了激光定向仪、激光测厚仪、激光全身照相术等;移植到环保部门,发明出激光测污雷达;移植到医疗技术领域,形成了全新的激光医疗技术等。

实际上,移植思维法是不同学科、技术领域间科学理论和科学技术的交叉和渗透,这种交叉和渗透的客观基础在于各研究对象之间的统一性、相通性和综合性。在运用移植思维法时,必须尊重这一客观基础,以研究各领域的相关性为大前提。

(四) 离散思维法

所谓离散思维法,是指通过对象整体细分、离散为有限或无限单元,从而创造发明出一种或多种新产品,产生出一种或多种解决问题的新思路的思维技法。

从古到今,自然科学、工程技术及社会发展进程中的许多问题,都是用离散方法解决的。例如,在数学发展中,古代人把圆周分割成有限多个直线的多边形,从而创立了圆周率的近似算法。所分割的多边形的边越多,其计算的结果就越接近于圆周率。在近代,微积分的方法也是先化整为零,把变量无限地缩小,或把整体无限微分,然后积零为整,通过积分计算微分的总和,从而解决了运动在某一时刻的瞬时速度以及曲线的弧长、圆形面积与体积等初等数学难以解决的问题。现代数制离散法(逻辑代数法)将自然数值及自然语言等用二制双值代数$(0,1)$来加以表达，通过离散的 0 与 1 的各种组合，以求得问题的解决。

在解决社会问题时，也常用离散法。如用设立立交桥、建造高架道路和地铁等方法解决交通拥堵问题；在大城市周围建设离散化的"卫星城"，在县城周围建设离散化的"小城镇"，以解决人口过于稠密，经济发展不平衡等问题；通过设立分公司、分商店等方法把大公司化整为零，以扩大销路，扩大经营规模，方便边缘地区的顾客。

在水利建设中，也常常运用离散法解决难题。例如我国黄河历史上经常泛滥成灾。建国以后，我们在黄土高原地区虽然进行了大量水土保持工作，但是，由于人口增多和大量垦荒，水土流失不是减弱而是加剧了，黄河下游的洪水威胁也日趋严重。传统的"上拦下排"的方法难以奏效。于是人们尝试了"解"的方法：一是在黄河下游多道分流，将水和沙分散到广大的三角洲上，这样，既能分拨水势，又能改良土壤；另一种方法是在黄河某处另辟一条新河，大量分流黄河洪水，这是解决黄患的根本出路。上述两种"解"的方法无疑就是离散法。

离散法的基本思路是分析。它通过复杂的系统的分化，开辟解决问题的新思路。当然，系统的单元不是独立的，每个单元也不是孤立于系统整体之外的。因而，运用离散法时，不能忘了系统整体的全局，不能偏离系统整体的总目标。离散的根本目的在于更好地发挥系统整体的总体功能，实现系统整体的总体目标，否则就会分崩离析，失去运用离散法的原来意义。

二、类比创新法

类比是人类认识和改造客观世界的一种重要思维方法。科学上的许多重要理论，最初往往萌发于类比；科学史上的许多重大发现，也往往是应用类比而得出的认识成果。因而，以类比推理为基础的类比联想创新法在创新思维中占有重要地位。类比联想创新法可具体化为类比思维法、模拟思维法和联想创新法等。

（一）类比思维法

所谓类比思维法，就是借助于两个或两类事物之间的某种相似关系，从一个或一类对象的已知属性推导出另一个或另一类对象对应的未知属性，从而提出创新的思维技法。类比思维法的思维结构即类比推理过程，如下所示：

$$A \text{ 具有属性 } abcd$$
$$B \text{ 具有属性 } abc$$

$$\text{所以，} B \text{ 对象也有可能具有属性 } d$$

例如,古希腊哲学家泰勒斯巧测金字塔的高度就是类比思维法的运用。有一次,泰勒斯来到埃及游览,埃及人早就听说泰勒斯的聪明才智,想趁此机会请泰勒斯帮忙测量金字塔的高度。泰勒斯欣然答应。这一天,泰勒斯只带了一把尺子。人们充满疑问,那么高的金字塔,怎么用尺子测量呢?只见泰勒斯站在沙漠中,让助手测出自己的身长,再测出自己的影子长度。到了上午的某个时刻,泰勒斯的助手测出,泰勒斯的影子长度与他的身长相同。泰勒斯立刻让助手测出此时金字塔影子的长度,并由此推知金字塔的高度就是金字塔影子的长度。在此,泰勒斯就是通过类比法测出了金字塔高度:人的身高与金字塔的高度虽然相距极大,但太阳光照射在人身上折射出的影子长度与光线照射的角度的比例关系同太阳光照射在金字塔上折射出的影子长度与光线照射的角度的比例关系是一样的。在某一天的特定时刻,人的身高与影子一样长时,金字塔的高度也一定与影子一样长。泰勒斯正是运用了这一类比推理推知了金字塔的高度。

运用类比思维法促成创新思维的例子比比皆是。

科学上的许多重要理论最初往往是通过类比提出的。如荷兰科学家惠更斯把声与光这两种现象进行类比,发现它们都是直线传播,都有反射、折射和干扰等特性,而声还有一种特性,即呈波动状态传播,于是,惠更斯就推断光也呈波动状传播,从而提出了光的波动说。

科学史上的许多重大发现是应用类比思维法得出的认识成果。例如,人们在地球上发现氦的过程就是类比思维法的运用。科学家运用光谱分析首先发现在太阳上有氦存在;而太阳上的其他化学元素如氧、氢、硫、磷、钾等,地球上也都有,于是就类推地球上也可能有氦存在。后来,英国化学家雷姆果然于1895年在地球上找到了氦元素。

技术发展史上的许多发明创见,起初也是受类比思维的启发而得出的。传说我国古代著名的工匠鲁班,有一次上山砍树,手指被野草的叶子划破,经观察,他发现这些叶子的边缘有许多锋利的小齿,于是就想到在竹片上制作许多相似的小齿也许能割开木头,经过反复的试验和改进。最后他在铁片上制作许多小齿,发明了人们沿用至今的伐木工具——锯子。

可见,类比思维法是人们经常运用的一种创新思维法。一个善于思考的人,从来不是死记硬背某些公式和定理,而是能够举一反三,触类旁通,思路开阔的人。类比思维法的运用,正是打开思路的一条重要途径。

有效的类比必须是深刻的类比,浅薄的"机械类比"不能导致创新。为此,一要注意类比所依据的对象间的相同属性的本质上的相似及已知属性与推出属性之间的必然联系;二要尽量增加所确认的相似或相同属性。类比越深刻,比较的相同或相似属性越多,结论就越可靠,创新的可能性也就越大。

(二) 模拟思维法

所谓模拟思维法,是指仿照一定原型设计出类似动作、行为,设计出类似物品的思维方法。模拟思维法也是一种类比思维法。只是模拟法较一般的类比思维法更为形象、生动。它不是抽象地把两个或两类事物的某些属性加以比较,而是模仿其他对象的结构、部件或外形等,从而激发创新思维。

现代科技的仿生学是运用模拟思维法的典范。仿生学专门研究生物系统的结构和功能,并制造出模拟它们的技术系统。

下面是模拟生物原型的几个典型的技术模型例子:

例一:长颈鹿的脖子很长,从大脑到心脏有3米之遥。因此它的血压很高,非如此不能将心脏的血压上3米高度的脑部,使大脑不致缺血。但是,当长颈鹿低头喝水时,心高头低,心脏的血会猛烈冲击脑部。而事实上长颈鹿却照样无妨。原来,长颈鹿身上裹着一层厚皮。当它低头喝水时,厚皮自动收缩,猛住血管,从而限制了血液的流速,缓解了脑血管的压力。模拟长颈鹿的皮肤原理,科学家制成"抗荷服",用于飞行员。当飞机加速时,可以自动压缩空气,压迫血管,从而限制飞行员血液流速,防止"脑失血"。

例二:飞机设计人员模拟蜻蜓等昆虫翅膀的抗颤结构——"翅痣"加厚区,在飞机机翼上也制造了类似的加厚区,从而消除了机翼的颤振现象,提高了飞行速度,预防了飞行事故。

例三:青蛙的眼睛是跟踪飞虫的完善器官。人们根据蛙眼的结构与原理,设计出类似蛙眼的电子模型——电子蛙眼。这样的电子蛙眼就能跟踪天上的卫星以及监视空中的飞机。又如,科学家由企鹅腹部紧贴雪地,双脚蹬动,在雪地上飞速前进的原理,设计出一种极地汽车,也使其宽阔的底部贴在雪地上,用轮匀推动,使其也能在雪地里飞速前进。

例四:由海豚的流线型体型和特殊构造的皮肤,设计出具有同样体型、用橡胶仿制的"海豚皮"的潜艇,以使潜艇与海豚一样能在水中快速前进。

模拟思维法的模式如下图所示:图中,a为原型,a_1、a_2、a_3、a_4为原型的各个局部,箭头表示模拟方向和模拟点,b、c、d、e表示经模拟过程而形成的类似动作、行为和物品。例如,设a为长颈鹿,a_1为长颈鹿皮肤自动收缩功能,b就是"抗荷服"。设a为昆虫翅膀,a_2为翅膀抗颤结构,e为飞机机翼加厚区。

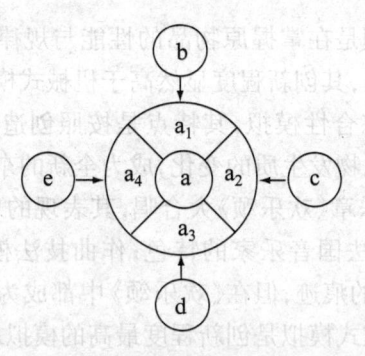

图 3－1　模拟思维图

模拟思维具有选择性、求同性和形象性三个特点。所谓选择性，指模拟思维法并非不加选择地照搬原型的一切方面，而是在分析的基础上选取原型的一方面为己所用，是在反复比较、分析的基础上进行选择的结果。所谓求同性，指模拟思维的有效性是建立在事物的"相似律"基础之上的。正因为世界上万事万物都存在着相似之处，才能异中求同，一事物才能模拟另一事物。所谓形象性，指模拟思维模拟的对象总是具有一定的形象性。例如，长颈鹿皮肤的自动收缩功能离不开具体的皮肤和血管形象；模拟蜻蜓的"翅膀"离不开翅膀的具体形象。苏联卫国战争期间，德军包围了列宁格勒，出动了大量飞机对这个城市进行狂轰乱炸。苏联蝴蝶专家施万维奇模仿蝴蝶的色彩和图案制成迷彩布，对机场、火炮群进行伪装，以骗过德军飞行员。他在进行模拟思维时，离不开蝴蝶的色彩和斑纹。

依据创新程度的由低到高，模拟思维法可依次分为机械式模拟、启发式模拟和突破式模拟。所谓机械式模拟，指甲事物对乙事物的性能、形状等的直接借鉴、运用。它要求模拟者与被模拟者具有大致相同的条件，有直接借鉴的可能。如甲乙两厂有相似的环境、相似的生产条件，一个厂往往可以直接模仿选用另一个厂的生产经验。在新产品试制的初期，也往往直接借鉴先进产品的形状、性能、结构等。这种模拟创造程度较低，但费时费力较少，收效较快。

所谓启发式模拟，即在不同的条件和环境下，通过两个或两类事物的相似比较，得到启发，得以创新，或在模拟的基础上作新的创造。在现代工程技术的创造发明中，常常运用启发式模拟思维法。例如，现今废水处理中应用的活性污染处理法，就是一例。海洋中生长着能消化有机物质的净化细菌，有机物质经它消化后变成水和二氧化碳，从而使海洋具有自净化作用。人们受到启发，设计出一种净化池，池内放入含有净化细菌的污泥，然后再鼓入氧气，使净化细菌大量繁殖。这样，池中的废水在净化细菌的作用下就变成了无污染的清洁水。在这里，海洋与净化池的条件、环境完全不同，但其净化的原理却相同，净化池是受海洋的启发而制成的。启发式模拟法的机理是在掌握原物品的性能与规律的基础上，在新的领域里创造出原来没有的新物品，其创新程度显然高于机械式模拟。

突破式模拟是一种综合性模拟，其特点是按照创造物的结构和系统，从多方面、多角度去模拟，使模拟物发生质的变化，成为全新的东西。例如，贝多芬创作的《第九交响曲》中的第四乐章《欢乐颂》大合唱，其表现的思想内容融合了卢梭的共和思想；音乐风格借鉴了法国音乐家的特色；作曲技法模拟了卡比尼和缪尔的特点。所有这些，虽有明显的痕迹，但在《欢乐颂》中都成为贝多芬的东西，都成了该曲的有机组成部分。突破式模拟是创新程度最高的模拟思维法。

（三） 联想创新法

联想创新法，是指在类比、模拟的基础上，由事物间的相似性触发联想，举一反三，转移经验，提出解决问题的新思路，或设计制造新产品的思维技法。

联想是想象的一种，是由一事物想到另一事物的心理过程。"触类旁通"、"举一反三"、"浮想联翩"等都是联想的具体形式。联想活动以事物间的相互联系为基础。人们在实践中把握了事物间的种种联系，在大脑深处形成种种联系渠道，成为一种潜意识。一旦受到启发，往往激发这种联系渠道，联想由此产生。

例如，英国邓禄普医生看到儿子在卵石路上骑自行车，因车轮没充气内胎而颠簸得很厉害。后来他在花园里浇水，由富有弹性的橡胶水管而发生联想，用橡胶水管制成第一个充气内胎，发明了名牌轮胎。美国商人吉列在刮胡子时不小心刮破了脸。他决心要发明一种安全剃刀。一天，他在理发时，由理发师用梳子和理发刀相配合剪去冒出梳齿的头发这一操作过程发生联想，将刀片与梳子相结合，经过反复试验，终于发明安全剃刀。德国气象学家魏格纳由一幅世界地图发生联想，提出"大陆漂移说"。在科技史上，联想创新的例子不胜枚举。

联想思维法由两部分组成：一部分是联想体，一部分是联想物。联想体是引发联想的客观事物，如前面例子中所提到的橡胶水管、理发工具、世界地图，也可以是一种抽象的事物，如概念、语词等；联想物是激发起的创见或由联想而制成的新产品，如前面例子中所提到的充气内胎、安全剃刀和"大陆漂移说"。联想体是基础，联想物依赖联想体而产生，没有联想体就没有联想物。

按照激发联想的机制，可把联想思维法分为相似联想、接近联想、对比联想和因果联想四种。

所谓相似联想，即指依据事物之间的相似特性而产生的由此及彼的联想。这是联想思维法的主要形式。著名的苏东坡词："人有悲欢离合，月有阴晴圆缺，此事古难全。但愿人长久，千里共婵娟"就是依据月与人之间的相似之处，由月亮的圆缺而联想到亲人的聚散，从而抒发作者的感情。这种联想就是相似联想。

在科技发明史上,由相似联想导致发明创造的例子很多。

电影放映机的发明就是一例。电影放映机在走片时,电影胶卷不能走个不停,必须走一步停一步。胶片在动的时候,电影机应该遮住片门,不动的时候打开片门,影片才能放出清晰的画面。如果片子一直在动,银幕上的形象就会模糊不清。要使片子走走停停是个很困难的问题,许多发明家都未能圆满地解决这个问题。法国青年发明家卢米埃尔兄弟也遇到了这一难题。一天深夜,弟弟路易·卢米埃尔设计了一张张图纸,想解决这一难题,但效果一直不理想。他放下图纸,摆弄起缝纫机来了。缝纫机缝衣服时,衣料也是走走停停的。当缝衣针插进布料时,衣料被压住不动;当缝衣针缝好一针,向上收起时,衣料就向前挪动一下。路易受此启发,产生联想。他仔细地研究了缝纫机的工作原理,并把这一原理运用于电影放映机上,一动一停的卷片机就发明了,电影放映机的难关被攻克了。

日本的一位在特种钢厂工作的工程师负责金属板材的轧制工作,尽管他夜以继日地工作,但就是生产不出合格的钢板。他为此煞费苦心,伤透脑筋。一次他走进厨房,看到妻子正在用擀面杖擀面,动作十分灵活。他看着看着,突发联想:能否像擀面那样轧制钢板呢?经过多次试验,他设计出了行星式轧辊轧压的新技术,即:把相当于擀面杖的若干根工作轧辊安装在圆形的传动机轧辊上,组成行星式轧辊组,对金属进行轧制。轧辊上面有个相当于面板的固定盘,金属原料在轧辊和固定盘之间缓慢地向前移动,这正像无数根擀面杖擀面一样。这样就能轧制出合格的钢板。

所谓接近联想,是由空间和时间上相关联的事物激发的联想。例如,由钢笔联想到铅笔、毛笔、圆珠笔、蜡笔、画笔;又由笔联想到墨水、橡皮、纸张等文具。在创造发明活动中,我们可以通过接近联想,就某物联想到无数相接近的事物,形成创造性设想。例如,未加工过的橡胶比较硬,不便于制作一些轻巧的东西。有一位橡胶商想使橡胶变得柔软一些,但总想不出办法。有一次在吃面包时,受到柔软的面包的启发。他想,面包何以那么柔软,原因在于放进了发酵剂,能否在橡胶中也放些类似于发酵剂的东西,使橡胶变得柔软些呢?经过试验,他终于发明了一种发泡剂,终于制成了柔软的橡胶。从发酵剂到发泡剂,从面包的柔软到橡胶的柔软,这正是接近联想的结果。

所谓对比联想,即指对性质相反或相对立的事物的联想,也即从正面联想到反面,从反面联想到正面。例如,人们在日常生活中往往由冬天的冰天雪地联想到夏日的烈日炎炎,从收缩联想到膨胀,从对称联想到不对称等等,都属于对比联想。许多创新思维的激发也往往源于对比联想。英国科学家波意尔发明酸碱指示剂就是对比联想的运用。他先发现各种不同浓度的酸液都可以使紫罗兰变红,并由此发明了酸性指示剂。然后,他由酸性指示剂联想到,能否找到一种能检验碱性的指示剂呢?经过无数次实验,他终于找到了石蕊地衣的提取液能使碱性溶液变成蓝色,能使酸性溶液变成红色。利用它,可以方便地测试出溶液是酸性还是碱性。在此,波意尔从酸性联想到碱性,无疑是一种对比联想。

所谓因果联想,即由事物之间的因果关系而引发的联想:由原因联想到结果,由结果联想到原因。在现实生活中,因果联系普遍存在,只要我们勤于思考,善于思考,可以通过因果联想获得大量的创造性设想,实现发明创造。例如,19世纪,天文学家在观察中发现天王星运行轨道和万有引力定律计算出的结果不符,常有偏离,于是就联想到可能附近有其他行星对它有吸引力,经过努力,终于发现了一颗新的行星,即海王星。又如,澳大利亚某甘蔗种植者在收获季节发现有一片甘蔗田产量意外地提高了50%,是什么原因导致的呢?他们回想起在甘蔗种植之前,有一些水泥洒落在这片田地里,是否水泥引起了高产?经过研究,发现正是水泥中的硅酸钙使这片酸性土壤得到了改良,从而提高了甘蔗的产量。"水泥肥料"由此发明。

三、假说——逻辑创新思维法的主要形式

创新思维法虽然主要比照逻辑推导过程而形成,但不同于严格的逻辑推理。运用逻辑创新思维而得出的结论、激发的创新,在付诸实践和进行严密的逻辑加工之前,还是或然的,还仅仅是一种假说。

假说是人们在已有知识的基础上,对在实践中观察和研究到的一些现象所作的理论上的假定和解释,或在创新思维中初步提出的未经证实的创造性设想。假说具有两个显著特征:第一,有一定的科学理论和科学事实依据,并经过一定的科学论证,因而科学假说不是主观臆测。第二,具有假定性或猜测性。虽然假说的基本思想和主要部分是根据已知的科学理论和科学事实推想出来的,但假说与前人理论相比,总有创新之处。这些新思路、新观点,一开始是未经证实的,因而还有待验证、付诸实施。

例如,德国地球物理学家魏格纳在20世纪初提出的"大陆漂移说"认为,大约二三亿年以前,地球上只有一块大陆,称为泛大陆,周围全是海洋,叫泛大洋。中生代以来,由于天体的引力和地球自转所产生的离心力,原始大陆发生分裂,分裂后的碎片就像浮冰在水面上逐渐漂移到目前的位置。这就是现在世界上的各大洲。与此同时,产生了大西洋和印度洋,原来的泛大洋缩小成现在的太平洋。这个假说依据非洲西部的海岸线和南美东部的海岸线彼此吻合这一事实,运用已知的力学原理和地质、古生物、古气候等科学资料,进行了广泛的科学论证;但对大陆漂移的

驱动力未有满意的解答,因而带有猜测性,还未得到验证。

假说是科学理论的前身和先导。恩格斯指出:"只要自然科学运用思维,它的发展形式就是假说。"①在科学实验中,新事实层出不穷,新的事实材料经常冲破已有的理论观点,向人们提出新的问题。这些新问题引导科学家对新事实作新概括,提出新理论。但新理论不能一下子形成,它的最初形态往往既有确实可靠的内容,又有真实性尚未判定的内容,这便是假说。随着资料的积累和研究的深入,假说才能逐步增加科学性,减少猜测性,发展为理论。随着实践的发展,又会出现原有理论所不能解释的新现象,这就需要提出新的假说,建立新的理论。假说——理论——新的假说——新的理论,这是科学发展的重要形式。科学假说是通往科学理论的重要桥梁。任何科学理论都经过假说阶段。哥白尼的"日心说"、门捷列夫的元素周期表、爱因斯坦的狭义相对论、马克思的唯物史观等都是从假说发展而来的。

假说是逻辑创新思维法的主要形式。这是因为,假说的形成,主要是在已有知识基础上进行逻辑推导的结果;假说的构成则是一系列逻辑推理的综合体系。一般说来,任何假说都要经历提出假说、假说的形成和验证假说这三个阶段。

首先,人们在科学研究和生产实践中遇到了一些新情况、新问题并迫切需要寻求解决问题的新思路,于是研究人员和技术人员便依据事实材料和科学原理,经广泛深入的调查和多方面的仔细观察以及必要的实验,在积累一定资料的基础上提出初步假说。初步假说具有明显的尝试性和易变性。从构成上说,它仅仅是未展开的简单观念;从内容上说,它往往包括好几个供选择的初步假定,研究者需经过反复的考察,才能决定取舍。

然后,研究人员从已确定的初步假说出发,经过事实材料和科学原理的广泛论证,将其充实成为一个结构稳定的系统。这是假说形成过程的完成阶段。在完成形态的假说中,既有真实性尚未判定的基本观念(假说的核心部分);又有支持假说基本观念的、由一系列依据已知事实和科学原理推断出的一些命题所构成的保护层。在这一阶段,一方面要用初步完成的假说来圆满地解释有关的事实,它能解释的事实越多,它的论据就越有力,越接近客观真理;另一方面,在解释、推断事实的过程中,必须联系多方面的知识,充实理论内容,剔除许多无关材料,不断修正谬误,补充缺陷和不足,完善观点的表述,最后才能发展成为一个完整系统的学说。假说的形成具有高度的创造性和复杂性,它没有什么固定的格式、定律、公式、规则,需要对传统观念作突破,敢于向"经典理论"挑战,还包含有可在实践中检验的新结论。

---

① 马克思恩格斯选集.第4卷.人民出版社,1995.第336页

最后是假说的验证。假说的验证大体要经历三个阶段:(1)首先从假说的基本观念出发,通过适当的逻辑推演,获得有关对象的可供观察和实验检验的事实判断;(2)经过多种途径对推出的事实判断作反复的验证;(3)对假说的验证结果进行全面、辩证的分析,从验证的结果中得到科学的判断,并使之上升为理论,成为原理、定律。

对假说的验证是决定它能否成为理论的关键。一个假说只有经过反复验证之后,才能成为科学理论。经过实验验证的假说有四种可能前途:第一,假说正确,上升为科学理论。如达尔文进化论假说、门捷列夫元素周期律假说,以及推知海王星存在的假说都属此类。第二,假说基本正确,细节上有错误。如哥白尼的日心说基本观点正确,但对行星运行轨道的推测等细节不正确。第三,假说基本不正确,而某些细节有科学价值。例如,亚里士多德和托勒密的"地球中心说"观点错误,而他们提出的关于地球的"球形"的观点和天文观测的"视动差"方法却有科学价值。第四,假说完全不正确,与科学事实根本相矛盾,从而被推翻。例如,"燃素说"、"热素说"、"以太说"、对"永动机"的设计等就属于此。完全不正确的假说也并非毫无价值,它们在科学发展史上也起过一定作用。

假说正确与否,归根到底只能由实践判定。但实践标准既是绝对的又是相对的,一定历史时期内的实践总有局限性,不可能完全证实或推翻一种思想体系。因此对假说的验证不能简单化,需反复验证。一般地说,当科学假说运用于科学实践,多次证明与科学事实相符,或其做出的科学预见得到实际验证,就可认为得到验证,成为科学理论。但一种科学假说或理论必须长期倾听实践呼声,千万不能把一定历史时期内的实践检验绝对化、固定化。

验证科学假说,除必须付诸实践外,还必须运用科学理论作严格的逻辑论证。只有那些经得起实践检验、逻辑论证的创新思维成果,才能发展为完备的理论。因而,创新思维来之不易,创新思维的成熟更不易。有成就的科学家不仅善于捕捉思维的闪光,而且能坚持不懈,穷追不舍。爱因斯坦在头脑中出现相对论灵感后连续奋斗五个星期,写成论文;普朗克在产生量子论直觉后,花了六年时间才推导出辐射公式。可见,对创新思维的加工是必不可少的。

第二节 非逻辑创新思维法

一、想象——非逻辑创新思维法的主要形式

创新思维离不开想象。如果说,假说是逻辑创新思维法的主要形式的话,那

么,想象则是形成具有创见的假说的重要途径,它渗透于逻辑创新思维进程,更是非逻辑创新思维法的主要内容。

想象,就是在已有知识和形象的基础上,发挥主观能动性,构思某些未知理论和形象的思维过程。它是一种从现有事实出发,又超越事实的高级思维活动,是把原来以为没有联系的两个或几个经验材料在头脑中联系起来,借以去探求未知事物的思维方法。

在科学史上,曾经出现过许多大胆而成功的科学想象。爱因斯坦16岁时就大胆提出了包含着狭义相对论萌芽的想象。哥白尼在《天体运行论》中象写诗一样描述他对太阳系宏伟天象的想象。俄国科学家齐奥柯夫斯基在1894年就作出了关于宇宙航行、人造地球卫星、登月等宏伟规划的想象。科学各领域的各种局部的想象更是不计其数。

科学的重大变革以勇敢的奇思异想为先导。"既异想天开,又实事求是,这是科学工作者特有的风格。"(郭沫若语)想象,可以引导人们超越经验材料,深入事物的内部联系,从而唤起新的科学发现;可以使人们看到可能实现的前景,从而激励人们去作出新的努力。想象在科学研究中起着导航作用和催化作用。列宁说:"以为只有诗人才需要想象,这是没有道理的,这是愚蠢的偏见!甚至数学上也需要想象,甚至微积分的发现没有想象也是不可能的。"①没有想象,人类的认识将只是一堆经验记录,一本流水账,没有普遍性,也没有预测性,人类思维也就无从谈起。伟大科学家爱因斯坦说得好:"想象比知识更重要,因为知识是有限的,而想象力概括着世界上的一切,推动着进步,并且是知识进化的源泉。"②

想象是创新思维的可贵品质。它超越了既有经验,让思维插上翅膀,达到崭新境界,但又不是纯粹的自由想象,不是空想。科学的想象必须凭借事实的空气,以事物发展的可能性为基础。想象越符合事物的客观规律,其可靠性程度就越高。巴甫洛夫说:"无论鸟翼是多么完美,但如果不凭借空气,它是永远不会飞翔高空的。事实就是科学家的空气。你们如果不凭籍空气,就永远也不能飞腾起来。"③这段形象的比喻正确地说明了科学想象的唯物主义前提。当然,在科学研究中,也并不是在经验材料十分完备以后,才能开始想象;一旦科学研究的问题明朗化,掌握的资料和线索积累到一定程度后,研究者就能开始构思新思路、新理论、新观念了。在整个研究过程中,人们不断提出一个个设想,又一次次充实、提高,开始可能是朦胧的构想,以后才变成愈来愈清晰的图景。想象又同思维者是否具有广阔的

---

① 列宁全集.第43卷.人民出版社,1987.第122页
② 爱因斯坦文集.第1卷.商务印书馆,1976.第284页
③ 巴甫洛夫选集.科学出版社,1955.第32页

知识有着密切的关系,思维者知识的宝藏越丰富,产生重要想象的可能性就越大。

可见,想象并不是什么不可捉摸的东西。尊重实践,占有大量材料,掌握广博的知识又注意善于从事物的普遍联系和事物的运动和发展中考察事物,我们就会获得一个想象和创造的广阔天地。而头脑中的想象是否符合实际,是否有价值,必须接受实践的检验。忽视甚至背离实际,根据一些虚假的线索而进行的想象,不可能推进而只能阻碍创新思维。想象要注意倾听实践的呼声并不断修正和调整自己的方向。

二、左思右想创新法

想象不仅要注意倾听实践的呼声,尊重客观事实;而且必须遵循正确的方法。人们在长期的创造活动实践中积累总结出不少以想象为主要形式的非逻辑创新思维法,主要有:发散思维法、迂回思维法、集体智慧法、信息交合法等。这些方法有一个共同点,就是让思维不受限制地向纵向和横向扩展,即,既沿着某一专业方向向纵深发展,又横向地广泛地涉猎一切领域的信息,并不拘一格地以多种方式实现纵向和横向的结合。因而,我们可以把以想象为主要途径的非逻辑创新思维法称为左思右想法。

(一)发散思维法

又称求异思维、扩散思维、辐射思维,是始于同一个思维出发点沿着不同方向去进行思考以探求多种不同答案的思维过程和方法。其具体思维过程是:以已知的某一点信息为思维基点,运用已有的知识,通过分解组合、引申推导、想象类比等,从不同方向进行思考,得出多种思路,想出多种可能,从中引发创新。

发散思维过程可用下图表示:

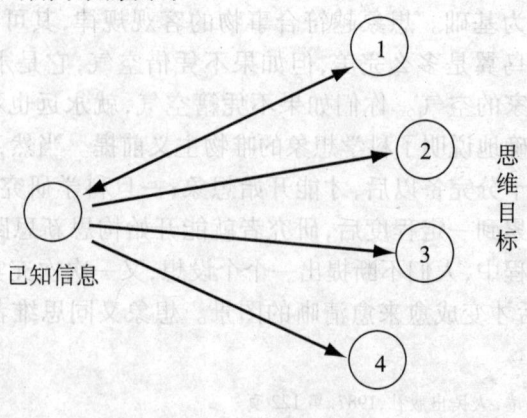

图3-2 发散思维图

利用发散思维法,首先可以从不同角度去阐发事件及其产生、变更原因,对某些现象、情况作出多种解释;其次可以对发散出来的新信息、新解释一条一条地进行分析研究、比较鉴别,从而选出最佳答案。

根据发散思维的质量和复杂性,可将其区分为流畅性、变通性和独创性3个层次。

流畅性指在短时间内迅速地做出众多反应的能力,它体现了发散思维在数量方面的特点。发散思维的流畅性要求从一个已知信息出发构想出尽可能多的思维目标,以便为高质量的思维提供尽可能多的选择对象。

变通性,又称灵活性,指思路开阔,善于随机应变,体现了比流畅性更高质量的发散思维特点。如19世纪中叶,欧洲疟疾流行,天然奎宁不够,著名化学家霍夫曼提议用化学方法合成。他的学生,18岁的柏琴按照老师的意图积极试验,但一次又一次地失败。一天,柏琴用苯胺和重铬酸钾作试验,虽未成功,却发现反应后的粘液呈现紫红色。他灵机一动,心想,虽然奎宁未搞成功,可现在纺织工业缺染料,这不是很好的染料吗?他进一步试验、加工,终于制成了"苯胺紫",申请了专利,办起了有史以来第一个合成染料厂,开辟了人造染料的新工业部门。柏琴的成功得益于思维的变通性。

独创性是发散思维最高层次的特点。它是指人们在发散思维中作出的不同寻常的异于他人的新奇反应的能力。这一能力可以使思维突破常规和经验的束缚,获得新颖的独特的创造成就。所有做出重大贡献的科学家、艺术家以及能工巧匠等,无一不在研究工作和创造活动实践中得益于发散思维的独创性。

发散思维要求人们的思维向四方扩散,无拘无束,海阔天空,异想天开。思维发散的水平,决定着新点子、新思路、新发现、新创造的质与量。所以,一个人的创造力高低与发散思维密切相关。需要指出的是,发散思维并非科学家、艺术家独有。一般的人都有发散思维能力,只是程度不同而已。原来发散思维水平较低的人只要经过一定时期的训练,认真克服影响思维发散的阻力,如保守心理、过于迷信现成答案、认同心理、怕出差错的心理等,是可以取得较大进步的。

在实际思维中,发散思维往往与聚合思维结合运用并相互补充。人们要完成某项任务,解决某个问题,起初经过发散、联想,得出许多新的信息、新的解释;然后,对由这些发散所获得的新信息、新解释进行清理、筛选,从中选出最佳答案。这是"发散——聚合"的思维过程,如下图所示:

有些复杂问题的解决,依赖于"发散——聚合——再发散——再聚合"的多次反复才能完成。例如,要写一篇题为"一个好老师"的作文,其构思过程就是一个发散与聚合的反复过程。首先,需以"一位好老师"为思维基点进行发散,联想起

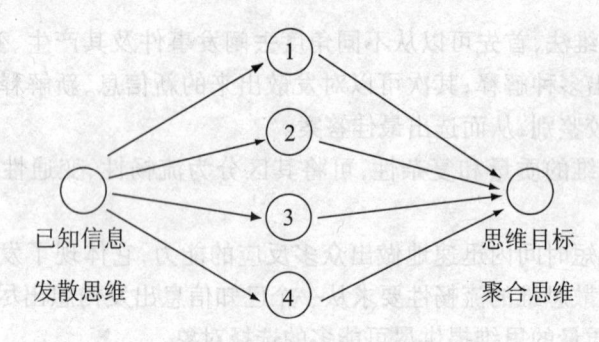

图 3-3 发散—聚合思维图

一位位老师,然后进行聚合,从中挑选出一位印象最深的老师。这是第一轮发散与聚合的结合。其次,对被挑选出来的老师又要进行发散联想:列举其一件件生动事例,在此基础上,再挑选出最有说服力的事例。这是第二轮发散与聚合的结合。以上两轮思考侧重于收集、优选资料,第三轮发散与聚合的结合则侧重于提炼中心思想:首先对选出的事例进行发散思考,分析这些事例能反映这位老师的哪些好品质,然后反复比较,从中凝炼出最好的主题。这一构思、写作的过程正是发散与聚合相结合的反复思考过程。

(二)迂回思维法

迂回思维法是在思维受阻不畅通,或预定目标不能达到的情况下,人们避开正面,调换一个思考问题的角度,另选一个方向,从侧面迂回,从而解决难题,达到原定目标的思维方法。这种方法在政治、军事、科学研究以及日常生活中的运用非常广泛。这是因为,在复杂的人类社会中,由于种种原因,人们的思维和行动并不都是一帆风顺的,而总会遇到阻碍,遭受挫折,正面的路走不通,或者稍经试探,对方正面很顽固,一时攻不破。这时,死盯住原定目标的苦苦思索往往收获甚微,而调换目标的迂回思考却能达到预定目标。

结核病疫苗"卡介苗"的发现就是迂回思维的结果。法国细菌学家卡默德和介兰两人在共同研究结核病疫苗的时候遇到了一个难题:结核病菌接种到动物身上后再接种到人身上,不仅没有产生预想中的免疫作用,还会传染给人体。他们不知道其中原因,也不知道下一步应该怎么办。研究工作暂时停顿下来。他们一起来到郊外的田野散步。在郊外的玉米田中,他们看到一片矮玉米田。从农民口中了解到,这些玉米之所以长势不好,是因为已经种了十几代而退化了。他们由玉米的退化受到启发,回到实验室立即进行结核菌的退化实验。他们一代又一代地培养结核菌,一直培养到230代。结核病菌的毒性越来越小,终于不再危害人体,成为一种无害的结核菌人工疫苗。在此,研究者并没有死死盯住原来的研究目标不放,而是转换思路,从结核菌这一与矮玉米并无直接联系的现象找到问题的突破口,终于成功地找到解决问题的办法,试制成功结核菌疫苗。这无疑自觉不自觉地运用了迂回思维法。

天文学上海王星的发现也是成功运用迂回思维法的范例。当时人们根据种种迹象判断,在天王星的外面还有一颗行星在远远地围绕太阳运转;但要在茫茫"星海"中寻找一颗小小的行星,无异于大海捞针。尽管许多天文学家不懈地搜寻,依然一无所获。于是,科学家们转而从计算行星轨道入手,经过大量复杂的运算,终于获得了这颗未曾露面的行星的轨道参数。天文学家根据数学家提供的轨道,终于找到了海王星。

迂回思维法在科学研究中的成功范例启示我们:(1)原定(或正面)的思维路线受阻时,不能纠缠于原来一套,要另辟蹊径,绕道而行。(2)思维受阻时要有不甘心退出的顽强奋进心理,在"山穷水尽疑无路"时要有再想一想、再拼一拼的心态,要有非要找出"柳暗花明又一村"的决心。否则,稍挫即停,遇阻即止,就无法想出迂回之法。(3)要及时进行思维拐弯,进行新的构思,可从问题的侧面、背景去考虑;也可从似乎完全不相干的事物入手。这样做,从表面上看似乎远离主题,毫无联系,但实际上却步步深入,克敌制胜,有利于问题的解决。(4)要克服思维定势。人们对事物的反应,往往受到以往经验、观点和动机的影响,以至于极易僵化、闭塞,不知应变;尤其在思维受阻时,往往一条老路走到底,跳出原来的思路而展开思维的翅膀,进行新的构思,"迂回包抄",往往是解决问题的有效途径。

(三) 集体智慧法

创新思维离不开个体的丰富想象,更离不开群体的交汇想象。科学越发展,集体智慧的作用越突出。回首创造发明史,可以发现这样一条规律:20世纪以前,人类进行创造活动的方式主要是个体探索;20世纪以后,随着科学的发展,科学研究的创新越来越不能单靠个人的自由探索了。生产的日益社会化,要求科学创造活动也日益社会化;创造发明的方式也主要由依靠个人的智慧发展到主要依靠集体的智慧。集体智慧法于是应运而生了。

比较著名的集体智慧法有:

1. 奥斯本智暴法

又称"头脑风暴法"。20世纪40年代由美国广告代理店副经理A. F. 奥斯本提出的一种出主意的会议方式,首先用以创造广告,后推广到各方面。为鼓励与会者发表见解,奥斯本智暴法规定:(1)在出主意会上严禁批判,不许对他人意见进行评论、反驳,只能会后进行评论;(2)鼓励自由想象,欢迎自由奔放,思路越宽广越好,禁止嘲笑,促进从不同角度提见解;(3)要求尽可能多地提出设想,数量越多越好;(4)谋求改进和综合他人的见解,要求与会者除了本人提出设想外,还必须提出改进他人设想的建议,或者把他人的基本想法加以综合,提出新见解。出主意畅谈会强调自由思考,不受约束(包括:不受权威约束、不受年龄约束、不受专业约束、不受学派约束),以相互启发,激发联想机会,促使创造性设想产生共振和连锁反应,从而诱发更多的创新设想。

奥斯本还为畅谈会规定了组成成员和会议程序:(1)每次会议人数6~12人,包括小组长、秘书和5名"常设"成员。参加会议的应是有关的专业人员,一般说社会地位相当,还应包括2~3名妇女。(2)会议小组长事先应接受创新思维训练。会前,小组长必须研究探讨会议要解决的问题,对问题作初步分析,分解成各组成要素,并事先通知与会人员。(3)开会时,小组长首先交待、明确四条规则,然后要求与会者就指定的问题一个个提出设想,发言要简短扼要,由秘书作好记录,或用录音机录音。会议时间以半小时左右为宜。(4)会后应把见解整理分类,编出一览表,再召开审查会,挑出最有价值的见解,并审查其可行性。

实践证明,这种方法行之有效,解决问题效率高,被普遍使用。例如,在美国丹佛市,一位由8家邮局组成的集团领导召开头脑风暴会,同领导班子一起研究解决"如何减少劳动时间"问题,12名与会者半小时之内就提出121条设想。有些设想经过9周试验,节省12666个工时。

2. 默写法

由联邦德国创造学家荷立根据德意志民族习惯于沉思的性格,对奥斯本法加以改进后提出的一种智力激励法。它规定每次会议由6人参加,每个人在5分钟内提出3个设想,故又称"635"法。

会议程序为:先由会议主持人宣布议题,讲清会议所要达到的目的和要求,接着发给每人几张标有"1、2、3"编号的创造性设想卡片。与会者在填写卡片时必须在所填的两个设想间留有空隙,以供其他人填写新设想。在第一个5分钟内,每一个人针对议题在卡片上填写3个设想,然后将卡片传递给左邻右舍。在第二个5分钟内,每人根据从他人受到的启发,再在卡片上填写3个设想,然后再把卡片传递给左邻右舍……依次填写和传递,在半小时内可以传递6次,一共可产生108个设想。

默写法的优点在于可避免因相互评价而产生的抑制因素,或因数人争相发言而使人无法及时发言而造成的设想遗漏,不足之处在于相互激励的气氛不及发言方式浓。

与默写法类似的还有各种卡片法,如日本开发的CBS法和NBS法等。这两种方法与默写法的一个最大不同在于:与会者在填写卡片后有一个宣读讨论、相互启发的过程,以产生"思想共振",而后再填写新卡片。这种方法弥补了默写法的不足。

3. 菲利普斯 66 法

又称大组智力激励法。由美国密西根州希斯迪尔大学校长 J. D. 菲利普斯创造的大型集体思考方式。按照这种方法,每 6 人一小组,将一个大型集体分成若干小组,围绕需要解决的问题运用智力激励法,以 6 分钟为单位提出设想,开展讨论,最后得到一个解决问题的方案。

这种方法避免了人多而难以自由发言的缺陷,分成小组后,不仅可让更多的人得到发言机会,而且还会激起各小组间的竞争,从而大大激起人们的创造性思维火花。菲利普斯本人就曾实施过这一方法,收到显著效果。一次,他在底特律某公司为 80 名听众作讲演,突然向听众提出问题:"怎样把黑板擦改进得更好?"听众每 6 人一组,用 6 分钟时间提出建议,有的提议用海绵橡胶制作黑板擦;有的提议制作一种可以换芯子的黑板擦;有的提议像电熨斗那样装一个把手……一下子提出许多方案,其中有些方案经过实施,很快成为新产品问世。

其他还有克里斯多夫智暴法、戈登智暴法、日本的片方善治创造的 ZK 法等。这些方法的共同特点都是依靠集体的智慧,激发创见,推进创新。

依靠集体的智慧,取长补短,互相激励,可以形成一种依靠个人无法产生的新的创造力。这种创造力可以推动科学技术大踏步地向前发展。正因为如此,集体智慧法自美国博士奥斯本于 1939 年第一次提出后,越来越得到人们的重视。而许多重大的科学发现也是集体智慧法的产物。例如,爱因斯坦创立相对论,曾得益于青年时代的"奥林匹亚科学院";物理学家劳厄在 X 射线对晶体衍射现象方面的重大发现最初形成于"卢茨咖啡馆"的自由讨论气氛;数学家维纳与生理学家罗森塔尔共同提出的控制论思想最初形成于哈佛大学饭桌边的每月讨论会,等等。

(四) 信息交合法

所谓信息交合法,是指把思考对象分解成若干信息要素,组成纵、横、斜几根信息标轴,然后根据需要,借助于信息标与信息反应场作交合思考,以打破传统思维定势,形成全新思路,创出独特构思的思维技法。信息交合法通过对信息的分析与有序连接,拓宽视野,扩展思维层次,通过多方位、多角度、多功能、高效率的思维有序发散,以最大限度地发挥主体的创造才能。

信息交合法的逻辑依据有:(1)不同信息的交合可以产生新信息;(2)不同联系的交合可以产生新联系;(3)心理世界的构象即人脑中勾勒的印象,由信息和联系构成;(4)新信息、新联系在相互作用中产生;(5)具体的信息和联系均有区域性,也就是有特定的范围和相对的区域与界限。

运用信息交合法的具体步骤为:(1)确定中心,即确定所要研究的对象,以此作信息图中的零坐标,画成圆圈;(2)将思考对象分解成若干单独的信息要素,把这些信息要素按一定顺序连接起来,组成信息标(横标、纵标与斜标);(3)连接不同的信息标,组成信息反应用场;(4)从中选择合适和需要的信息。

例如,为开发笔的新产品,可以以笔为中心,按笔的结构、功能、种类、用途、颜色、规格及时间等画出纵、横、斜等几根标轴,构成信息场:

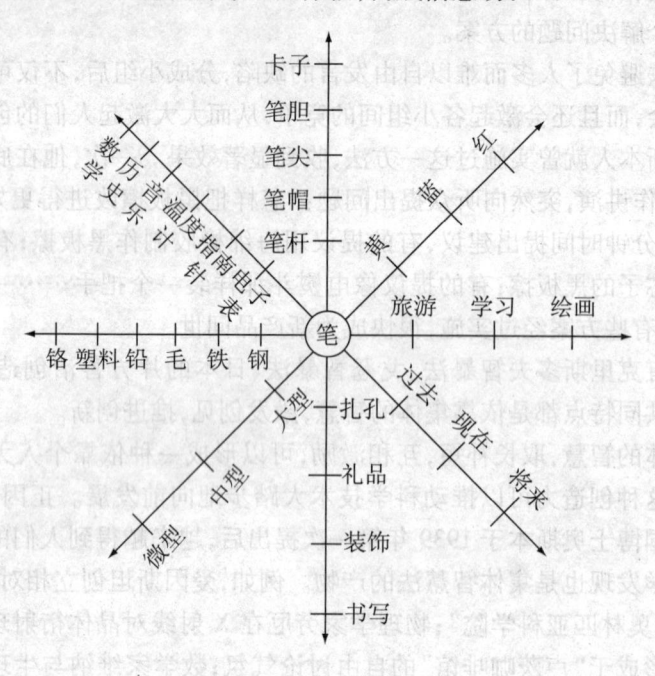

图 3-4 信息场

从图上看到,任意一根标轴上都可以组成一连串笔的新产品名称:以种类标上的"钢"与用途标上的"旅游"和其他标上的"指南针"交合,可以产生"带指南针的旅游用钢笔"新产品;以功能标上的"礼品"与其他标上的"温度计"、种类标上的"钢"交合,可以产生"钢笔式温度计礼品"新产品;结构标上的"笔杆"、颜色标上的"红"和规格标上的"微型"、种类标上的"毛"交合,可产生"红色笔杆的微型毛笔"新产品,还有"会放音乐的带有蓝色笔帽的大型钢笔"、"铅笔式红色微型电子表"等。

信息交合法实际上是发散思维法,只是在技术、程序上作了一些处理,因而比一般的发散思维法更具优点:首先,能使人们的思想从无序状态转入有序状态,变临时的随机性的冥思苦想为自觉的、有步骤的科学思考;其次,能使人们的思维从抽象状态变为具体的有图表可依的具体思维状态;再次,能更自觉地训练大脑,发挥潜在的智慧资源,调整智能结构,提高智力层次,培养跨学科、多功能、全方位的思维品质。

　　自觉运用信息交合法,可极大地开拓思路,提高创新思维水平。如运用信息交合法,为作文题目《路》构思立意,可列出众多可供选择的思路。首先,从路的形成和发展进行纵向思考:从路从无到有,得出"路是人走出来的"、"开辟路的艰难"、"路就在自己脚下"等立论;从路由小径到大道的发展,得出"人生之路愈走愈宽广"、"成才之路前程远大"、"沿着前人开出的路前进"等立意;从路的发展变化、时间引申中,得出"历史发展的必由之路"、"试论改革之路"等立意。其次,从路的性质、形状、用途等属性作横向思考:从路是让人走的,可从"愿作革命(改革)的铺路石"、"路有不平众人踩"、"赞路的牺牲精神"等角度构思;从路有曲径和直道,可推出"成才之路多曲折"、"成功的捷径在于方法和努力"、"走弯路的启示"等主题;从走路是为了到达目的地,可作"认准目标,勇往直前"、"百里路程半九十"、"不到长城非好汉"、"不能走回头路"等立论;从路不止一条,有多途同点,也有多点同途这一特征,可确立"不能千军万马挤独木桥"、"行行出状元——条条道路通罗马"、"勇于闯新路"等题旨。

　　信息交合的思维方法,为我们突破思维定势,提高思维效益,提供了具体途径,如能坚持实践,必将受益匪浅。

第四章

形象思维与创新思维

创新思维离不开形象思维。这点集中反映在科学发现的创新思维活动中。形象思维为科学发现奠定可感知的认识基础,能连接逻辑思维的链条,并引导着科学创造。而形象思维必然伴随着情感因素。情感是形象思维的驱动力,并贯穿于形象思维始终。在科学发现的准备阶段,情感伴随着形象思维选择研究方向,形成科学假设;在科学发现阶段,情感协助形象思维开辟思路,激励创造;在科学验证阶段,情感参与并支持科学假设的验证。

第一节 形象创新思维法

一、形象思维及其基本特点

（一）什么是形象思维

形象思维是人类思维的一种基本形态。从人类思维发展历程、思维运行手段与思维结果的统一性出发,我们可以把思维活动分成三大类:

（1）语词——逻辑思维(简称逻辑思维),也叫做抽象逻辑思维。它主要运用语词并以概念、判断和推理的形式来实现。

（2）直觉思维(也叫顿悟思维),即思维主体依据自身的亲身感受、直观体验,依赖自身的敏感和洞察力而进行的思维。

（3）表象——形象思维(简称形象思维),它主要运用表象、心象、想象、构思的形式来实现。

目前,人们普遍把形象思维称作:思维主体在一定课题(认知任务)的推动下,有意识或无意识地运用表象、心象、想象等在大脑中进行分析、综合、比较、抽象与概括,最终构建出某种新的表象并通过外化手段建造起一定新形象的思维。形象思维的主要运行手段是表象,其产物是外化的或物化的新形象(图画、图纸、图形、曲谱等)。

那么，什么是表象呢？表象是心理学的一个基本术语，是一个翻译名词，英文是image，译为"表象"或"意象"。表象是人脑中出现的形象，它包括原始表象（"延迟模仿"）、记忆表象及创新表象（想象表象）三类。人在劳动操作或运动中形成原始表象；在原始表象的基础上，经过外部刺激而遗留下来的关于对象、情景及事件的映象，称为记忆表象。在记忆表象的基础上构建起来的新形象，称为创新表象，即想象表象。

表象按其感觉通道来分类，可以区分为动觉表象、触觉表象、嗅觉表象、视觉表象及听觉表象等。单一表象可以组建成综合表象。例如，"白玉兰花"的表象就是一种视觉嗅觉表象。

表象是人脑所创造出来的新的映象。一般地，它可以显示出以下四种类型的新映象：

（1）现在没有而将来可能出现的事物的映象。如人在月球上生活的情形。

（2）现实中存在但认知主体未感知过的事物的映象。如北极地带爱斯基摩人的生活景象等。

（3）历史上存在但认知主体并未见过的人物或事物的映象。如秦始皇与阿房宫，孔子、老子等。

（4）现实中没有但理想世界中存在的事物或人物的形象。如，常娥、后羿等。

总之，表象是创造的媒介、思维的工具。表象最有价值之处就在于它是思维的工具与武器。许多心理学家认为表象在问题解决、创造活动中有重要作用。心理学认为：视觉表象对诸如绘画、建筑设计、机械设计和安装是必不可少的；听觉表象对于音乐家有重要意义……有些心理学家把这种主要借助于表象而实现的思维活动叫做形象思维，以区别逻辑思维。

现代心理学研究表明：表象是一个独立的并富有特色的心理过程。其基本特征在于形象性和概括性。正是这两个基本特征使表象能够成为形象思维的工具。形象思维正是在表象的基础上，形象、具体、生动地反映客体的思维过程。形象思维用以思维的形象元素，不是客观事物的物象，也不是感性认识的知觉形象，而是上述这种具有概括性并具有复杂结构的观念性形象——表象。

作为形象思维基本要素的表象同物象以及知觉形象不同。物象是由一定的形态、一定的空间形式和一定的色彩、气味、软硬、声音等特性构成的客观事物自身的形象。物象虽是形象思维的外部根源，但它并不是形象思维用以思维的形象。形象思维是主体内部发生的精神过程，物象只有转化为主体的观念性形象才有可能进入思维过程。在实践过程中，物象首先通过人的感官转化为知觉形象。知觉形象是主体受到客体直接刺激后产生的，是对物象直接的反映。知觉形象最重要的特征,是受直接呈现的物象的限制。作为形象思维基本要素的表象是一种不同于物象和知觉形象的观念性形象。在作为形象思维基本要素的表象中,人们摆脱了对直接呈现的客体物象的依赖,主体能够对表象进行自由的加工和改造,如对多种事物的物象进行比较、分析,得到它们共同的一般性的表象;人们还可根据认识的需要,把相隔距离遥远或时间久远的事物的物象同时呈现在主体面前。以表象作为观念性思维元素的形象思维,与感性认识的感觉、知觉是根本不同的。人们可以通过对表象的分析、综合、概括抽象,以达到对事物本质的认识。恩格斯指出:"我们的思维能不能认识现实世界?我们能不能在我们关于现实世界的表象和概念中正确地反映现实?用哲学的语言来说,这个问题叫作思维和存在的同一性问题"。① 这里,恩格斯十分明确地把表象和概念并列在一起作为思维反映现实的两种形式。

形象思维在表象的基础上,能具体、形象、生动地反映客体的本质特征,这是因为,其一,形象思维主体以感性认识为基础,把实际生活作为其创造"新形象"的惟一源泉。主体通过观察、了解、体验,掌握了大量生动的感性材料以后,创造出各式各样的典型"形象"。但是从生动的感性材料出发的形象思维,并不完全摈弃生动的感性材料,而是将其提炼、概括、集中,进而凝聚为"透明的结晶",从而使描述对象的个性更加鲜明突出,使对象的本质外在化或形象化。其二,因为形象思维主体对其占有的感性材料,根据美学原则和创造典型"形象"的需要,舍弃一些偶然的、不重要的形象,留下重要的特别能反映、描述对象典型特征的形象。其三,因为在形象思维的过程中,同时存在抽象思维的运动,并对描述对象形象的形成起着规范制约的作用。

(二) 形象思维的分类及基本特征

按思维的智力品质分类,形象思维可以划分为再现性形象思维和创造性形象思维。

再现性形象思维是主体运用表象进行"再现"原来作品(文艺作品或科技作品)的思维活动。例如,叙述小说《红楼梦》和京剧《杨门女将》等。这是读者(观众)运用自己的表象再现作品的意境的历程。虽说10名读者的心目中有10个"贾宝玉"与"林黛玉"的形象,但其创造性因素不能离开原来作品所提供的形象。

创造性形象思维是创造者(文学艺术家或科学家)运用表象创造出世界上原来没有的新形象的思维活动,它通常与发明、发现、创新和创作相联系。因此,创造性形象思维是产生崭新的、首创的并具有社会意义的事物的活动。创造性形象思

---

① 马克思恩格斯选集.第4卷.人民出版社,1995.第225页

维能力是人类最佳的创造力之一。

本书所述的与创新思维相联系的形象思维主要指"创造性形象思维"。当然，在实际思维活动中，再现性形象思维与创造性形象思维是紧密相连，不可分割的。

形象思维与逻辑抽象思维一样具有把握客观事物本质的能力，具有人类思维的共同特征；但它作为一种相对独立的思维活动，又区别于逻辑抽象思维，具有其特殊的本质特征，主要有：

第一，形象性。指形象思维运行手段的形象性，亦即具体性。与作为逻辑抽象思维运行手段的概念语词不同，形象思维的运行手段主要是表象，形象思维以观念性形象——表象为细胞，用形象化的表象来思维。这就决定了形象思维与抽象思维的最大不同点：在抽象思维中，人们运用概念把握事物的本质特征，概念内涵具有抽象性，运用概念进行判断、推理的整个过程都是抽象思维的过程。而形象思维用生动的形象来描述复杂的客体和具有多样性关联的对象，可以创造独特性形象，进行自由构思，自主表达思维主体的意图和情感。形象不仅是形象思维的起点，贯穿于形象思维的全过程，而且还体现在形象思维的结果上。体现形象思维成果的"新形象"常常是更生动、更典型、更美观。科学家把科学形象思维的成果反映到学术理论著作之中，工程技术人员更是用丰富的想象力和创造力，把科学原理运用到实际当中去，飞机、汽车、轮船、电视、电脑等都是科学想象力的产物。形象思维的过程自始至终体现了思维的形象化特征。对初始的直观形象进行取舍、关联和建构是形象思维的重要环节。

第二，概括性。形象思维的思维材料并不是原始的感性材料，而是在感觉、知觉基础上形成的事物的表象。这种表象已经不是客观事物的直观映像，而是初步概括了事物某些本质特征的具有一定概括性的观念性形象。形象思维通过对表象的分析综合可以创造出客观世界不存在的创造性表象。因此，皮亚杰称表象为前概念或低级概念。一岁半到两岁的幼儿还未掌握概念，但是已经能够运用表象进行思维；对于成人来说，表象仍然是思维的一项基本元素，不过随着人们抽象、概括能力的提高，人们具有了越来越高的形成一般表象和创造性表象的能力。人们通过五官接受客观事物的各种刺激，在头脑中形成客观事物的视觉表象、听觉表象、味觉表象、触觉表象等等。整个物质世界在人的头脑中被改造成了表象世界，使人们能够在头脑中利用表象比较各种事物的性质，改造事物的形态，思考客观事物的发展过程……这就构成了形象思维的基础。如科学研究中广泛使用的抽样试验、典型病例分析、种试验田等方法，以及各种科学理论模型、几何图形、设计图案以及其它各种科学图像、图表等等，都具有形象概括性的特点。

第三，情感性。形象思维具有表达情感的鲜明特征，是叩开人类情感大门的主要思维形式。目前,一些人类科学如人体生理学、生物化学、生物物理学、分子生物学,尤其是心理学已部分进入了人类情感的领域。在这些学科的研究中,形象思维以其鲜明的情感性和丰富的想象力而大显身手。

神经生理学的研究成果表明,情感产生的生理机制是皮质下中枢(下丘脑、边缘系统等)——网状结构——大脑皮质(生理学上把此系统叫做"情绪环路")。又,"现代科学表明(现代认知心理学研究证明),下丘脑——边缘系统与大脑皮层共同参与想象(形象思维的重要环节)的形成。如果人的下丘脑——边缘系统损伤,可能产生特殊的心理错乱,他们的行为不受一定程度的支配,不能拟定简单的行动计划,不能预见行动的后果,想象的主要作用也就受到破坏。"①据此,我们可以合乎逻辑地认为,形象思维(想象)与情感有密切关系。现代心理学的研究还表明,通常左脸比右脸能表达比较丰富的情感。宾夕法尼亚大学心理学系的鲁宾C·格尔(Ruber C·Gur)等的研究表明,用左侧脸合成的脸谱,在14种姿势中有11种被评为强于右侧脸合成的脸谱。在70幅不同的脸谱中,45幅被评为左侧表情较强。这些研究表明,作为形象思维物质基础的右半球专司情感信息的处理,因而,形象思维中伴随有情感,是一件自然而"天然"的事情。

第四,创造性。形象思维所使用的思维材料绝大部分都是加工改造过或重新创造出来的形象。艺术家构思人物形象时和科学家设计新产品、创造新理论时所使用的思维材料都具有这样的特点。马克思所说的在头脑中建造房屋,也就是创造性的形象。既然一切有形物体的创新与改造,一般都表现在形象的变革上,那么设计者在进行这种构思时就必须对思维中的观念性形象(表象)加以创造或改造。这是不证自明的。不仅在创造一个新事物时如此,而且在用形象思维方式来认识现有事物时也不例外。

亚里士多德通过月牙上的弧形阴影联想到地球可能是圆形的。在这个认识活动中,他是将这个弧形阴影加以延伸和改造,用一个想象中的球形物填补于其中而天衣无缝,然后才获得这一天才预见的。科学家卢瑟福在研究原子内部的结构时,也需要对思维中的形象加以改造。1911年,他根据粒子散射实验,设想出原子内部象是一个微观的太阳系。原子核雄距中心,诸电子则在各自的特定轨道上运行,如群星之绕日。于是便产生了著名的原子行星模型。科学家思维中的这种形象在高度概括性的基础上富有很强的创造性。正是这种创造性的形象反映了原子结构的本质。其它许多类似的认识活动,也都不同程度地在思维形象上体现了一定的创造性。

---

① 叶奕乾等.心理学.华东师范大学出版社,1988.第131页

二、形象思维的基本规律

形象思维的基本规律有三个：具象律、情意制动律、完美趋向律。这三条规律之所以成为形象思维的基本规律，是因为：第一，这些规律集中反映了形象思维的一般的主要特点；第二，这些规律在任何类型的形象思维（艺术创作、科学研究中的形象思维）中都起作用。

（一）具象律

具象律的基本内容是：在形象思维过程中，自始至终都具有形象性。

在整个形象思维过程中，思维主体沉浸在创造性的想象、构思的形象的世界里，"处理"着活生生的形象。通过想象、构思的"处理"，形象在不断地变化、推移，向鲜明、丰满、深刻、独特和完美的方向变化、推移。也就是说，正如抽象思维，主要是以一般的概念作为运行的形式，运用抽象的概念进行判断、推理，构成思维运动一样，形象思维通过形象的取舍、改造、生发、连缀、虚构等构成思维运动。形象思维是以形象化的表象为基本思维形式或思维材料，势必自始自终具有形象性。

具象律的要求是以形象（心象）为思维要素，把思想具体化、形象化。这就是说，在整个形象思维过程中，自始至终都要以形象（心象）为基本思维手段。形象（心象）应该贯穿思维过程中的始末，须臾不能离开。思维者的思想要靠形象（心象）作为载体。

具象律的作用主要体现为：

第一，为艺术形象的塑造提供可靠的保证。形象性是艺术区别于社会科学的一个基本特征。艺术的核心在于塑造艺术形象，而艺术想象是具体可感性和概括性的统一。艺术的形象性和艺术形象的具体可感性要求艺术家塑造艺术形象时，一定要用主动、具体的形象（心象）作原料或工具。要知道，抽象概念只能构成抽象的东西（理论、公式之类的体系），惟有形象（心象）才能构成形象的体系——艺术形象。如果艺术家的头脑中失去了形象（心象），他们的手下就不可能出现艺术形象。别林斯基在1843年写的《杰尔查文作品集》第一篇论文中说："一个人如果不赋有善于把观念变为形象，用形象进行思考、议论和感觉的创造性的想象，无论智慧、感情、信念和信仰的力量，合乎情理的丰富的历史内容及现代内容，都不能有助于他变为诗人。"别林斯基在这里所说的"把观念变为形象"，"用形象进行思考、议论和感觉的创造性的想象"，就是具象律的要求；只有遵照具象律的要求进行思维，才"有助于他变为诗人"、作家、艺术家，在艺术领域取得成就。显然，具象律要求在形象思维过程中，一刻也不能脱离形象（心象），就使艺术形象的塑造有了可靠的保证。

第二，给人类思维提供一种新方法。高尔基说过："组织思想之最经济的方法就是形象。"①贝弗里奇在《科学研究的艺术》一书中讲得更具体:"在很多人发现:把思维具体化,在脑海中构成形象,能激发想象力。据说,麦克斯韦(Clerk Maxwell)养成了把每个问题在头脑中构成形象的习惯。埃利希也大力提倡把设想化为图形。这点我们可以从他给自己的侧链说画的图看出。画图的比喻在科学思维中能起重要的作用。"②

(二) 情意制动律

情意制动律的基本内容是:形象思维是以情意作为思维运动的推动力,因而,在形象思维过程中,自始至终都伴随着情意制动。

情意制动律的要求是"在进行形象思维时,要倾注炽热的感情或深沉的意念。这个要求之所以能够成立,是因为,从思维科学的角度看问题,情感或意念既是形象思维过程中的"发动机",又是形象思维过程中连接心象与心象之间的粘合剂。正因为有了感情、意念、人的头脑才能从这个心象联想到另外一个心象,从这个联想过渡到另外一个联想。要知道,感情、意念都是有指向性的东西。正是这种感情、意念的指向性,促成心象之间的联想运动。这么一来,感情和意念就成了形象思维过程中的"发动机"。

情意制动律的作用主要有:

第一,不仅使艺术,而且使其他形象思维活动有情感的特征。艺术具有情感的特征,经过多年的探讨,已经是举世公认的并且写进教科书的事情了。然而,艺术为什么会具有情感特征呢?原因很多,可是,从思维科学的角度看问题,就是因为有情意制动律作用。道理很简单,思维过程中伴随着情意,思维的结果怎么不会渗透情感呢?说具体一点,因为思维过程中伴随着情意(情感和意念),这种情意就必然地会与思维的原材料——心象相混合,变成意与象相统一的东西——"意象",而这"意象"经过思维活动的进一步加工、组合,就会变成艺术形象。这艺术形象的"细胞"是浸透情感、意念(情意)的"意象",因此,艺术形象、艺术作品具有情意特点、情意特征就是不难理解的了。这个道理不仅适于艺术活动,而且适于其他形象思维活动。

第二,是科学研究的"催化剂"。贝弗里奇在《科学研究的艺术》一书中提出过这么一个问题:"一些设想进入意识并被捕捉,但是否可能有一些未能进入自觉的思考,或仅是出现在瞬间,转眼又消逝了,就象谈话时想说但由于没有空隙而过后再也想不起的话一样?"关于这个问题,贝弗里奇自己又做了如下的回答:"与某一联想相联系

---

① 高尔基.〈俄国文学史〉序言.上海译文出版社,1979.第4页
② (英)贝弗里奇.科学研究的艺术.科学出版社,1979.第59页

的情感越强烈,设想进入意识的可能就越大。根据这一推断,人们可以预期:对解决问题抱强烈的愿望,并在科学上培养一种'鉴赏力',这种做法会大有帮助。"①贝弗里奇提出的问题是令人深思的,他的回答也是很正确的。科学发现史上有很多例子是足以证实他的回答的,抽象思维不带有情感色彩,因此用纯粹抽象思维的方法不可能满足贝弗里奇的回答中所提到的要求,即"与某一联想相联系的情感"要"强烈",对解决问题抱强烈的愿望,并在科学事物上培养一种"鉴赏力"。抽象思维办不到的事情,形象思维却能够办到。因为形象思维的情意制动律就要求思维过程中包含情意。这样一来,形象思维中的情感就成了科学研究活动中的"催化剂"。

（三）完美趋向律

完美趋向律的基本内容是:形象思维过程中趋向于某种完美结构——能给人以美感的完整体的建立。因而,在形象思维运动过程中始终伴随着美感活动。完美结构包括两方面内容:其一,这个完美结构是"完整体";其二,这个"完整体"能给人以美感。

完美趋向律的要求是:根据思维目标的规定,尽量概括一切、综合一切,并且尽量体现思维主体的审美理想,使思维产品成为一个能体现主体审美理想的具有完美结构的"完整体"。

完美趋向律的作用主要体现为:在全局的角度上保证形象思维目标的实现。形象思维是建立或创造新的,能体现审美理想的整体的思维。建立或创造完美整体以体现自己的审美理想,是形象思维的目的。完美趋向律就是保证这一思维目的得以实现的手段。如果没有完美趋向律的作用,思维向着各个方向发展,向着各条路径趋进,结果必然是一堆支离破碎的形象(心象)的杂拌。这么一来,形象思维的目的就不可能实现。

马克思说:"人也按照美的规律来塑造。"②美的追求不仅体现在艺术活动中,而且体现在科学研究活动中。贝弗里奇指出:"有相当部分的科学思维并无足够的可靠知识作为有效推理的依据,而势必只能主要凭借鉴赏力的作用来作出判断。"③至于"鉴赏力",贝弗里奇则认为,最好把它"描述为美感或审美敏感性。"④显然,贝弗里奇认为有相当部分的科学思维,即科学研究中的形象思维是凭借"美感或审美敏感性",即"鉴赏力"得以进行的。在完美趋向律的作用下,艺术家趋向塑造完美的艺术典型;建筑师趋向设计完美的建筑形象;科学家则趋向构建完美的

---

① （英）贝弗里奇.科学研究的艺术.科学出版社,1979.第79页
② 马克思.1844年经济学—哲学手稿.人民出版社,1985.第51页
③ （英）贝弗里奇.科学研究的艺术.科学出版社,1979.第84页
④ （英）贝弗里奇.科学研究的艺术.科学出版社,1979.第89页

理论体系,提供崇高的理想境界。

三、形象思维的基本环节

由前面形象思维的概念和特征可知,形象思维的过程是一个情绪活跃的动力过程;也是一个伴随着情感变化的分析、综合、比较、抽象与概括的运动过程。如此这般的一个综合性思维过程表现为以下五个阶段:形象感受、形象储存、形象识别、形象创造和形象描述。形象感受是形象思维的基础,是体验事物生动形象,获得形象思维素材的首要环节;接下来,通过记忆、储存这些感性素材,为进一步对这些素材的加工、整理、比较、识别提供必要的条件。然后,科学家对呈现在感官面前的对象的整体形象作形象分析,从感性具体中抽取出体现事物本质属性的形象,在此基础上把对象的各个部分、各个方面综合、概括为一个体现事物整体本质的、具有创意的新的科学形象。此时的科学形象是形象思维的产物,它比抽象概念更生动、更具体、更能被大家理解和接受。

以上五个阶段体现在形象思维的逻辑中,就是"表象→想象(包括联想)→构思"这样一个有序的逻辑运动过程,正如抽象思维的逻辑运动过程"概念→判断→推理"一样。形象思维逻辑运动的五个阶段可体现为一些具体的形象思维基本环节,诸如:形象分析与形象综合、形象归纳与形象演绎、形象抽象与形象具体、形象类比与形象推测等。形象分析与形象综合主要是对各种具体形象进行加工,对客观事物的形象在头脑中的映像进行分析、分解,然后再以生活逻辑、情感逻辑或"假想逻辑"为准绳,对形象的某些部分或某些特征进行综合,具体化为一个完美的形象整体。形象归纳以个别形象为起点,旨在揭示出具有一般意义的形象;形象演绎则以一般典型形象为起点,塑造具有鲜明个性的个别形象。形象抽象即把经过分析后得出的某些形象的东西和形象的属性抽取出来;形象具体即把某些形象的东西和形象的属性用综合的方法形成一个统一体。形象抽象与形象具体相结合的过程体现了形象思维是一个不断地抽象、概括,并不断具体化的过程。形象类比即基于生动形象的类比;形象推测则是基于生动形象的推测。在此,类比和推测的对象都是具体的形象,因而具有直观的特性,但又具有思维的概括性。

在所有这些环节中,创造性的想象起着核心作用。在整个形象思维过程中,思维主体沉浸在创造性的想象、构思的形象化的世界里,"处理"着活生生的表象。通过想象、构思的"处理",表象在不断地向着鲜明、丰满、深刻、独特和完美的方向变化、推移。正如抽象思维主要是以概念作为运动的形式,运用抽象的概念进行判断、推理,构成思维运动一样,形象思维则是通过表象进行想象、构思从而塑造新的形象的过程。

第二节 形象思维与科学发现

一、科学发现的内在机制

科学发现是整个科学活动的一部分。由于科学发现的历史背景、科学的类型,以及科学家个人思想方法、专业特长之不同;也由于科学发现是一种探索性、创造性的活动,科学发现活动历来不存在固定的模式、单一的途径。然而,尽管科学发现活动各具特色、个性特点鲜明,但同一切社会实践活动一样有规律可循。就其实现的内在机制说,还是存在着一定的法则。

科学发现的思维过程即是创新思维的实现过程,必然同样经历着创新思维发展的四阶段——准备期、酝酿期、明朗期和验证期,同样是逻辑过程与非逻辑过程的统一。

科学发现思维过程的四个阶段实际上是不可能截然分开的,它经常是重叠和交叉的;思维过程的张与弛也是相互交织的;逻辑思维方式与非逻辑思维方式也是协作互补的。这种协作互补性在科学发现的第三个阶段——明朗期表现得非常明显,在此阶段,科学认识主体的思维方式由原来的以逻辑思维为主,转变为以非逻辑思维为主,尤其是形象思维在此阶段的科学思维中占据了主导地位,发挥着重要而独特的作用。科学发现过程中逻辑与非逻辑的统一主要表现在:创造性思维"灵光"的闪现往往是形象的,而其思想的深化又往往是逻辑的;当思维中断以后,接通思维路经的思维形式往往是形象的,而沿着思路走向目标的进程,又往往是逻辑的;在创新思维酝酿过程中激发飞跃的思维往往是形象的,而对这种飞跃获得的认识成果的验证,又往往是逻辑的。

形象思维在科学发现过程中起着抽象思维所起不到的作用。譬如,在思维发生之初,或接通思维断路的关节点上,或思维即将出现质变、飞跃的时刻,总是伴随着形象思维。这是因为,在这些时刻,科学发现的创新必须借助想象,把自己正在思考的问题与经验中自己熟知的事物联系起来,然后借助事物都有相似性的原理,把某些自己熟知的规定、原理或方法移植到正在研究、思考的问题上来。要做到这一点,没有借助形象进行的想象作为桥梁,是不能实现的。例如,德国化学家F·A·凯库勒在半睡眠状态下于梦幻中看见"蛇舞"构成的形状,这个景象使他联系到有机化学中的化学式。通过这一对比联想的想象活动,他领悟到了碳链结合的秘密,从而在头脑中形成了苯分子 C_6H_6 的环形结构式。这个想象中的苯分子结构既是形象的,又概括地反映了事物的本质特征,是形象思维的典型。

在物理学中,可以说许多重要概念的提出,都得益于想象活动的形象化概括作用,诸如各种"力"的概念(引力、电力、磁力等)、"场"的概念(引力场、电场、磁场等),各种微观物质结构模型(原子模型、基本粒子模型等)的提出等等,无不通过形象化的想象。普朗克曾说:"每一种假说都是想象力发挥作用的产物"①。想象活动的形象化概括作用,在工程设计和技术发明中表现得尤为明显。因为各种技术设计和发明,都要形成图纸、方案,物化为机器设备等。没有生动、活跃的形象和建立在从此物到彼物的联想基础上的概括化作用,也是不可能的。

从科学发现的一般逻辑中,我们不难看出,形象思维在科学发现的特定阶段起着不可替代的重要作用。注重形象思维在科学发现中的作用是遵循科学发现内在机制的题中之义。

二、形象思维在科学发现中的作用

(一)形象思维为科学发现奠定可感知的认识基础

形象思维用可感知的"形象"或"模型"来清晰而具体地揭示事物的本质,说明研究对象的特点和规律,往往具有抽象思维所不具备的优点。

例如,著名的现代物理学家 E. 卢瑟福(E. Ruthford)采用太阳系原子模型来解释原子结构,说明电子如何在一定轨道上绕核运动,这种利用形象思维对原子结构的说明简单而一目了然,给人留下清晰而深刻的印象。科学家 M. 法拉第(M. Faraday)在研究电力、磁力和重力的过程中,运用形象思维方法建立了电磁"力场"的图像和概念,在缺乏数学计算工具和证明的情况下,用清晰的形象思维在实验的配合下提出了科学发展的一个重要概念:场。再如,物理学家海森堡提出了著名的"测不准原理"(Uncertainty Principle),该原理的通俗表述是:"不可能同时测得电子的精确位置和精确动量。"为了把这一原理更清晰地展示出来,他在做理论说明的同时,还利用电子云图像形象地描述了电子呈现的概率分布特点。可见,形象思维能利用可感知的形象说明那些看不见、摸不着的对象本质,为科学理论提供一种可感知的认识基础。如果没有这一形象化的认识基础,许多高深的科学理论就难以直观而清晰地表达出来。

(二)形象思维能连接中断了的逻辑思维链条

科学研究从来不是一帆风顺的,科学认识时常会进入困境。从科学发现的过程来看,创新思维往往是逻辑思维链条中断的产物。而在科学发现的过程中,要将中断的思维链条延续下去,就必须借助于以形象思维为主的非逻辑思维。富于创造性想

---

① 普朗克.从近代物理学来看宇宙.商务印书馆,1959.第28页

象的形象思维往往具有跨越复杂现象的逻辑阻隔,从而实现科学认识突破的功能。

科学发现是逻辑思维与非逻辑思维相互协作的结果。在实际的科学发现过程中,逻辑思维与非逻辑思维是相互依存、相互渗透的:非逻辑思维以逻辑思维为前提,逻辑思维的实现需要协同非逻辑思维;归纳、演绎、类比离不开形象思维的想象,以及由形象思维激发而产生的直觉和灵感;而形象思维的想象、直觉和灵感也不能脱离归纳、演绎、类比等逻辑方法。科学发现是多种思维方法总体综合作用的产物。在科学发现中,既有逻辑思维的理智,又有形象思维的勾画,还有灵感和直觉的顿悟。离开以形象思维为主的非逻辑思维,人类的认识活动只能平淡无奇,无所创新;没有形象思维,科学发现往往难以走出思维的困境,无法超越现有的理论经验基础、克服逻辑思维的局限,从而取得最终的突破和创新。

科学家的创造实践生动地说明了这一点。英海尔德曾对形象思维和其中的创造性想象作过这样的描述:"法拉第和玻尔拥有丰富的想象和天才的洞察力,法拉第在别人认为没有物理学问题的空白之处看到了电场和磁场的力线。玻尔有一次说,他看到了手的运动、形象和模型,把它们再现出来。他的确看到原子如何构成,他用不断呈现在眼前的形象思考。"①可见,法拉第和玻尔如果没有或者缺乏形象思维的创造性想象力,单靠抽象的逻辑推理,他们或许根本不可能作出自己的科学创造。

(三) 形象思维引导科学创造

形象思维为科学发现提供创新的动力。形象思维的重要环节——创造性想象能够激励人们在科学研究中从事艰苦的工作,将创造活动进行到底。想象力之所以重要,在于能引导我们发现新的事实,激发我们作出的新的努力。没有想象,就没有科学创造。爱因斯坦曾经指出:"想象力比知识更重要,因为知识是有限的,而想象力概括着世界上的一切,推动着进步,并且是知识进化的源泉。严格地说,想象力是科学研究中的实在因素。"客观实际是科学创造的空气,想象力则是科学创造的翅膀。正如英国物理学家廷德尔(Tyndall)所指出的:"牛顿从落下的苹果想到月亮的坠落问题,这是有准备的想象力的一种行动。根据化学的实际,道尔顿(John Dalton)富于建设性的想象力形成了原子理论。戴维(Humphry Davy)特别富有想象力;而对于法拉第来说,他在全部实验之前和实验之中,想象力都不断作用和指导着他的全部实验。作为一个发明家,他的力量和多产,在很大程度上应归功于想象力给他的激励"②。

---

① 转引自[苏]G.M 维里契科夫斯基.现代认知心理学.社会科学文献出版社,1988.第221页
② (英)贝弗里奇.科学研究的艺术.科学出版社,1979.第61页

三、形象思维中的情感因素

（一）情感及其作用

情感指人类所具有的稳定的情绪态度和固定的心理状态。它是对现实中一定范围的现象表现出的一种独特的"眷恋"（或者"疏远"），是对一定的现象产生的稳定的"指向性"，是对现象产生的一定"兴趣"。

情感总是指向现实中的某一客体。许多心理状态、体验和动机，即愉快、焦躁、忠诚、崇敬、痛苦、狂欢、惊叹等均属于情感领域。情感是现实的一种独特反映形式，它在人的生活中占有重要位置，对人的行为产生一定影响。

情感参与主体对客体的认识活动。在认识和改造客体的过程中，主体的知识系列属于逻辑思维因素或智力因素，主体的情感系列则属于非逻辑思维、非智力因素。人的认识活动正是由于知识系列和情感系列交织在一起，才是活生生的多方面的活动。没有情感系列的参与，主体的认识活动就不可能展开。正如列宁所说的，"没有人的情感，就从来没有也不可能有人对于真理的追求。"[①]情感通过主体知识系列的影响从而影响主体认识活动的情况，一般有两种表现。

第一种表现是积极向上的情感，可以使主体知识系列保持活力，使整个思维处于亢奋状态，从而不断地积极与外界进行信息交流，使主体的认识不断深化。许多科学家在研究过程中，及时捕捉偶然信息并跟踪研究而创造出非凡的成果。人们常说，机遇特别优待有准备的头脑。所谓有准备的头脑，既要有知识方面的准备也要有情感方面的准备。

第二种表现是情感所包含的价值观对思维有干扰作用。情感是主体和客体之间关系的反映。从本质上讲是对价值观的一种认识，其本身包含着强烈的价值取向。客体能够满足主体的需求，引起主体的喜悦情感，主体对客体的认识就容易表现出肯定的倾向；客体不能满足主体的需要，主体就容易产生厌恶的情绪，对客体的认识也就往往表现出否定的倾向。这两种情况都表明了情感因素对思维的影响。

（二）形象思维中的情感

1. 情感是形象思维的驱动力

人类是理性的动物。要认识事物的内在本质必须做理性的思考。但是，理性的思考要能坚持不懈，又必须有情感因素的渗入。只有对研究对象产生了情感，才会有不断逼近目标的原动力。从发生学的角度来看，情感最初总是在感知过程中产生的，并伴随着感知所得的表象保存在人们的记忆里。这样，在情感和表象之间就自然地形成了一种固定的联系，使一切表象或多或少地都感染上了某种情感色

[①] 列宁全集.第20卷.人民出版社,1958.第255页

彩。我们承认情感确是不同于一般的认识。因为认识是人对于客观事物本身某种属性的直接反映；而情感则是客观对象是否满足人们的主观需要所生的一种内心体验；或者表现为在获得某种认识后而生成的一种强烈的追求欲望。但一切情感分析到最后，都有一个认识问题。尽管情感的产生往往是突发的，是直接和感性事物联系在一起的，其间看不出抽象思考和形象思维的痕迹，但其中无不渗透人们平时在实践中所积累的认识成果。

从思维科学的角度看，在形象思维过程中，情感是表象与表象之间的黏合剂，更是形象思维过程的"发动机"。又正因为有了情感，人的思维才能从这个表象跨越到另外一个表象，从这个联想过渡到另外一个联想。情感促成着一个表象、联想向另外一个表象、联想的运动。情感是形象思维的"发动机"。

在科学家的形象思维过程中，则渗透着渴望创造、渴望解决问题的强烈愿望；或者说，渗透着对某一问题的浓厚兴趣和高度热情。诸如，没有解决"王冠之谜"的强烈渴求，阿基米德不可能在洗澡时产生灵感，发现浮力定律；没有解决伐木方法问题的强烈渴求，鲁班不可能进行类比性的形象思维，从而发明了锯子。

作为一个有创造性的科学工作者，要有意识地以情感作为自己形象思维的"发动机"。在创造"新形象"的过程中，要自觉地往自己的创造物中倾注情感，以情感作为黏合剂，把一个个表象粘和起来，以期成为新的表象。

2. 情感是流淌在形象思维运动中的"血液"

形象思维与情感紧紧相连，形象思维以情感作为思维运动的推动力，又以情感作为不可或缺的因素贯穿其中。人类认识的深化，既是认知的深化，又是认识活动中情感因素的演化。随着实践的发展，主体对客体的认识，属于知识性的事实反映更加深化了，属于情感性的价值反映也更加突出了。主体认识客体的过程，是真善美相统一的过程，其中不可避免地会有情感意志因素的参与。形象思维的过程更是如此。从某种意义上说，形象思维就是情感思维。

我们可以从情感和形象思维的"物质本体"（又叫"生理机制"）以及二者的"物质本体"之间的关系这两方面来说明这点。

作为情感活动之基础的情感反应，其物质本体（生理机制）是皮质下中枢，特别是皮质下中枢中的下丘脑。实验表明，刺激猫的下丘脑前区，可引起恐惧反应，即低头，耳向后倒、拱背、吼叫、肌肉紧张、扩瞳、竖毛等；刺激上述部位的外周时，则可以引起逃跑反应，即寻找出路、定视出路，然后逃跑；破坏下丘脑内侧核，猫可以非常有凶悍的攻击行为，猴子则变得温顺。另据实验表明，有机体的情绪反应与"边缘系统"也有密切关系。下丘脑、边缘系统还存着许多"快活中枢"、"痛苦中枢"，这些都与情绪反应相关联。因此，情绪反应的物质本体是皮质下中枢。

大脑皮质是信息加工的场所,是抽象思维和形象思维的物质本体,而情感的物质本体是皮质下中枢。可见,情感的物质本体包括有抽象思维、形象思维的物质本体(大脑皮质的左、右两半边),这就必然导致情感含有形象思维的成分,或者说,导致情感与形象思维相结合,密不可分。其具体过程是:外界刺激(或内部刺激)在下丘脑、边缘系统等皮质下中枢处引起情绪反应。这一情绪反应成为非特异性投射,通过网状结构,上达大脑皮质广泛区域(生理心理学上称为"上行激活作用"),把对情绪反应的产物——生理特征、外貌表现的变化体验带到大脑皮质机能联合区,使这些生理特征、外貌表现(表情形态、动作)的体验成为信息,进入信息加工过程(思维就是信息加工过程)。或者说,使对这些生理特征、外貌表现的体验,成为形象思维赖以进行的材料,进入形象思维过程。这样,情绪反应及其产物就影响、制约着形象思维的进行。这就意味着情感与形象思维结合成为一个密不可分的整体。总之,情绪反应及其产物影响、制约着形象思维的进行,情绪体验作为信息参加到形象思维(信息加工过程)中;给正在或开始进行的信息加工活动(形象思维活动)打上情感的痕记。打上了情感痕记的信息加工过程(形象思维过程),就是与情感相结合的信息加工过程,就是情感与形象思维相互交织的过程。从这个角度上来讲,情感是流淌在形象思维运动中的"血液"。

四、形象思维在科学发现中作用的情感机理

既然形象思维中渗透着情感因素,因而,形象思维在科学发现中所起的作用无不与情感因素有关。探求形象思维在科学发现中的作用,必须揭示形象思维在科学发现中的情感机理。下面我们就以20世纪分子生物学领域的一个最重要的发现之一——DNA结构的发现为例,来阐明形象思维在科学发现中作用的情感机理。

(一)在科学发现的准备阶段,情感伴随形象思维选择研究方向,形成理论假设

在科学发现的准备阶段,是情感为形象思维插上创造性想象的翅膀,用可感知的"科学形象"或"理想模型"乃至"理想实验"来清晰、具体地揭示事物的本质,把握事物的主要矛盾和主要特征,为科学发现奠定可感知的认识基础。在此期间,科学家经过长期而艰苦的努力来确定以经验为根据的事实,并且发展能够解释这些事实的理论。在科学家能够进展到科学发现这个阶段之前,通常需要做大量预备的、实验性和理论上的工作,然后选择、确定研究方向。

而对研究方向的选择、确定更多地是取决于情感,而非取决于理性的计算。对于科学家来说,很少有可能去准确地预测选择什么样的研究领域和研究课题,因为最大利益的理性计算是明显不可能的,科学家更多地依赖诸如兴趣和好奇心之类的情感因素去设计他们科学探索的方向,并形成初步的构想。

DNA 结构的发现者詹姆斯·沃森(James Watson)在其《双螺旋》一书里的叙述表明他和弗朗西斯·克里克(Francis Crick)如何被兴趣深深地驱动。沃森离开了可获得博士后的哥本哈根,因为他发现在那里进行的研究使人厌烦:他觉得在那里正在研究的生物化学"不能给我一点儿激励"。相反,关于生物学上重要分子(如:DNA)的物理结构的问题给了他诸如兴奋之类的强烈的情感反应:"是威尔金斯(Maurice Wilkins)第一次使我对 DNA 方面的 X-ray 工作感到兴奋";"我突然对化学感到兴奋"[1]。克里克类似地谈起他和沃森如何热烈地想要知道 DNA 的详细结构。很久以后,沃森声明把它作为他在科学上取得成功的规则之一:"不要做任何使你厌烦的事情。"

由此可见,在科学发现的准备阶段,科研人员在大量预备的实验性和理论性的工作进程中,面对不同的研究课题,会产生不同的情感反应:那些能够引起科研人员强烈兴趣和好奇心的研究对象往往会使科研人员感到快乐和兴奋,这种兴奋的感情又往往会使科研人员对该客体的兴趣和好奇心得到出人意料的加强……在这样一个多种情感状态交织的过程中,一个思维的亮点就会逐渐形成并聚焦到令科研人员感兴趣的研究对象上。在这种伴随着强烈情感反应的思维运动中,科研人员对研究领域和研究课题选择的意向也得到了自然而合适的调整,并最终确定一个"最佳"的定位。

在科学发现的准备阶段,除了诸如兴趣和快乐之类的积极情感,科学家还受到诸如悲伤、恐惧和愤怒之类的消极情感的影响。当研究计划不能如期进展时,悲伤就走进了科学发现的过程中。例如,当沃森和克里克的工作进展得步履维艰时,他们都经历了诸如沮丧之类的情感。然而,这种情感在其效果上可能不完全是负的,因为由于一个时期科研的失败而引起的悲伤可能会促使一个科学家去追求另外的、最终会更加成功的研究路线。

恐惧可能也是一种激励人的情感。当沃森和克里克得知杰出的化学家鲍林·莱纳(Linus Pauling)将要在他们之前发现 DNA 的结构时,他们变得非常忧虑,并且他们还害怕伦敦的研究者富兰克林·罗莎林德(Rosalind Franklin)和威尔金斯·莫里斯(Maurice Wilkins)将会打败他们。沃森这样写到:"当我获悉我们所做的一切都是失败的时候,我的心沉浸在忧虑之中"[2]。忧虑和焦虑从沃森和克里克他们自己经受的挫折中产生。有一次,沃森由于一个由一名结晶学家所提出的、表明他的研究计划不可行的建议而变得非常激动,但是他还是尽力去挽救他的理论假设:

---

[1] Watson J D. (1969)The Double Helix. New York:New American Library,22~28
[2] Watson J D. (1969)The Double Helix. New York:New American Library,102

"我十分忧虑地回到我的办公室,希望去挽救那个似是而非的观点。"①

其实,从科学发现的全过程来看,正是因为有着上述担忧、恐惧、悲伤等等这一类的看似消极的情感,才使得科研人员及时调整其思路,重新审视原先的理论假设,再次找到科学探索的新的兴奋点,以修正最初的理论,从而形成更合理、更科学的理论假设。

(二)在科学发现阶段,情感协助形象思维开辟思路、激励创造

科学发现的过程常常充满艰辛和困境,如果没有"情感"这个发动机的激励和推动,很难想象科学工作者能够将创造活动一直热情地进行到底。正是有了情感的支撑,科学家才能在科学发现中不断地发现新的事实,修正研究思路,做出新的努力,将捕捉到的模糊想法转化为具体的命题和假设;正是有了情感的参与,科学家的直觉才变得敏锐、强烈而准确,从而能够克服思维的障碍,穿越逻辑和空间的阻隔,连接中断了的思维链条,走出一时的困境,实现理论创新的突破。新的理论观点和新的重要的以经验为根据的结果就产生在这个阶段。

在 DNA 结构的重大发现中,詹姆斯·沃森的情感经历生动地写照了情感的这种催化和突破性的推动作用。沃森这样写到:"在我看到 DNA 模型图片的那一刻,我张大了嘴巴,我的心跳加速了"②。这幅图片反映了一个有关 DNA 结构的似是而非的理论假设。在描画 DNA 结构的草图时,沃森想到了每个 DNA 分子可能由两条分子链组成,并且他对于这种观点的可能性和这种可能性的生物学结论感到非常的激动。这里有一篇描述他在这个过程中产生的智力状态的短文:

当钟表的表针指向午夜以后,我变得越来越高兴了。很多天以来,我和弗朗西斯一直担心 DNA 结构可能会被证明是肤浅、单调,担心这种结构对于其控制细胞生物化学方面的复制或功能没有任何建议性的作用。但是现在,令我高兴和惊奇的是,答案证明是非常地有趣。两个多小时以来,我幸福、清醒地躺在那里,一对对腺嘌呤残基在我闭着的眼睛前旋转。可仅仅是短暂的片刻,恐惧袭击了我的全身,直觉告诉我好的可能是错的③……

正是这多种情感交织在其中的敏锐的直觉使得科学家在思维运动中能够"急刹车",使科研工作在适当的时候及阶段暂时停下来,对目前的物理模型或者理论假设提出质疑并进行反复的论证和检验,以及时修正思维路线,克服科学思维所遇到的障碍,放弃被否定了的命题和假设,在新的事实之基础上,将新近捕捉到的新想法转化

---

① Watson J D. (1969) The Double Helix. New York: New American Library, 122
② Watson J D. (1969) The Double Helix. New York: New American Library, 107
③ Watson J D. (1969) The Double Helix. New York: New American Library, 118

为新的命题和假设,从而走出思维的困境,进而实现理论创新的最终突破。

沃森关于 DNA 化学结构的最初观点被证明是错误的,但是这一点把他置于迅速导向沃森和克里克后来公布于众的、最终的模型的轨道上。

沃森在他科学发现的讨论中所提到的绝大部分情感属于基本的快乐之类的情感;这些情感包括兴奋,欢乐和高兴。

埃德尔曼·杰拉尔德(Gerard Edelman)这样热情洋溢地描述科学发现的快乐:

毕竟,如果你很长时间以来每天跌跌撞撞地徘徊在实验室周围,过着单调乏味的生活,不知道如何能够找到答案,就在那个时候,你根本不可能想到的、真正灿烂的(美丽的)事情发生了,那一定是某种非同寻常的快乐。从某种意义上说,它是一种惊奇,但它不是特别危险,从另外一种意义上来说,它是一种欢乐,一种你突然从某个地方拿出来一个物品来使婴儿大笑的快乐……在科学研究上有重大发现,得到不同的科学顿悟当然是科学生涯中一个最美丽的方面。①

鲁比区·卡罗(Carlo Rubbia)对此这样描写道:科学发现这种行为,面对一种新现象的这种行为在每个人的生活中都是一个非常多情的、非常令人激动的时刻。它是对科研人员多年来的努力和无数次失败的回报。②

雅各布·佛朗哥斯(Francois Jacob)则这样描述他第一次体验科学发现的喜悦:"我已经看到了我投入到科研中去,投入到科学发现中去。并且,首要地,我已经掌握了那个过程。我已经体验到了那种快乐。"后来,当雅各布正在发展后来为他赢得诺贝尔奖的、关于蛋白质合成中遗传调节机制的观点时,他有一种更加强烈的情感反应:"这些理论假设,尽管仍然粗糙,仍然轮廓模糊和表达贫乏,但是她们依然在我体内活动,我刚要浮现出来,就又被那强烈的喜悦和原始的欢乐所埋没。一种力量,也是一种权力的感觉"③另一位科学家斯克夫(Scheffler)讨论了当科学家得到快乐,当他们的预言被证明是真实的时候那种被证实的喜悦。当然,预言有时被证明是假的,就会产生失望,甚至沮丧。

从沃森和其他本文所引用的科学家那里可以很明显地看到科学发现可能是一种极其快乐的经历。情感往往是科学探索背后的一种激励因素。理查德·费恩曼(Richard Feynman)声明他的研究工作不是被获得名声或者诸如诺贝尔奖之类的奖励的愿望所驱动,尽管他最终获得了诺贝尔奖,而是被科学发现的喜悦所驱动:"奖

---

① Wolpert L and Richards A. (1997). Passionate Minds: The Inner World of Scientists. Oxford University Press,137

② Wolpert L and Richards A. (1997). Passionate Minds: The Inner World of Scientists. Oxford University Press,197

③ Jaccb F. (1988). The Status Within (trans F Philip). Basic Books,298

励是弄明白一件事情之后的快乐,科学发现的极度的兴奋,其他人使用我的科学成果后的评论——那些是真实的事情,其他的对于我来说是不真实的"[1]科学发现通常是令人愉快的惊奇,但是令人不愉快的惊奇也会发生,例如,当实验产生的数据同预期的相反时,就会产生不愉快的惊奇。当评估阶段得出结论某人首选的答案是次等的或者不充分的时候,也会产生失望和悲伤。

卡波维(Kubovy)曾讨论过艺术鉴别力和当我们做事情做得比较好时而产生的快乐。他认为人类和诸如猴子、海豚一类动物都喜欢工作,以工作为乐趣,并且会为掌握新的技能而感到快乐。科学家能够在很多不同的任务中获得艺术鉴别力,例如设计实验、解释他们的研究结果,以及发展能够解释实验结果的似是而非的理论。根据物理学家盖尔曼·莫里(Murray Gell-mann)的解释,"理解事物,看到联系,找到解释,发现工作是非常非常令人满意的、美丽和简单的原则"[2]。

正是上述科学发现过程中不断涌现出来的属于快乐之类的情感(包括兴奋、欢乐、高兴、幸福等)成为科学探索背后的主要激励性因素。这种快乐的情感往往能激发想象,启迪思路,使得科学研究朝着成功的方向更进一步。科学发现是一个漫长而艰辛的过程,其中充满了枯燥、乏味、单调以及由无数次失败而引起的沮丧与困惑……然而,不同阶段大大小小的科学顿悟为科研人员带来了由衷的喜悦和非同寻常的快乐。"独上高楼,望尽天涯路"的执著、"为伊消得人憔悴,衣带渐宽终不悔"的辛苦终于在"众里寻她千百度,蓦然回首,那人却在灯火阑珊处"的惊喜中找到了最终的归宿和最好的宽慰。科学研究中这种阶段性的辉煌最终将把科学发现推向蕴含无限风光的山顶,藉着那个激情时刻,我们的科研人员将会在科学的险峰之巅,饱览成功的美丽和幸福。

(三)在科学验证阶段,情感参与并支持理论假说的检验

在假说的论证和检验中,是情感推动着想象为假说的论证设计和构思实验(包括思想实验),是美感支配着假说的检验与判断。

在科学验证阶段,情感在认可一个理论是否值得被接受的过程中起着至关重要的作用。好的理论因为其美丽和优雅而被肯定,这种美丽和优雅就是伴以情感反应的审美价值(或者叫科学美感)。

科学美感的合理性根源在于科学的真与科学的美的一致性。科学上的一切真理都是美的,而符合科学美的认识则很可能是真的。由美可以求真,这是许多杰出科学家的切身体验。量子力学创始人之一海森堡说过:"探索者最初是借助于这种

---

[1] Feynman R. (1999). The Pleasure of Finding Things Out. Perseus Books,12

[2] Wolpert L and Richards A. (1997). Passionate Minds:The Inner World of Scientists. Oxford University Press,165

真理的美的光辉,借助于它的照耀来认识真理的。"①德国著名理论物理学家 H.魏尔更把美推到科学认识至高无上的地位:"我的工作总是力图把真和美统一起来,但当我在两者中间中挑选一个时,我总是选择美。"②

一个理论和模型的优美与和谐往往能引起认知主体的强烈而积极的情感反应,伴随着这种情感反应,认知主体自觉不自觉地运用科学美感原则去验证科学理论和实验结果的合理性与正确性。在《双螺旋》一书中,沃森叙述了他和克里克在 DNA 结构及理论的确证阶段所产生的强烈的情感反应。沃森这样写到:

> 我们只希望确定至少一种特定的双链附属螺旋在立体化学方法上是有可能的。直到这一点清楚之后,我们的缺陷才被提出来,尽管我们的观点在审美价值上是优雅的,但是糖磷酸盐骨架的形状可能不允许这种双链螺旋的存在。令人愉快的是,现在我们知道这种情况是不真实的,然后我们就一边吃午饭,一边互相交流这种模型一定存在的结构。③

深信 DNA 分子有合适的结构的一个理由是 DNA 分子的美观性和情感吸引力。其他科学家对 DNA 的新模型也有强烈的情感反应。雅各布这样描述沃森和克里克的模型:这种结构是如此的简单,如此的完美,如此的和谐,甚至如此的美丽,并且生物学的先进性从这种结构中流淌出来,伴随着这种精确和明了性,以至于人们可能不相信它是不真实的。

杰出的微生物学家胡德·那若(Leroy Hood)以相似的风格描述了他如何在发现优雅理论的过程中感受欢乐的:

> 喔,我想它是我对所有事物所具有的天然热情的一部分,但是在我 21 年科研生涯中给我深刻印象的是二者之间完全的冲突,另一方面,当我们对特定的生物系统了解得越来越多的时候,就会发现潜在的原则中散发着一种简单优雅的美丽,然而当你透视生物系统复杂性的详细情况,透视其使人混乱的一面和其势不可挡的种类,我想象美丽,那种能够从使人困惑的详细情况的令人混乱的排列中提炼出基本优雅的原则来的美丽,并且我已经感觉到我很擅长做上述那种事情,我喜欢做,并且以做这样的事情为一种享受。④

可见,很多其他的科学家已经把美丽和优雅当作理论应该被接受的显著标志。

---

① W·海森堡.精密科学中美的含义.自然科学哲学问题丛刊,1982(1).29
② S·钱德拉萨克.美与科学家对美德追求.科学出版社,1986.第 26 页
③ Watson J D. (1969) The Double Helix. New York: New American Library,131
④ Wolpert L and Richards A. (1997). Passionate Minds: The Inner World of Scientists. Oxford University Press,44

从传统的科学哲学的观点,或者甚至从传统的、把认知的东西与情感的东西分离开来的认知心理学观点来看,科学家发现一些理论具有情感吸引力这一事实同他们的科学发现的判断并不相关。但是,关于情感一致性的新理论表明认知一致性的判断如何能够产生情感的判断。现在我们将简单地回顾情感一致性的理论,并且表明情感一致性理论如何能够被用来解释有关理论是否是可被接受的科学判断。

关于推理的一致性理论可以被概括成以下几点:

(1) 所有的推理是以一致性为基础的。推理的惟一规则是:如果一个结论的接受能够最大化(最佳化)推理的一致性,则可以接受这个结论。

(2) 推理一致性是限制满意度的一个问题(一件事情),并且能够被连接和其他算法所估计(计算)。

(3) 有六种(推理)一致性:①类拟的(类推的、相似的);②概念的;③解释的(说明的);④演绎的;⑤知觉的(感性的);⑥协商的。

(4) 推理一致性不止是接受或拒绝一个结论,可能还要涉及到对一个命题、对象、概念,或其他陈述进行积极的或消极的情感评估。

一个理论依据"推论出它是否能够最大化推理一致性"而被判断,但是评估可能还要涉及到一个情感的判断。理论由假设构成,假设由概念组成。根据情感一致性理论,这些陈述(表征)不仅有一个被接受或被拒绝的认知身份(地位);还有一个被喜欢或被厌恶的情感身份(地位)。

一个头脑同时做认知判断和情感反应是完全可能达到高度一致的。这种高度一致性不仅产生假设应该被接受的判断,还能产生假设是美丽的这样一种美学的、情感的态度。

总之,这种伴以情感反应的审美价值(或者叫做科学美感)能促进科研人员的直觉思维,从而形成一种掺杂着美好情感的、高品位的、同时富有科学理性的科学鉴赏力。这种科学鉴赏力是科学家应该具备的可贵科学素养。在假说的检验中,科学美感赋予科学家真善美统一的眼光与优雅美丽、简单和谐的判断原则,以及伴随着检验过程的强烈而丰富的情感反应。合理、先进、优美的科学理论往往在欢乐、愉悦、幸福的情感反应中,在饱含富于理性的科学鉴赏力的"目光"中安详而美丽地诞生。这也是科学美感最可贵的价值所在。

第五章

灵感：创新的非逻辑思维艺术

灵感(inspiration)，是人类创造性认识活动中一种最神妙的精神现象，一朵最神妙的创造之花，一束最耀眼的"思维激光"，是整个认识史留下的一个闪光的惊叹号。人们对这种神妙精神现象的思索和追寻可追溯到遥远的古代，并始终经久不衰。当今，灵感思维已成为脑科学、人工智能、心理学、哲学、美学等学科综合研究的对象。如果说，哥德巴赫猜想是数学皇冠上的一颗明珠，那么，我们完全可以说，人们探索了2000多年之久的灵感之谜则是创造学、思维学、心理学皇冠上的一颗明珠。

第一节 灵感是人类的一种基本思维形式

一、灵感思维及其基本特征

（一）对"灵感"的历史考察

据考，"灵感"一词源于古希腊。在希腊文中，灵感一词由"神"与"气息"两词组成，意为"神灵之气"。"灵感"一词的英语为"inspiration"，含有"灵气的吸入"之意，即为宗教意义上的"神灵的启示"。

据说，在历史上首次使用"灵感"一词的是古希腊哲学家德谟克利特。他断言："没有心灵的火焰，就没有一种疯狂式的灵感，就不能成为大诗人"[1]。在此，他把灵感比作"疯狂式"的"心灵的火焰"。自此以后，中西思想家、文学家等无不对灵感产生强烈的兴趣，对"灵感"作出了各自的界定。

在西方，灵感理论的演变大致经历了三个发展阶段：一是柏拉图的古希腊时代，灵感被界定为"神授的迷狂"。柏拉图认为："在现实中最大的天赋是靠迷狂状态得来的，也就是说，迷狂状态是诸神的一种赏赐。"[2]在那个时代，柏拉图这一对

---

[1] 西塞罗.论雄辩家.第194页
[2] 刘奎林.灵感.黑龙江人民出版社,2003.第12页

灵感的界定一直被认为是对灵感的正统解释,灵感也就一直被当作一种诗人向神灵祈求的神性的着魔,得到灵感的诗人也就成了神的代言人。二是18世纪时期,灵感被界定为人们在创造发明活动中的天才能力。三是弗洛伊德主义风靡时期,受精神分析学说的影响,灵感被界定为潜意识的显现。H·奥斯本在《论灵感》一书中指出:"日益增长的弗洛伊德学说和精神分析学的影响下,那些对灵感概念仍然保持着兴趣的人们倾向于把灵感和材料从艺术家的潜意识精神侵入艺术作品之中这一活动视为同一种东西,或把灵感和以潜意识的方式将艺术形式加之有意识地收集起来的材料之上这种活动视为同一种东西。"[1]

在中国,自春秋战国以来,中国古典各种文论中对"灵感"的描述和界定也是十分丰富的。中国古人常以"灵光"、"灵犀"、"比兴"、"会意"、"神思"、"感兴"、"灵气"、"妙语"、"顿悟"等词语,从多角度、多层次、多意境地描述灵感这种精神现象。诸如:庄子的"神遇"、陆机的"应感之气"、刘勰的"神思"等,都是对灵感的有历史影响的描述。其中,最著名的莫过于陆机的《文赋》和刘勰的《文心雕龙》。这是两部开世界专论灵感之先河的经典[2]。

陆机在《文赋》中从总结创作经验的角度,充分肯定了灵感现象的客观存在:"若夫应感之会,通塞之纪,来不可遏,去不可止,藏若景灭,行犹响起。方天机之骏利,夫何纷而不理?思风发于胸臆,言泉流于唇齿。"文中的"应感"、"天机",即灵感。陆机指出,灵感的产生是倏忽而起,瞬息即逝,真可谓"藏若景灭,行犹响起";灵感的来去不由主体的意愿所支配,即"来不可遏,去不可止"。灵感的到来则令主体思绪如泉涌,"思发于胸臆,言泉流于唇齿"。

刘勰在《文心雕龙》中认为,创造要有"情会",只有"激情"如火,才能以"情"通"会"。"情会"通达即为神思(灵感)。"情会"(灵感)的到来,能使思维情绪、思维结果达到神乎其神的境界,这便是一种"神思"。他认为,"神思"实际上是指以灵感思维为核心的,含有形象思维、抽象思维的一种综合性思维。以后,唐宋时期的"妙语说"、元清时期的"意境说"等,都是对灵感的描述。

从古至今,中西方思想家、艺术家之所以对灵感"情有独钟",对其关注、研究经久不衰,一个重要原因就在于它是人类共有的一种普遍的、基本的思维形式。翻开人类的文明创造史,我们在不同时期、不同领域中,几乎到处都可以看到灵感这朵奇异的创造之花在斗艳。不仅在文学艺术创作中,而且在科学认知活动中,灵感的出现也是促进科学发现的一个重要契机。

---

[1] H·奥斯本.论灵感.国外社会科学,1979(2)
[2] H·奥斯本.论灵感.国外社会科学,1979(2)

相传在古希腊时代,亥洛王请人制造了一顶金冠,他怀疑制造者在里面掺了假,请求阿基米德鉴定。阿基米德苦思不得其解,一次入浴,突然觉察到当自己的身子进入浴盆后,一些水溢出盆外,同时自己的身子也随之变轻。他由此得到启发,找到鉴定金冠的方法,并通过实验得出了关于浮力的原理。

俄国著名化学家门捷列夫在一次准备动身上火车的当口,突然产生关于元素体系的思想,连忙赶在火车开动前记下这一光辉的创见。

达尔文在阅读马尔萨斯人口论时,突然想到生存竞争使有利变异保留,不利变异淘汰,从而产生"生存竞争,适者生存"的理念。

爱因斯坦在思考狭义相对论原理时,一直为一个难题煞费苦心。为解决这一难题,他花了近一年时间试图修改洛仑兹理论,但一无所获。一次,他与一位朋友讨论了这个问题的各方面,得到很多启发,但还是未能解决这个问题。有一天晚上,他睡在床上,又开始思考这一折磨人的难题。突然,灵感光临,答案闪电般地出现。接着是连续五星期的奋战,终于关于狭义相对论的第一篇论文《论动体的电动力学》诞生了。

哈维发现血液循环,是在海边漫步想到环球旅行的时候激发的灵感。

英国纺织工人哈格里沃斯无意中碰翻了纺车而得到启发,发明了比横锭纺车效率高八倍的竖锭纺车。

我国水利专家张光斗教授在处理官厅水库、葛洲坝工程中,有过"忽然凭直觉想到一个新意见,解决了关键性问题"的经历。

这样的例子还有很多,举不胜举。有一个对科学家的具有代表性的调查,被调查对象中33%的人说经常遇到灵感,50%的人说偶尔碰到灵感,只有17%的人说从未碰到灵感。

(二) 灵感研究的不成熟性

灵感伴随着人类思维,是人类不可缺少的一种思维形式,但由于其不可驾驭性,人们一直对它有一种神秘感。迄今为止,人们对灵感的认识还是肤浅的。对灵感的研究具有多义性、经验描述性和神秘性等特点。

1. 多义性

千百年来,人们对灵感现象的理论解释五花八门,众说纷纭,莫衷一是,甚至各执一端,形成了多种有关灵感的定义。具有代表性的有如下几种:

黑格尔定义:"想象的活动和完成作品中技巧的运用,作为艺术家的一种能力单独来看,就是人们通常所说的灵感。"[①]

---

① 黑格尔.美学.第1卷.商务印书馆,1979.第354页

别林斯基定义:"灵感是一种痛苦的,可以说是病态的精神状态,它的症候已为大家所熟知。……灵感是一种不被人的意志,而是被与此无关的某种影响所唤起的灵魂的精力。"①

夏衍定义:"所谓灵感只不过是作家从生活实践中积累起来的大量素材,从量变到质变那一瞬间迸发出来的火花而已。"②

钱学森定义:灵感"也就是人在科学或文艺创作中的高潮突然出现的、瞬息即逝的、短暂的思维过程。它不是逻辑思维,也不是形象思维……是又一种人可以控制的大脑活动,又一种思维,也是有规律的。"③

H·奥斯本定义:灵感是"一个人(在他自己或者别人看来)仿佛从他自身之外的一个源泉中感受到一种助力和引导,尤其是明显地提高了效能或增进了成就","这种东西不是那些可传授的技巧所能制造出来的","连艺术家本人也不能用语言加以清楚地说明"。④

郭沫若则把灵感比作使明镜般的一弯清澄的海水"翻波涌浪起来的"风。另外,还有一些艺术家把灵感描述为"全部创作力量的升华状态"、"创造性工作过程中的能力的高涨"、"迅速与高度有成效的思维"、"一种想写的欲望"、"不落常套的构思"等等。

新版(1999年版)《辞海》对灵感的定义是:"一种人们自己无法控制、创造力高度发挥的突发性心理现象。即文艺、科学创造过程中未经考虑和完全没有意料到的方式突然获得的异常强大的创造能力。灵感状态下产生的作品具有高度的独创性,是不可模仿的。作者在灵感状态下思想情绪的表达十分敏捷和有序、并伴随着高涨的亢奋情绪。"⑤

这些定义,有的强调灵感的独创性,有的强调灵感的非自觉性,有的强调它是一种艺术能力,有的强调它是一种精神状态,有的强调其实践基础,有的强调其飞跃形式,有的强调心灵的闪光,有的强调外来的启示……各自都有一定的真理性。然而,要对灵感下一个完整的、触及其本质特征的定义,尚有待继续努力。

2. 经验描述性

由于灵感现象十分复杂,内在机制难以把握,长期以来,人们对灵感现象的研究往往停留在经验描述和特征归纳阶段,至今还未上升到精确理论。早在古代,就

---

① 别林斯基选集.第1卷.上海译文出版社,1979.第202页
② 夏衍.戏剧创作座谈会文集.见:陶伯华、朱亚燕.灵感学引论.辽宁人民出版社,1987.第19页
③ 钱学森.系统科学、思维科学与人体科学.自然杂志.1981(1)
④ H·奥斯本.论灵感.国外社会科学,1979(2)
⑤ 辞海.上海辞书出版社,1999.第3028页

有对灵感基本要素比(比喻)与兴(诱兴)的描述,把灵感描述为在比喻中引发感兴的精神状态;有对灵感的思维功效,即神速、神效、神悟(概言之——神思)的描述,把灵感描述为诗人、艺术家头脑中呈现的一种高度兴奋的精神状态;有对灵感基本特征的描述,如刘勰《文心雕龙》中描述了灵感到来之际如醉如痴的爆发性激情:"神功天随,寝食减废,精凝思极,耳目都融,奇言妙语,恍惚呈露"①,创作者此时达到喜出望外、豁然贯通的神境。

即使到了近现代,当科学有了一定程度的发展以后,由于对灵感发生机制依然揭示不深,虽然较之古代,人们对灵感本质的认识更进了一步,把灵感归之于神的启示的观点不再大有市场,许多学者也开始从人类认识规律、心理机制、脑科学原理等方面去努力揭示灵感的发生规律、本质特征,但迄今为止,大部分关于灵感的论述还是基本停留在现象描述阶段。这从上述引述的各种关于灵感的定义中可见一斑。

3. 神秘性

在相当长的一段时期内,对灵感的研究一直处于受神学和唯心主义学派控制的附庸地位。神学家和各种流派的唯心主义者竭力利用灵感现象的奇异性,编造形形色色的神秘主义灵感论,给灵感披上一层神秘主义的外衣。柏拉图明确地把灵感视为"神的诏语",认为灵感是神恩赐的。人之所以有灵感,就是因为人与神在交往中,神这种超然之物凭附于人的身上,并赐给人以神灵之气。这种"着魔于神的人",精神往往处于迷狂状态,于是奇奇怪怪、莫可名状的灵感便悠忽而至。这就是古希腊以柏拉图为代表的灵感"神赐论"。柏拉图对灵感的神化一直影响到后代,以后许多人在描述灵感时都难免带有神秘色彩。在古代中国,许多人对灵感的描述同样带有神秘色彩,如道家认为灵感是"意会"与"神遇"的升华,灵感的产物是感、兴交合而创作的"神品"。刘勰在阐述灵感现象时也带有神秘色彩,诸如"思理为妙,神与物游"、"神居胸臆"等。自古以来,人们探寻灵感之谜的脚步从未停止过。然而,人们对灵感的神秘感也从未消失过。尽管到了近现代,人们开始综合哲学、心理学、思维科学和脑科学的研究成果,将灵感纳入思维规律范畴进行研究,进而开拓了建立灵感思维学的新航程,但是,由于这种科学研究还刚起步,灵感的许多内在机制还不清楚,因而其神秘感依然还在。

凡此种种,无不说明灵感理论研究的不成熟性。

(三)灵感的基本特征

对灵感的基本特征,可从认识的发生、认识的过程和认识的结果三方面加以揭示。

---

① 刘勰. 文心雕龙: 物色篇. 见: 刘奎林. 灵感. 黑龙江人民出版社, 2003. 第35页

从认识的发生看,灵感是一种突发性的创造活动。

灵感来无影,去无踪,其速度之快、作用之突然,是难以事先预料的。犹如闪电一般,似乎完全是随机的。在灵感到来之前,科学家或艺术家本来是在常规的思路上行走,根据已有的思想资料,一步步地归纳、演绎。然而,当他在常规思路上遇到障碍,怎么也走不下去时,便陷入艰难竭蹶之中。他食不甘味,寝不安席。突然,一个偶然的机会,也许在睡前,也许在醒后,也许在散步、闲谈、赏花、乘车或洗澡时,一个特殊的信息与记忆中储存的其它信息相碰撞,形成经验事实中无法直接得到的新联系。于是,他一下子找到了一条跨越障碍的新路。这说明,灵感是不期而至的。谁也无法预计灵感什么时候,在什么场合,受何种诱因而至,"有心插花花不开,无心插柳柳成荫",这就是灵感的突发性特征。正如费尔巴哈所说:"灵感是不为意志所左右的,是不由钟点来调节的,是不会依照预订的日子和钟点迸发出来的。"①

对灵感的突发性特征,我国古代刘勰在《文心雕龙》中就有描述。他说,"神思"常具有"思有利钝,时有通塞"的特点,它不是叫来就来,让走就走,而是人们无法按钟点,按主观愿望要求它来与不来,而是有时利,有时钝。"然物有恒姿,而思无定检,或率尔造极,或精思愈疏"。②

对灵感的突发性,许多科学家、文学家都有深切的感受。作家马卡连柯用13年的功夫搜集了大量创作材料,却难以下笔。高尔基来做客时的一席话,让他茅塞顿开。数学家高斯曾回忆,他求证数年而未解的一个难题突然找到了答案,"像闪电一样,谜一下解开了。我自己也说不清是什么导线把我原先的知识和使我成功的东西连接了起来"。

对突如其来的灵感,普希金在叙情诗《秋》中作了十分形象生动的描述:
  诗兴油然而生,
  抒情的波涛冲击着我的心灵,
  心灵颤动着,呼唤着,如在梦乡觅寻,
  终于倾吐出来了,自由飞奔……
  思潮在脑海汹涌澎湃,
  韵律迎面驰骋而来,
  手去执笔,笔去就纸,
  瞬息间——诗章进涌自如。

---

① 费尔巴哈哲学著作选集.下卷.商务印书馆,1964.第504页
② 刘勰.文心雕龙:物色篇.见:刘奎林.灵感.黑龙江出版社,2003.第35页

从认识的过程看,灵感是一种突变性(瞬时性)的创造活动。

灵感的出现,不仅宛如神助,具有突发性,而且停留时间短暂,稍纵即逝,非人力所能留。灵感出现于大脑高度激发状态,高潮为时很短暂,瞬息即过,"千招不来,仓促忽至",犹如闪烁的流星划破寂静的夜空一样,给百思不得其解的思维难题带来一线曙光。对于这种不仅不期而遇,而且又转瞬即逝的灵感现象,无论是文学创作家还是科学家都有过精彩的描述。

中国古代文学家苏轼这样描述灵感:"作诗火急追亡逋,清景一失后难摹。"著名原苏联近代作家契柯夫在回顾自己的创作经历时说:"平时注意观察人,观察生活……那么后来在什么地方散步,例如在雅尔达岸边,脑子里的发条就忽然卡的一响,一篇小说就此准备好了。"[1]著名数学家高斯则用"像闪电一样,谜一下解开了"这句话来形容灵感。正由于灵感的瞬时性,有人称之为"思维莽原上的昙花",认为在人类思维的漫漫莽原上,灵感的昙花一现,顿使原野生色。这一比喻,非常恰当。

从认识的成果看,灵感是一种突破性的创造活动。

灵感的最可贵之处,在于打破常规思路,为人类的创造性活动开辟一个新境界。它是科学创造和艺术创作的神奇的催生婆。诺贝尔奖金获得者杨振宁教授说过:"文学艺术家,有时会因'灵感'的触发,创造出不朽的作品。而科学家的发明创造,也和文学家或艺术家的创作一样,是需要靠'灵感'的。"[2]事实上,在探知未知领域的创造性认识活动过程中,经常伴有灵感的推进作用;许多创造活动是依靠灵感的推进作用,才达到较高的创造目标的。灵感具有显著的独创性功能——这是体现其本质特征的重要功能。

翻开人类认识史,古往今来的许多重大科学发现和技术发明,都与灵感具有的独创性功能有关:诗人、文学艺术家的"神来之笔",军事指挥家的"出奇制胜";思想战略家的"运筹帷幄";科学家的"头脑风暴";发明家的"豁然开朗"等等,都时时伴随着灵感思维的突破性创造功能。

发生的突发性、过程的瞬时性、成果的独创性,是灵感的三大特征。这三大特征的融合,就使灵感在当事人的心理体验上显得十分奇特。郭沫若在《我的作诗经过》一文中曾详细地描述了灵感袭来时的心理特征。他这样描述:《凤凰涅槃》那首长诗是在一天之中分两次写出来的。上午在课堂听讲的时候,突然有诗意袭来,便在手抄本上东鳞西爪地写了诗的前半部分。晚上就寝的时候,诗的后半的情趣

---

[1] 契柯夫.论文学.人民文学出版社,1958.第404页
[2] 见:刘奎林.灵感.黑龙江出版社,2003.第179页

又来了，便伏在枕头上用铅笔火速地写，全身都有点作寒作冷，连牙关都在打颤，就那样把那首奇怪的诗写出来了。他说，当时"觉得有点发狂"，"表现着一种神经质的发作"。

这三大特征的融合，也使灵感在一些创作者的行为表现上显得十分奇异。清代著名书画家傅山在"画兴"袭来时的行为就很奇异。一次，一位老友求他画一幅他最擅长的"墨竹"。时值中秋，皓月当空。傅山对月喝了一阵酒，到有了三分醉意时，便叫所有的人离开，开始画画。他的朋友出于好奇，悄悄躲在一边偷看。只见傅山走到早已准备好纸砚笔墨的画桌前，提起笔就往纸上乱画一通，然后好像在想什么，站在那儿发呆。突然又手舞足蹈，摇头晃脑，围着画桌跑。他朋友以为他发疯了，急忙跑出来将他拦腰抱住。傅山猛地回过头，跺着脚大叫："你败了我的画兴！"说完，将画纸揉成一团扔掉，气冲冲地不辞而别。

这三大特征的融合，还使灵感这一精神现象在认识领域中显得十分神妙。有些文艺家把灵感视若自己的创作生命，为它的降临而祈祷，为它的出现而欢呼，为它的衰退而苦恼，为它的枯竭而悲伤。著名的文学大师果戈理这样向灵感之神大声疾呼："噢，不要离开我吧！同我一起生活在地上，即使每天两个钟头也好……"

二、灵感思维与创新思维

灵感在创新思维中占有重要地位，对此，我们可从三方面加以考察：

其一，从创新思维的过程考察——灵感是形成创新思维的核心阶段。如上所述，创新思维分为准备期、酝酿期、明朗期和验证期四阶段。其中，准备期与验证期是创新思维的辅助阶段，属于广义的创新思维范围；酝酿期与明朗期才是创新思维的核心。尽管在这两个阶段不一定出现灵感，但创新思维主体头脑中可能出现的灵感又恰恰是促成创新的重要推动力。它能帮助创新思维主体摆脱旧经验、旧观念的束缚，推动新思想、新观念的脱颖而出，灵感的出现在创新思维中起着关键作用。

其二，从科学认识的程序考察——灵感是科学推测的重要形式。科学认识的程序可分为两种不同的形式：一是累积，二是推测。前者的特点在于逐步建立和提高现有知识，缓慢而刻苦地获取资料；后者的特点在于利用智慧的闪光、思维的飞跃而推测新知识。这两种认识程序相辅相成，互为补充。当科学的认识程序仅发展到搜集材料阶段时，硬要跳过这个认识程序去凭空猜想、推测，必然不能做出正确的推论；反之，当科学的认识程序已发展到整理材料阶段，需要大胆猜想、推测时，还是停留在对感性材料的搜集和归类上，就不能深入认识这些材料的内在联系，同样不能做出科学发现。在从感性认识向理性认识上升的阶段，科学的猜想、推测具有十分重要的意义。

第五章 灵感：创新的非逻辑思维艺术

认识从感性向理性的飞跃，可以采取逻辑和非逻辑两种形式，逻辑形式即通过从确定前提出发，按确定逻辑规则进行逻辑推演而达到更高的认识阶段；非逻辑形式即以非逻辑思维形式——想象、直觉和灵感等为主要形式而达到新的认识阶段，获得新的认识成果。想象、直觉、灵感等非逻辑形式是一种探索性、发散性的越轨思维形式，它基于既有经验，又不受既有经验的束缚，是推动创新思维的一种重要形式。在科学探索的过程中，科学家往往先大胆地跳跃到某种猜测的结论，然后再去搜集证据，付之验证，求得真理性认识。即使在最简单的概括中，在最基本的一般观念中都带有一定成分的幻想。未知因素更多更复杂的科学理论，其幻想、猜测、想象的成分也就更大。

想象、直觉和灵感都是重要的非逻辑思维形式，其自由度和或然性很大，但打破思维定势，突破固定思路，促成创新的可能性也很大。它们都出现于常规思维的跳跃和逻辑思维的中断时；它们往往相辅相成、交叉渗透，并与逻辑思维形式一起发挥作用：或是想象诱发灵感或直觉；或灵感和直觉唤起活跃的想象，共同产生"顿悟"，推进创新；它们又不同程度地反映出无意识心理活动的水平，共同唤起隐藏在内心深处的无意识活动，从而对创新产生特殊作用。

而与想象、直觉相比，灵感对创新具有特殊意义，这是因为，在这三种非逻辑形式中，灵感的非逻辑创新性最明显。首先，与想象相比，灵感和直觉具有更明显的非逻辑性。（1）想象是可以在自觉意识控制下进行的一种积极主动的心理现象，灵感与直觉则不然，它们是不受自觉意识支配的。（2）想象虽然也不受逻辑程式约束，但与灵感和直觉相比，却又是与逻辑思维程序最接近的，如类比联想实际上就是类比推理的运用；而灵感和直觉则具有更强的非逻辑性。（3）想象是任何科学创造活动都不可缺少的一种思维形式，灵感、直觉则并非如此。在对科学家的调查报告中，从未有一项调查报告肯定100%的科学家出现过灵感或直觉，而任何科学家都肯定必须利用想象力才能有所成就。其次，与直觉相比，灵感又具有更明显的非逻辑性。灵感作为瞬时即逝的短暂思维过程，与直觉有重合之处。两者总是在顿悟的状态下相重合地出现。但灵感又与直觉的不同特点。灵感有三个主要特点，即引发的随机性、显现的瞬时性，以及伴随着的强烈的情感性。而直觉的特点恰恰在于认识的理智性，直觉的本质在于对客观规律的深刻认识或理解。爱因斯坦说过，直觉是"对经验的共鸣的理解"。可以说，所谓直觉，乃是创造者依据长期的经验积累，突然达到理性和感性的共鸣时而对当前问题之内在规律的深刻理解。直觉的诱因在于完全理智状态下的触发，而不是情感冲动的产物，不具有情感性，这是灵感和直觉的第一个区别。直觉的另一个重要特点是，创造者通常都对它所启示的问题答案之正确性抱有坚定信念，而灵感只是创造者对问题冥思苦索过程中所体验到的那种带有情感性的非逻辑创造理念,比直觉带有更强的或然性,然而却更具有创新思想的火花。在诗人兼哲学家席勒写给科纳的一封信中,曾针对科纳对写不出创造性作品的抱怨,指出:你抱怨的原因,在我看来,似乎是在于你的理智给你的想象加上了拘束。当观念涌来时,如果理智在它们的门口给予太多的检查,这似乎是一件坏事,而且对心灵的创作活动是有害的。孤立地看,一个思想可能显得非常琐碎或荒诞,但它的引进可能使思想变得重要,而且与其他看来也很离奇的思想连接起来,可能会形成一种非常有效的连锁。理智对一个个思想不可能下判断,除非它把那个思想保留下来直到足以把它和其他思想联系起来观察。让理智放松监督,观念就能乱七八糟地冲入,只有在这时候,它才能把它们作为整个集团来审看和检查。

其三,从科学发展模式看——灵感的激发推进科学革命。而且,灵感的激发与科学革命的进程在本质上是一致的。一是过程相似。科学的发展是从渐进到革命,从常规科学到非常规科学,在科学革命时期又经历从反常到危机,从危机到革命,由科学革命建立新规范并进入新的常规科学时期。这一基本发展进程正对应于灵感激发过程:由反常现象引出创造性课题,由陷入困境的循规思维造成诱发势态,由越轨触发信息点燃灵感之火花,引起创造性"顿悟"。二是机制相似。在科学发展的反常与危机阶段,科学共同体成员恪守旧的科学规范,使用循序渐进的传统形式逻辑思维方式,在常规思路中求解反常课题,而这一思维方式使他们陷入不能解脱的危机之中,同时也迫使他们用自觉或不自觉的越轨思维方式去寻求新的出路,从而引起科学革命。这种先正常循轨,后反常越轨的求解方式,正对应于灵感激发的过程:先是自觉循轨思维,直至走不通,苦思不得其解,然后自觉不自觉地越轨,触发灵感,捕捉新信息。

第二节 灵感思维的激发机制

一、灵感发生的基本原理与规律

灵感虽然"来无影,去无踪",往往"突如其来",但并非完全无规律可循。其实,从认识的规律、科学发现的规律是可以去探寻灵感激发的原理和规律的。对于灵感的激发过程,我们可从逻辑与非逻辑的统一、个体思维与外在环境的相互影响,以及潜意识与显意识的相互交融中探求。

(一)灵感是逻辑思维链条的"中断"——逻辑与非逻辑互补律

从逻辑与非逻辑的统一看,灵感是逻辑思维链条的"中断"。

灵感往往是在原来的习惯思路中断之后才产生的,或说是在按照固定思路进行长时期的沉思基本停止后才发生的。这里所说的"习惯思路"、"固定思路"即习常的逻辑思维,没有这种习常的逻辑思维作铺垫,灵感是不会发生的。对此,我们可从认识规律和脑活动规律两方面加以说明。

首先,根据认识活动规律,人的认识从感性阶段向理性阶段的飞跃,往往是逻辑与非逻辑的统一:既有遵循固定的逻辑通道,循序渐进,从感性认识水平向理性认识水平的跃进;又有突破固定逻辑通道,以超越常规的思路向高级认识阶段的迈进。两者相辅相成,互为前提和基础。对常规的超越必须以对常规的熟知为基础。有两种超越:一是没有基础的所谓"超越",这种超越貌似"思维火花",实质上却是"孩童式"美感,没有认识价值;二是建立在坚实逻辑基础上的创新成果,只有这种思维灵感,才是我们所需要的。从这一意义上说,灵感是在逻辑思维的"怀抱"中得以产生的。它的产生虽然本身不是对逻辑顺序的遵循,但我们并不能就此而否认其逻辑基础。

其次,根据脑活动规律,人的脑电波变化情况也有力地说明了灵感的产生与常规思维有着密切联系。人的脑电波有三种。第一种是慢波(alpha 节律),每秒 8～13 周(8～13c/s),是正常人闭眼休息时的脑活动节律。第二种是快波(beta 节律),每秒 14～30 周(14～30c/s),是努力工作时的脑活动节律。第三种是 theta 波,每秒 3～7 周(3～7c/s),是幻想状态或"微明"(the twilight state)状态的脑活动节律。以 theta 波呈现出来的幻想或微明状态,为时甚短。被试者要么经过短暂的幻想、微明状态而进入熟睡状态(转为 alpha 波),要么重新回复为清醒状态(转为 beta 波)。然而,这个短暂的时间非常重要。研究者在抓住被试者处于 theta 波的一刹那间,要他们报告主观经验,可以得到许多幻想的意象,这些意象完全摆脱了意识的控制,可以说,被试者在幻想状态中的思想是最为解放的。

Theta 波的呈现与灵感闪现、幻想出现有着密切联系。有一个实验以三位确有创造性的个体(物理学教授、精神病医生和心理学家)为对象,在他们有着创造性幻想的半睡状态时,实验者记录下他们的脑电波,据说有两人产生 theta 波的百分比很高,他们没有受到外在的刺激,反省时发现幻想的意象。另一人的 alpha 波的频率也由 9.5 周降低到 8.5 周,接近 theta 波。这个实验说明,theta 波的呈现与创造性幻想的出现有着密切联系。灵感的闪现与创造幻想的出现是同一类型的现象。因而,灵感的闪现与 theta 波呈现总是相伴随着。而 alpha 波的中断即"渐进过程的中断",伴随 theta 波呈现而来的就是飞跃。

上述灵感激发的原理揭示了灵感发生的一条基本规律——逻辑与非逻辑互补律。这条规律告诉我们:(1)灵感的发生依赖于思维过程中逻辑因素与非逻辑因素的多途径、多方面、多角度的联系;(2)灵感的产生需要基于长时间的酝酿、严密的逻辑推导和充分的准备,不是凭空的"跳跃"。

（二）灵感是外在机遇的启示——机遇启示规律

从个体思维与外在环境的相互影响看,灵感是外在机遇的启示。由外界偶然机遇提供的触发信息可以成为灵感、顿悟的激发机制。所谓机遇,是指由意外事件导致的科学发现或艺术创造,其基本特征是非预测性和非预料性。科学家或艺术家偶然间得到机遇的触发信息,可以加速思考进程,接通原来不畅通的思维,解决长期困扰的难题,或得到非预期的创新成果。

接种牛痘预防天花法的发明就是机遇激发创新灵感一例。天花曾经是严重危害人类生命的一种疾病。1718年,天花在英国流行,夺去了20万人的生命。就是侥幸存活的人,也在脸上留下了永久的疤痕。欧洲对天花一直没有办法。爱德华·琴纳是英国的一个乡村医生。他看到天花使无数孩子失去了生命,一直在寻找战胜天花的有效办法。有一次,琴纳去乡村行医,看到村里有许多美丽的姑娘,个个脸色红润,没一个是麻脸的。一打听,她们都是挤奶女工。挤奶女工为什么不生天花呢?经过仔细了解,他得知:牛也有类似天花这样的病,即牛痘。牛生牛痘时,症状与天花相似,也会传染给人。挤奶女工因为经常与牛接触,容易生这种病,只是不致命,而且一旦生过这种病,对天花就有了免疫力。琴纳从此得到启发,产生了接种牛痘预防天花的想法,经过试验,得以成功。这一发现,使人类战胜了天花,挽救了千百万人的生命。

科学史上,由机遇激发灵感的例子不胜枚举。

伦琴发现X射线时,正在做高真空放电试验。他当时使用氰亚铂酸钡来检测不可见的射线。但是没有想到这种射线会透过不透明的材料。完全是由于机遇,他注意到凳子上真空管旁的氰亚铂酸钡虽用黑纸与真空管隔开,却放出了荧光。他后来说:"我是偶然发现射线传过黑纸的。"

生理学家伽伐尼在做青蛙解剖实验时,无意把一只解剖后的青蛙放在静电机旁。在伽伐尼外出片刻时,有人用解剖刀触及蛙腿神经,并注意到蛙腿神经因此而收缩,同时发现神经收缩时静电机发出火花。通过对这一现象的深入研究,伽伐尼发现了电流。

惠比特曾说过这么一个故事:一次,他在试验新药磺胺吡啶时,发现接种了肺炎双球菌的实验鼠白天服药有疗效,但夜间无疗效。一天晚上,有人请惠比特吃饭,归途中他顺道去实验室观察实验鼠,在那里他漫不经心地又给实验鼠服了一次药。后发现夜间服药的实验鼠抗肺炎菌的情况比以往的实验鼠好。他无意中发现,这是夜间服药的疗效。他以此得到启示,在用磺胺治疗时,必须日夜服药,这样才能达到好的疗效。

机遇激发灵感是人类大脑思维过程中的一种突变现象。人类认识从感性到理性，可以通过两种途径：一是渐进的过程；一是突变的过程。后者是一种随机的、非连续的认知过程。灵感思维发生的一个显著特征就在于它的非预期的突发性，灵感的产生可以视为人类认识从感性到理性的突变，而这种突变的产生，需要一种激发因素，机遇正是这样一种激发因素。那么，机遇何以会成为激发灵感的因素呢？这可用人类认识的相似诱导性原理加以说明。机遇之所以能诱发灵感，主要原因就在于机遇提供的信息与思维主体思考的问题相似，正是这种信息内容和思考方式的相似性，接通了原来不畅通的思路，或给予创新主体以新的启示，从而诱导灵感的产生。

以上揭示的是灵感产生的机遇启示原理，它告诉我们，灵感的产生不是创新主体闭门造车的过程，而是与外界信息进行交流的过程，它是在外界某种信息的启示下，触发创新主体某种思路，引发认识的某种"突变"的过程。这就是灵感发生的又一条规律——机遇启示规律。这条规律除了告诉我们，灵感的产生需要外界机遇的激发外，还需要创新主体对灵感的有意识的捕捉。这就是说，机遇要产生效果，除了客观的因素（信息的相似性）外，还需要主观的因素，即创新主体处于激发状态的有准备的头脑。著名科学家巴斯德说过："在观察的领域中，机遇只偏爱那种有准备的头脑。"这句名言揭示出这样一条真理：机遇只能提供一种机会，真正起作用的是科学家对机会的把握。

机遇带给我们的线索尽管十分重要，但有时并不起眼，只有造诣很深，其思想满载着有关论据并趋于成熟的人，才能看到这些信息的意义所在。在科学史上，错过机会的例子很多。例如，在伦琴发现 X 射线之前，已有其他物理学家注意到这种射线的存在，但可惜并没有引起注意。在弗莱明发现青霉素以前，也有相当一部分科学家见到类似现象，但也未深入下去，让真理从鼻子底下滑过。达尔文的儿子在谈到达尔文时写道："当一种例外情况非常引人注目并屡次出现时，人人都会注意到它。但是，他（指达尔文）却具有一种捕捉例外情况的特殊天性。很多人在遇到表面上微不足道又与当前研究没有关系的事情时，几乎不自觉地，以一种未经认真考虑的解释将它忽略过去。这种解释其实算不上解释。正是这些事情，他抓住了，并以此为起点。"可见，"留意意外之事"应是科学家的座右铭。机遇虽不能制造，但可对之警觉。对机遇的发现基于观察力的培养。没有发现的科学家并非碰不到机遇，而往往是缺乏发现的才能。留意机遇——这是机遇启示规律给我们提出的一个要求。

（三）灵感是潜意识的显现——显意识潜意识融通律

从意识内部关系看，灵感的激发与潜意识的存在和诱发有关。灵感并非无中生有,而是有其认识基础的。其内容往往是人们先前并未意识到的认识内容——潜在的意识。灵感的激发正是这些潜意识的突现——转化为显意识。从这个意义上说,灵感是显意识与潜意识相互作用的结果。

奥地利精神分析学家弗洛伊德第一次完整地提出了无意识理论。他认为,人的意识可分为两个层次——显意识和无意识;无意识又可分为两个层次——潜意识与前意识,前者是被压抑的,或在实质上干脆说,是不能够变成意识的;后者虽然是潜伏的,但随时可变为意识。弗洛伊德认为,人的心理过程主要是无意识,意识的过程是由无意识过程衍生的。弗洛伊德把意识看作无意识的产物,把意识与无意识的关系比作流与源的关系:无意识是源,意识是由此而产生的流。"潜意识乃是真正的'精神实质'"。① 在弗洛伊德看来,组成意识的材料有两个方面:一是由感觉系统而来,源于外部世界;二是由精神世界内部而来,源于无意识。意识如果离开了无意识也就成了无源之水、无本之木。因此,对意识的研究必须联系无意识。在人类对自身意识研究的历史中,正是弗洛伊德首次明确地划分了意识与无意识的界限,强调了无意识对意识,乃至对人类整个精神生活或心理活动的重要性。

虽然弗洛伊德对无意识的论述有许多偏颇之处,诸如:颠倒了意识与无意识的关系;片面地把无意识理解为是由原始冲动、各种本能以及被压抑的欲望尤其是性欲所组成,具有原始性、非逻辑性、非道德性、非语言性,是不能为风俗、习惯、道德、法律所兼容而被压抑或排斥在意识之下的东西;但他对无意识的揭示确是具有划时代意义的。他第一次系统地揭示了潜存于人类精神王国中的无意识现象,发现和完善了前人关于无意识的设想并形成了精神分析学的理论体系,探索了无意识活动的特点、表现形式、对人类生活的影响及对人类行为的重要作用;从而开了在无意识层面系统研究人类非理性意识现象的先河,是对心理学、哲学的一个重大贡献。

确实,在人的思维王国中存在着一个无意识世界,它对人类的认识活动有着重要意义。人类意识依据其自觉程度的不同,可区分为显意识和潜意识(无意识)两种状态。显意识是人们自觉的、可控的、有目的的、可用言词表达的意识活动状态;潜意识或无意识则是具有非自觉性、非控制性、非语言性、随意和零散的意识活动状态。如果说,显意识以理性化为主要特色,潜意识或无意识则以非理性化为主要特色。内容包括:本能的欲望和反映、通过记忆而储存在脑海里的先前意识、未加注意和控制的情绪态度、在睡眠或梦境中自觉意识失控状态下的心理活动,以及因身心失常导致的病态的心理现象等。这种潜在的意识活动可分为潜知和潜能两种。潜知即潜在的观念知识;潜能即潜在的思维智能。潜知和潜能可以在一定条件下被提取

---

① 弗洛伊德.梦的解析.国际文化出版公司,1996.第447页

和调动,转化为自觉的显知和显能。而提取方式可以是有意识的,也可以是无意识的,灵感的触发可以被视为对思维个体潜知和潜能的无意识方式的提取。

灵感产生于无意识的诱发体现了显意识与无意识相互作用的规律——显意识潜意识融通律。这一规律揭示了灵感的产生并不神秘,它无非是存在于创新主体大脑中的一种意识现象,只不过先前未被主体自觉而感到突如其来。这一规律还揭示了:灵感的产生源于大脑整体思维功能的体现。人的意识不可能都浮现在显意识层面,人的神经活动是兴奋和抑制的对立统一,兴奋和抑制中的任何一面都可以引起或强化相反的神经过程,这就是两种神经活动的通融。长期的思维会在创新主体大脑皮层上形成连续的优势兴奋中心,但这种兴奋不会一直持续下去,当思维主体休息时,兴奋转化为抑制,此时,原兴奋中心的周围却由抑制转化为兴奋,从而极有可能诱发潜知和潜能,并激发出灵感。这说明,非自觉的灵感离不开自觉的理性思维活动,灵感正是在理性的显意识和非理性的潜意识的交融过程中产生的。

二、灵感思维的本质

以上揭示的触发灵感的基本原理和基本规律为我们展现了灵感思维的本质。

首先,既然灵感的产生离不开外在机遇的激发,灵感也是一种意识现象,说明灵感虽然"来无影,去无踪",但它同样是对客观世界的反映。潜意识虽然在形态上是不同于显意识的非理性的意识现象,但在本质上与显意识是一致的,都是大脑的机能,都源于客观外界(正由于此,潜意识的激发需要外在机遇诱导)。现代心理学、脑科学的实验一再表明,人们可以在潜意识水平上处理所见到的现象并能理解它。潜意识能阻滞来自客观世界的大量信息,而让经过选择的信息通向显意识;而曾经是显意识的活动,由于不断重复而凝固化、程式化和自控化,也会在非兴奋的状态下活动,成为潜意识,并随时可以通过无意识的方式被提取。从这个意义上说,灵感无非是一种正常的意识活动,其内容与一般意识活动的内容一样是人们对客体信息的概括、提炼、组合,并不是什么"神的启示","神灵附着"。灵感的产生完全可以用辩证唯物主义的认识论原理加以说明的。

其次,既然灵感的产生是逻辑与非逻辑的统一,是逻辑思维链条的中断,说明灵感思维并不是独立于抽象思维和形象思维的第三种独立形态的思维,而是抽象思维和形象思维的综合,是一种比单纯抽象思维或单纯形象思维更为复杂的综合性思维(用钱学森的话说,是一种立体思维)。从这个意义上说,灵感是凝聚化了的理智和情感的突发形式。其中,理智是抽象思维的主要特征。抽象思维通过对无限世界的有限把握,运用概念、判断、推理达到对客观对象的抽象把握,它始终是人类在理智指导下的冷静思考。情感则是伴随形象思维的主要特征。人类对客观对象的形象把握,自始至终离不开情感。灵感作为抽象思维和形象思维的交融,既体现了理智性,又体现了情感性。如把灵感思维说成是独立于抽象思维和形象思维的第三种思维形式,则势必一方面否定了灵感思维的基础,割裂了灵感思维同抽象思维和形象思维的联系;另一方面无疑夸大了灵感思维的作用。实际上,灵感是十分短暂的,任何思维成果都不可能在纯粹的灵感的作用下完成。很难设想,一部长篇小说或一首大型艺术作品的创作能在灵感的一气呵成下完成;也很难设想一个科学技术的发明创造能是单纯灵感的产物。英国数学家哈密顿对一个新数学解法发现的评价是:"这是15年辛勤劳动的结果。"可见,只有把灵感视为长期思维活动(包括抽象思维和形象思维)的结晶,才是合理的。

最后,既然灵感是抽象思维和形象思维、显意识和潜意识的相互交融的产物,说明灵感思维是一种高级的认识形式。其一,灵感涉及的课题一开始就是理性的升华,在灵感酝酿的过程中,创新主体的大脑已经经过一系列的归纳与演绎、分析与综合等判断与推理的过程,已经过长时期的逻辑思维;灵感的产生一般都在理性因素长时期的集聚、储存,达到思维饱和或超饱和之时,可以说,灵感的酝酿、产生一般都在认识活动从感性向理性飞跃的当口,是高层次的思维成果。其二,灵感思维是理性认识的一个重要组成部分。列宁指出:"智慧(人的)对待个别事物,对个别事物的摹写(=概念),不是简单的、直接的、照镜子那样死板的动作,而是复杂的、二重化的、曲折的、有可能使幻想脱离生活的活动;不仅如此,它还有可能使抽象的概念、观念向幻想(最后=神)转变(而且是不知不觉的、人们意识不到的转变)。"[①]在此,列宁揭示了,人类认识事物本质和规律的理性认识活动是形象与抽象、科学与幻想、逻辑与非逻辑的二重化过程。科学概念的形成,既包括自觉的显意识活动,又往往包括不自觉的潜意识活动;既包括判断、推理等抽象逻辑推导过程,又需要借助幻想、想象、直觉、灵感等非逻辑思维过程,在复杂的理性认识活动过程中,灵感也是一种重要的思维形式。它尽管不是必然存在于每一个思维个体中,但就人类整体而言,却是不可或缺的。

第三节 灵感思维的逻辑机制

一、激发灵感的认识论前提

灵感并非凭空产生,它是平时苦心经营,功夫到处而水到渠成;是经过千锤百

---

① 列宁.哲学笔记.人民出版社,1974.第421页

炼之后，熟能生巧而触类旁通。从认识论上分析，灵感是思维主体经长期的准备和积累而达到的质的飞跃，是思维中出现的看似不合逻辑、实质合乎逻辑，从而完全可以加以逻辑分析的现象。

从认识的过程分析，灵感的产生需要以量变做准备，是长期积累、艰苦探索的结果。人们认识客观事物，源于感性直观，但感性认识并不能触及事物本质，要真正认识对象，理解对象，把握对象规律性，必须经科学抽象，对感性对象作必要的逻辑加工，而且，这种科学抽象不是简单的、一蹴而就的，而是复杂的、迂回曲折的。这是因为，具体客观事物是多种矛盾的统一体，有多方面的规定性，而人不能一下子全面地把握客观事物，由于主客观条件的限制，人只能通过一个个概念、一个个范畴、一条条规律，有条件地、近似地、一个个侧面地把握事物的各方面本质，这种作为对一个个规定性把握的思维抽象，还有待于上升到全面把握事物整体本质的思维具体。从抽象上升到具体，不是对思维抽象的简单凑合、机械相加，而是一次飞跃，在这个飞跃的过程中，需要创造性思维。科学抽象的过程不是直线上升的过程，而是阶梯式的、曲折的过程，在这一过程中，当科学家冥思苦索、长期努力，使思维达到一定高度后，往往会遇到某种障碍而不能前进了，科学发现的本质就在于克服这种障碍。而对这种障碍的克服又往往不能单纯依靠程序化的逻辑推导，非逻辑的思维在此往往是必需的，灵感正是出现于这个当口上并促成创新的思维形式。可见，没有思维主体长期对一个个思维抽象的把握，没有思维主体对客观事物的知识的长期积累，不具备从抽象上升到具体的条件，有关对象整体本质的灵感是不会光顾的。灵感的产生是需要思维个体必备的知识条件的。在灵感产生之前，科学家实际上已经对自己所研究的问题作了反复思索，反复观察，存储了大量认识材料，并对这一问题的认识已经深化到相当程度，只有到这时，才能一触即发灵感，通往认识高峰。

周恩来同志曾经用"长期积累，偶然得之"八个字深刻地揭示出灵感产生的缘由。"长期积累"是灵感产生的基础和前提；"偶然得之"是"长期积累"的结果。没有"长期积累"的艰苦努力，就不会有"偶然得之"的灵感。溢水出盆、苹果落地等现象人人都能见到，但为什么只有在阿基米德、牛顿的头脑中才会产生浮力定律和万有引力的灵感，导致科学发现？这就得归因于个人的认识条件。没有必备的知识条件，再好的机遇也不会激发灵感。人脑犹如一个储存器，存储了大量关于认识对象的信息，灵感、想象等都是从这里产生的；没有这种存储，头脑空空，即使生理机制健全，灵敏机智，一切精神活动，包括显意识的和无意识的，都不会发生。黑格尔曾经讽刺那种单凭灵感，不从事艰苦工作的人："单靠心血来潮并不济事，香槟酒产生不出诗来；例如马蒙特尔说过，他坐在地窖里面对着六千瓶香槟酒，可是没有丝毫的诗意冲上他的脑海里来。同理，最大的天才尽管朝朝暮暮躺在青草地上，让微风吹来,眼望着天空,温柔的灵感也始终不光顾他。"①

发明家爱迪生在总结自己的成功经验时说过:"发明是百分之二的灵感加上百分之九十八的血汗"。这是他坚韧不拔、奋斗一生的写照和科学总结,也是对灵感得来的最好说明。无数事实无不证明,没有"空穴来风"式的灵感,任何灵感的产生都是艰苦劳动的结果。

二、激发灵感的实践基础

灵感的产生除了需要个体具备必要的知识基础外,还需要具备必要的社会条件。这是因为:

第一,人类的智力是随着社会实践的发展而发展的,而一定历史阶段的实践,即社会产发展的水平、社会变革的规模,总是有限的,因此,人的认识也总是历史的、有限的。人们在一定实践条件下只能达到一定的知识文化水平,每个人都要受到他所处的历史条件的制约。当人们处于手工生产的小生产时代时,不可能有现代的科学知识;只有有了现代化生产基础,才有可能产生现代科学技术知识;然而,现代人仍然受到科学技术条件的限制,对自然界的认识和理解也还是有限的。这就是说,人们的自然知识无不打上时代的烙印。对于历史科学的知识而言,这种社会历史条件就更明显。因为历史科学的对象本身就是在社会实践中产生和发展起来的,只有达到一定阶段时,对象本身的矛盾才能充分暴露。例如,尽管原始社会末期已经出现了商品交换,但要充分揭露商品生产矛盾的本质,不仅原始社会末期不可能,奴隶社会、封建社会也不可能;只有到了资本主义社会,经过马克思的科学研究,商品生产的矛盾才被充分揭露出来。而社会主义商品生产,就是到今天也还未充分认识清楚,其中一个非常重要的原因就在于社会主义商品生产本身的矛盾暴露还需要一个长期的过程。思维科学也是历史的科学,要揭露思维的矛盾,也要受对象(思维本身)历史发展的限制。人类的思维只有发展到一定阶段,其矛盾才能得以揭露,而且,这种揭露必然是不断加深、不断发展的,不能期望一门思维科学在一个有限的期间就达到完成状态。任何科学都只有到历史条件成熟时才能达到其完成状态。因此,关于一门达到完成状态的科学的灵感的出现都不是无条件的,都只能是历史的产物。

第二,我们说过,灵感往往出现于人类认识由抽象上升到具体的当口,灵感的出现将促成揭示思维对象整体本质的思维具体的形成,也就是说,灵感是促使人类认识进入辩证思维阶段的一个环节。而人类认识进入辩证思维阶段,无论从个人

---

① 黑格尔. 美学. 第 1 卷. 人民文学出版社,1959. 第 354 页

思维还是人类总体思维来说，都是有条件的。从人类思维总体来说，一个较成熟的思想，如科学创造和哲学成就，总是在批判总结前人成果的基础上产生的。只有在生产力、科学技术发展到一定水平的历史条件下，这种批判总结才有可能，人类认识才有可能进入辩证思维阶段。如达尔文进化论的诞生同当时胚胎学和古生物学的充分发展密切相关，同有条件地批判总结前人进化论思想密切相关。为什么在达尔文以前时代，生物学家没有出现"生存竞争，适者生存"的灵感，除了本人条件外，更重要的原因在于当时不具备相应的历史条件。而一旦历史条件具备，不仅达尔文，即使其他科学家，也有可能产生相似的灵感。在达尔文进化论诞生的同时，另一位生物学家华莱士在病中阅读马尔萨斯人口论理论时，也出现了"适者生存"的想法，发表了与达尔文观点一致的论文。这充分说明灵感产生的社会历史条件的重要性。就个人思维而言，对一个事物的认识，也只有在有条件批判总结前人的认识成果之后，才有可能达到对这一事物的较为全面的辩证认识。因此，一个科学家能否成为一个时代的代表，能否提出一个具有里程碑意义的理论体系或具有重要意义的创新成果，主要原因在于前人是否为他做好了充分的铺垫，提出这一理论成果的历史条件是否具备。无论是牛顿、达尔文，还是爱因斯坦，无不如此。

可见，我们在分析灵感产生的依据时，千万不能忽略其社会实践。

三、灵感的逻辑整理

灵感在创新思维过程中起着非常重要的作用，但创新成果的获得与巩固又不能仅靠灵感，灵感的作用仅在于提供启示。这是因为，灵感所依据的，毕竟只是事实链条中少数几个环节。尽管可能它在总体上把握了事物的本质，具有真理的火花，但在细节上一般还很粗糙，还有许多空白点，其思想成果往往是片断的、模糊的、缺乏清晰的条理，也未能有准确的语言、文字和公式表达，还有待于接受实践检验和修正，有待于经过逻辑的加工和整理，才能转化为科学理论。因而，严格的科学家并不满足于一时的灵感。在灵感出现后的一段时期，他们继续努力探索，艰苦劳动，丰富、完善着自己的科学创见，直至完成严格的逻辑论证和实践检验，构建出完整的科学理论成果。

爱因斯坦曾经向他的朋友叙述过狭义相对论创立时的情景，他这样写道："我躺在床上，对那个折磨我的谜（指对同时性的绝对性的怀疑）似乎毫无解答的希望，没有一线光明。但，黑暗里突然透出光亮，答案出现！于是我立即投入工作，继续奋斗了五个星期，写成《论动体的电动力学》的论文，这几个星期里，我好像处在狂态里一样。"爱因斯坦这里所说的"狂态"，正是指他艰苦地思索、计算、论证的一种表现形态。没有这五个星期呕心沥血的劳动，爱因斯坦头脑中闪现的灵感再美妙,也不会成为有价值的科学成果。科学家创造性思维的可贵之处,就在于他们善于抓住灵感的契机,一鼓作气,穷追不舍,直至取得丰硕成果。

没有经过逻辑加工的灵感是不可靠的,猜测性、或然性是灵感的显著特征,而且其中难免有错误之处。美国化学家普拉特和贝克曾就"你是否得益于直觉(即灵感)"等问题对化学家进行调查,在232份交回的调查表中有33%的人说经常,50%的人说偶尔,17%的人说从未得益于灵感,但只有7%的人说得到的灵感一贯正确,有几位著名科学家甚至说他们的大部分灵感都是错误的,而且全都忘了。这一调查结果充分说明了灵感的或然性。

要克服灵感的不足,提升、完善灵感提示的成果,必须进行逻辑分析。逻辑分析的作用在于:(1)为灵感启示的结论提供充分论据;(2)围绕灵感启示的结论建立严密的逻辑、数学推导;(3)构建必要的理论体系;(4)整理思维成果,用精确的公式、清晰的语言、准确的文字把成果表达出来。在逻辑分析之后,还必须把由灵感得到的成果付诸实践。只有经过实践检验的思维成果才能成为科学真理,未经实践检验的成果至多是一种假说。

在对灵感进行逻辑分析和实践检验时,既要遵循必要的逻辑规则和已有的科学真理,又不能拘泥于传统的理论和观念,要敢于解放思想,不固守条条框框,不要让过强的传统磨灭创造性的思想火花。在科学史上,由于因循守旧而在创新面前裹足不前,最终徘徊倒退的人并不少见。普朗克在提出量子概念之后,曾经花了十几年的时间,企图把量子论归入到经典力学的范畴里,用经典统计理论去解释量子,但最终被证明是枉费心机。因而,在对灵感作逻辑分析时尤其要保护创新的思想火花,不要轻易扼杀。

第四节 诱发灵感的方法

如上所述,灵感的产生具有很大的偶然性、非预期性,"来无影,去无踪";但灵感的激发又是有规律可循的,因此,尽管我们不能预测灵感的到来,但还是可以依据灵感的激发规律,有意识地酝酿、培育灵感,为灵感的到来而做一些铺垫,创造一些条件。总结古今中外诗人、文学家、艺术家、科学家的科学发现、艺术创造以及技术发明的经验,尽管各人的情况不能雷同,但以下几点原则却是共同的。

一、锲而不舍的精神

我们说过,灵感的产生是"长期积累,偶然得之"。"长期积累"即奠定灵感产生的基础条件——思维主体对思维材料的长期的探索和积极的思考。因而,对所研究的课题的锲而不舍的钻研精神,是激发灵感的首要条件。根据许多科学家总结的经验,有助于灵感产生的条件主要包括:

其一,对问题要有强烈的研究兴趣和强烈的解决问题欲望。为解决问题,可以达到废寝忘食的地步。灵感出现于思考者对研究问题的下意识思考,而对问题下意识思考的必要条件是先对这一问题连续数日不停顿地自觉思考,把所研究的问题置于头脑中的主导地位。没有对研究课题的高度热忱是做不到这点的。诚如著名作家丁玲所说:创作"灵感从哪里来?就是从长期对生活,对社会的态度而来,从作家和人民的关系中而来。"丁玲这里所说的研究态度,正是研究者研究兴趣、热情和动机的体现。

其二,对问题和积累的资料进行长时期的钻研,直至达到思想的饱和甚至超饱和。对课题的研究要达到深广性和流畅性。深广性指,搜集的信息要广,知识面要宽,相关的联想要丰富,研究力度要强,思考要深刻。流畅性指,思想要敏捷,思路要畅通,要达到出神入化的境界。

其三,全神贯注,全力以赴,一旦发现突破难点的线索,穷追不舍,迅速将思维活动和心理活动同时推向高潮,并力求向纵深发展,有不获成果,誓不罢休的顽强意志。千万不能为私生活的烦恼所干扰,或为其他琐事所分心,尤其不能"三天打渔,两天撒网"。据记载,有不少科学家、发明家和艺术家都具备这种穷追不舍的研究精神。郭沫若说过,有的诗人一旦诗兴上来,急忙跪到书桌旁,奋笔疾书,连将斜横着的纸摆正的时间都没有。鲁迅先生也说过,当他写作兴致上来时,往往废寝忘食,别人喊他也不答应。古希腊科学家阿基米德甚至在敌人的利剑逼到他眼前时,还依然坚持写完他瞬间顿悟的数学公式。他对敌人大喊:"给我留些时间,让我解完这道题。"

其四,对研究课题执著、坚定,不为挫折气馁,不为困难压倒,不轻易放弃,有顽强拼搏的精神。美国大发明家爱迪生为发明电灯,竟试验了2000多次才获得成功。短暂的灵感是以长期的艰苦的努力为前提的,没有不畏艰险、坚持不懈的刻苦钻研,灵感是不会光顾的。

二、一张一弛的方法

多数人发现,在紧张工作一段时间以后,暂时放下手中的工作,放松一下情绪,更容易产生灵感。一般说来,灵感大都是在紧张思考活动之后转入某种精神松弛状态时出现的。古人曰:"张而不弛,文武弗能也。弛而不张,文武弗为也。一张一弛文武之道也。"有意识地运用这一张一弛的文武之道,有利于激发灵感。

根据一张一弛的文武之道，有人提出了激发灵感的"问题搁置法"。从心理学的角度分析，搁置问题就是将思维放松一下，当然，问题搁置并非放弃，而是调整思维，转换思维空间，调节大脑皮层兴奋与抑制之间的关系。这样做有利于提高大脑工作效率。因为，对一个问题思考久了，沿着一个思路穷追不舍，容易死钻牛角尖而不能自拔，让思维放松一下，去接触一下其他问题，置换一下新的环境，调整一下思考角度，然后再回到原来的课题上，这样有利于拓展思路，解决问题。这已为许多人的实践所证明。

放松思维、搁置问题的方法很多，主要有：

1. 睡眠休息

有些人认为，灵感经常发生在轻松休息时，诸如乡间散步、沐浴、剃须、上下班的路上等。有人觉得躺在床上休息时最容易得到灵感。在科学研究、文艺创作和技术发明中，靠做梦解决问题的事例屡见不鲜。据说，荷兰后期印象派画家焚高说："画的构思多在梦与醒之间出现。"著名奥地利作曲家莫扎特有一次在一辆行驶的马车上打盹，突然间，一首全新的音乐作品展现在他脑海中。生物学家华莱士发疟疾躺在病床上时想到了进化论中自然选择的观点。爱因斯坦也说他有关时空的奥秘有些是在病床上想到的。坎农和彭加勒都说过躺着睡不着时产生了出色的设想。歌德认为早上睡醒后平静的几小时内最有利于新发现。司各特写信给朋友说："我的一生证明，睡醒和起床之间的半小时非常有助于发挥我创造性的工作。期待的现实，总是在我一睁眼的时候大量涌现。"有位大工程师布林德每当遇到难题时干脆一连几天睡大觉，直到解决为止。德国生理学家赫姆霍兹说，他的一些巧妙的设想，往往产生于一夜酣睡后的早上，或是天气晴朗缓步攀登树木葱茏的小山时。还有的科学家认为，灵感出现的最理想时间，是躺在澡盆里的时候，或工作完毕后，坐在椅子上任思绪遐想的时候。研究表明，一个人身心进入似睡似醒，思维放松状态时，脑电波进入一种特殊的波长状态，致使人在昏沉中带有清醒，清醒中夹带着昏沉，使人既非完全清醒，又非完全进入梦乡。潜意识与显意识的交融最活跃，出现灵感的机会最多。

2. 娱乐活动

娱乐活动有利于灵感的激发。其根据在于灵感的激发往往是潜意识的显现，而潜意识主要潜藏于右脑，通过娱乐活动活跃右脑，是提取潜意识，促进灵感发生，启发创新的好办法。诺贝尔奖获得者伦琴不仅是爬山的好手，还是一个出色的猎手。爱因斯坦不仅爱好拉小提琴，还爱猜谜语。日本发明大王中松义郎专门为自己准备了两间房子，一间挂满山水画，一间放置了音响设备，每当他苦思冥想几个小时后，聆听一会儿音乐，欣赏一会儿山水画，在艺术享受中产生许多奇妙的构思。

他一生中硕果累累,获得2000多项发明专利。这不能不与其善于通过娱乐诱发右脑有关。

3. 轻松交谈

激发灵感的条件之一是外在信息的诱导。因而,有人提出激发灵感的"寻求诱因法",指寻求能够诱导灵感发生的相关信息。与别人接触、交谈是一种经常运用的"寻求诱因法"。量子物理学家海森堡有一句名言:"科学植根于讨论。"灵感的出现常常在与别人(同行或外行)进行讨论时;写研究报告或做有关的演说时;阅读科学论文,尤其是在读与自己观点不同的论文时。以玻尔为代表的哥本哈根学派的一个研究方法就是导师和学生无拘束地开展讨论,畅所欲言,鼓励发表不同意见,正是在这种热烈的讨论过程中激发了许多创见,推动了学科的发展。

三、珍惜时机的技巧

灵感像个精灵,来也匆匆,去也匆匆。对这种稍纵即逝的灵感,必须随时跟踪记录,方能捕获。捕捉灵感的一个有效方法是随身携带纸笔,及时记下闪过脑海的创见。诺贝尔、达尔文、爱迪生、爱因斯坦、米丘林及作家契诃夫等都是留心捕捉灵感的人。他们都随身携带着笔和小本子。列·托尔斯泰曾幽默地说他有一个贮藏万物的"百宝囊",这个"百宝囊"里最有价值的瑰宝,就是创作灵感。爱迪生习惯于记下想到的几乎每一个意念,不管这个想法在当时看来怎样微不足道。

正是这些随时记下的创见,可能导致伟大的科学发现。诺贝尔有一次在笔记本上记下了这样的话:"硝化甘油液从容器里一滴一滴地掉在沙地上,随即凝结起来。"后来在研制炸药时,碰到硝化甘油运输中容易发生爆炸的难题。正困惑不解时,他受到笔记的启发,想出把硝化甘油注入沙里的办法,成功地解决了难题。达尔文在阅读马尔萨斯人口论时出现了"生存竞争,适者生存"的灵感,他及时记下,后经长时期研究,写成了流芳百世的伟大著作《物种起源》。

四、镇定乐观的情绪

镇定乐观的情绪也是激发灵感的一个重要条件。要排除三种不利因素:中断、烦恼、身心疲劳。中断会破坏思维的连续性,降低思维效率;烦恼会破坏情绪,影响状态;身心疲劳会起干扰作用,影响创新思考的进行。保持镇定乐观的情绪的一个重要途径是"养气虚静",即进行良好的修养。"清和其心,调畅其气",使其心情舒畅,思路清晰。通过"养气虚静",陶冶情操,诱发灵感。刘勰《文心雕龙·神思篇》曰:"陶钧文思,贵在虚静"。通过"虚静"达到自觉排除内心一切杂念,使精神净化,集中全部精力于高度紧张的创造构思中;通过"养气"使主体思维达到主客观、潜意识和显意识融合的最高境界,从而为灵感的激发创造最佳条件。

要养成镇定乐观的习惯,形成一定的生活、工作规律。这是提高工作效率的最好办法。许多伟人都是这方面的典范。如恩格斯、达尔文每天的工作时间,都有良好的节奏和规律,不轻易改变、破坏。恩格斯的日程大致是:吃过早饭后,阅读报刊杂志,处理来往信件。午饭后,到附近的丘陵地或公园去散步。接着开始工作,中间用一小时左右吃晚饭并稍事休息,直至深夜两点。达尔文的时间安排为:早晨起床后散步,8 至 9 时工作,然后读书、写信。10 至 12 时继续工作,中午散步。午餐后接着看报、写信、休息。下午 4 至 5 时半工作,然后休息、读书、看各种资料。① 正是这种相对稳定的工作、生活规律,有利于养成镇定乐观的情绪,保持一定的工作节奏感,提高了工作效率。

---

① 见:刘奎林.灵感:创新的非逻辑思维艺术.黑龙江人民出版社,2003。第 260~261 页

第六章

创新思维：通向成功之路

创新思维是知识创新的源头，是科技创新的动力，也是教育创新的宗旨和制度创新的前提。知识创新依赖于知识主体的思维创新；科技自主创新的关键在于具有创新思维素养的科技人才；而基于创新思维的观念创新是实现制度创新的前提，也是发展创新教育的根本宗旨。总之，创新思维是通向成功之路。

第一节　知识创新的源头

一、知识经济与知识创新

知识经济的脚步已遍及全球各个角落。这一全新的经济形态将引发21世纪人类社会一场新的革命。

21世纪的经济是世界经济全球化条件下的经济，是以知识决策为导向的经济。知识经济的悄然兴起，可以说是一场无声的革命，对人类经济社会活动的各个领域，对现有的生产方式、生活方式、思维方式等正在和将要产生重大的影响。

首先，在知识经济为主导的时代，国际的竞争是科技实力尤其是高科技发展水平的竞争。科技对经济发展的推动作用将日益凸显。邓小平同志早就提出了富有真理性、预见性的"科学技术是第一生产力"的论断，为我们依靠科技、发展知识经济做了必要的思想准备。1997年，党的十五大报告进一步强调指出："要充分估量未来科学技术特别是高技术发展对综合国力、社会经济结构和人民生活的巨大影响，把加速科技进步放在经济社会发展的关键地位，使经济建设真正转到依靠科技进步和提高劳动者素质的轨道上来。"十六大报告则再次强调了"实施科教兴国和可持续发展的战略"。近年来，科教兴国战略的实施为实现国家强盛注入了持久动力，也指明了我国发展知识经济必须把握的基准点。

其次，知识经济的兴起，使知识上升到社会经济发展的基础地位。知识成了最重要的资源，"智能资本"成了最重要的资本。国家的富强、民族的兴旺、企业的发达和个人的发展,无不依赖于对知识的掌握和创造性的开拓与应用,而知识的生产、学习、创新,则成为人类最重要的活动,知识已成了时代发展的主流。

再次,知识经济的兴起,凸现了创新人才的重要性。目前,国力的竞争归根结底是人才的竞争。这是因为,创新是知识经济的内核。"创新"将成为进入21世纪国际经济竞技场的"入场券",谁能抢占创新的制高点,谁就是21世纪的主角。而创新的主体是人。无论科技的创新或经济增长方式、生产方式、生产力的创新,都是人去实施的。

总之,知识经济的兴起将知识、人才提高到重要地位,知识创新、创新人才的培养,成为推动知识经济发展的主要动力;以知识为基础的现代科技创新成为知识经济发展的主要途径。

知识创新在知识经济中的重要地位可从以下诸方面体现出来。

第一,从社会生产方式变革的动力看,以知识经济为基础的知识社会的形成是知识革命的结果,而知识革命的实质是知识创新。

知识在人类社会进化的过程中始终起着重要作用,只是在漫长的前工业时代,人们对知识的作用并未引起足够重视,直到近代,人类社会跨入现代化时期,知识的作用逐渐凸现出来。人类文明进程呈现明显的周期加速性。农业时代大约持续5800年,工业时代大约210年,知识时代大约130年。文明进程的加速性与知识创新的加速性成正比。农业时代知识创新速度缓慢,知识对经济增长的作用不显著;工业时代知识创新速度加快,知识对经济增长的作用日益显著。知识时代知识创新引发"知识大爆炸"。在刚刚过去的20世纪,人类知识增长速度从世纪初的每30年翻一番加速到世纪末的每5年翻一番。有学者认为,如果说,从农业文明向工业文明、农业经济向工业经济的飞跃过程是人类社会经历的第一次现代化;那么,从工业经济向知识经济、工业文明向知识文明的转变则是人类社会的第二次现代化进程。[①] 知识对社会生产方式的变革作用,在人类进入现代化时期后开始明显,但是,在第一次现代化时期,知识的作用还只是初露端倪;知识真正对社会发展起决定作用的时期则是人类进入第二次现代化时期。

美国未来学家托夫勒曾经指出,推动人类社会从渔猎时代转变为农业时代的动力是农业革命,推动人类社会从农业时代转变为工业时代的动力是工业革命,推动人类社会从工业时代转变为超工业时代的动力是超工业革命。在此,我们完全可以把托夫勒所说的"超工业革命"理解为"知识革命",因为,托夫勒所说的"超工业时代"即"信息时代",也就是我们说的"知识时代"。这就是说,知识革命是第

---

① 何传启.第二次现代化——人类文明进程启示录.高等教育出版社,1999.257页

二次现代化的根本动力。而这里所说的知识革命,正是知识创新。具体内容包括:(1)新知识的成倍增长,表现为现代科技知识的革命;(2)知识的迅猛传播,表现为信息革命;(3)知识应用的空前广泛,表现为学习方式的革命。正是这些知识形态的革命推动着人类生产方式的变革:作为非物质形态生产的知识生产超越了物质形态生产,导致知识生产方式的崛起。科学发现、技术发明、知识创造的种种知识生产产品的价值远远超出了物质产品。

第二,从知识创新与经济增长的关系看,在知识经济时代,知识对经济增长起着决定性作用。

知识创新对经济增长的作用随着人类文明程度的提高而增强。在长达200多万年的原始社会,谈不上严格的知识创新,即使有某些零散新知识的获得,也是极其偶然的,对经济发展的作用微乎其微。在漫长的农业社会,知识创新的速度是极其缓慢的,新知识传播的速度也是极其缓慢的,科技的不发达导致知识对经济发展的作用并不显著。到了工业社会,知识创新速度加快,新知识应用和传播速度也加快,知识对经济增长的作用日益明显。在知识经济时代,知识将成为经济发展和社会进步的根本动力,知识的创新、传播和应用将成为经济增长的主要方式、力量源泉。知识增长决定着经济增长。

诺贝尔经济学奖获得者刘易斯认为,经济增长的三个直接因素是:经济活动、知识积累和资本积累。[①] 知识的积累包括知识的创新、应用和传播。在此,我们可以广义地理解这些影响经济增长的因素,我们可把经济活动理解为构成特定阶段经济活动的一切社会要素,诸如:生产者要素、生产资料、生产对象、经济制度等;可把资本看作用于生产的资金;可把知识积累看作包括科学发现、技术发明和教育的发展等。

无疑,上述这些要素为任何社会经济增长所必需;但是在不同的社会历史时期,这些要素的作用是不同的。在农业社会,农业生产占主导地位,农业生产是以家庭或庄园为基本单元的自给自足的小农经济。农业社会的绝大多数劳动力从事农业生产,生产规模的扩大主要取决于人口的增加,人口的变化是农业经济增长的关键因素。劳动力的增加,必然带来开垦土地的增加,因此,土地的增加也是影响农业经济增长的一个关键因素。当然,劳动生产力水平的提高也是推进农业经济增长的一个不可缺少的因素,而提高劳动生产力水平,离不开知识创新,因而,知识创新在农业经济增长中也起着作用(如灌溉技术的发明、农耕方法的创新、运输工具的更新、指南针、火药、印刷术的发明等都对农业经济的增长有影响);但是,在农业社会,知识创新及其新知识的运用速度是相当缓慢的,知识创新对农业经济的作

---

① 何传启等.知识创新.经济管理出版社,2001.第124页

用也是不显著的。

在工业社会,情况发生了变化。工业社会是以创造商品价值为主要目的的社会。因此,资本的积累是经济增长的关键。20世纪50年代以前,在西方经济学理论中,把资本积累视为工业经济增长决定性因素的"资本积累理论"一直占主流地位。这种理论认为,经济增长决定于投资规模和资本生产力(资本生产力即指每单位资本生产的产出);而投资来源于储蓄,因此,储蓄率也是经济增长的一个关键因素。同时,商品生产需要使用劳动力,取决于人均产出,因而劳动力的增加也是一个重要因素。随着现代化程度的提高,工业经济中技术进步的作用越来越显著,因此,20世纪50年代以后,"技术进步理论"逐渐占上风。这种理论认为,在影响经济增长的三种因素——劳动投入、资本投入和技术进步中,技术进步的贡献超过了劳动投入和资本投入的贡献。据统计,从20世纪50~60年代起,西方工业化国家技术进步的贡献已经超过了劳动投入和资本投入贡献的总和,如法国技术进步对经济增长的贡献达到了73%。[1] 技术进步的本质是知识创新传播及其应用。正由于此,熊彼特首先把"创新"作为经济发展的源泉。[2] 这说明,同农业社会相比,知识创新对经济增长的作用显著得多,它在经济增长中的地位也重要得多。尤其是在20世纪50年代以后,知识创新日益成为经济增长的主要推动力。但与知识经济时代相比,知识创新在经济活动中的地位还有相当差距。

在知识社会,技术进步对经济活动的影响最大,知识成为经济增长的决定性因素。从20世纪50年代以后,西方发达工业国家开始进入信息时代,知识经济初露端倪。与此相应的一个事实是,技术进步在经济增长中的贡献率越来越大。据统计,在1960~1985年期间,美、英、德、法四国技术进步的贡献率提升至50%~87%;而资本的贡献率下降至23%~27%[3]。同时,人力因素对经济增长的作用也得到更加重视,出现了重视人力资本开发的"人力资本理论"以及综合技术进步理论和人力资本理论的新增长理论,新增长理论强调知识积累和内生增长。对于知识在信息时代(即知识社会)的重要作用,许多学者都有论述,如丹尼尔·贝尔的"中轴原理"(以知识理论为轴心的原理);奈斯比特的大趋势理论(提出:知识产业市一种现实的生产力)等。

在人类文明的发展进程中,知识创新呈加速度发展趋势:几千年农业社会的知识创新超过几百万年原始社会的知识创新;几百年工业社会的知识创新超过原始社会和农业社会知识创新的总和;知识社会的创新又将超过以往所有历史时代知

---

[1] 何传启等.知识创新.经济管理出版社,2001.第121页
[2] 熊彼特.经济发展理论.商务印书馆,1990年
[3] 何传启等.知识创新.经济管理出版社,2001.第135页

识创新的总和。随着经济时代的演变,知识创新在经济增长中的作用也日益显著。

第三,从社会经济结构和产业特征看,知识经济时代是知识产业占主导地位的社会。

知识创新之所以能够成为知识经济时代经济增长的决定性因素,同知识产业成为知识社会占主导地位的产业有关。

一般而言,人类生活有三大需要:物质、精神(知识)和服务。相应地,人类社会的产业部门也可分为三大类:物质产业部门、知识产业部门和服务产业部门。农业社会占主导地位的农业产业和工业社会占主导地位的工业产业都可归为物质产业部门。随着知识经济的到来,知识产业逐渐成为占主导地位的产业。这一特点从20世纪末就开始显现。其一,发达国家的经济特点发生了变化。高技术产业、信息技术产业发展较快,经济活动中知识的作用日益提高,知识经济(以知识产业部门为基础的经济)迅猛发展,物质经济(以物质产业部门为基础的经济)比例日益下降。其二,社会需求发生了变化。在物质需求基本满足后,人们的精神需求(如教育、健康、文化、娱乐等的需求)日益增加。其三,主导产业发生了变化,知识产业替代物质产业成了主导产业。

表6-1 产业结构变化的历史比较①

发展阶段	产业特征	特点	变化的原因
原始社会	采集、捕鱼、狩猎知识服务	采集食物为主	自然条件、人口压力
农业社会	种植、畜牧、渔业手工业、商业服务、知识生产	农业生产占主导地位,变化缓慢	人口压力、自然资源、知识创新
工业社会	农业、工业、服务业	工业生产占主导地位,主导产业不断变化	生产力提高、知识创新、社会新需求
知识社会	物质产业、知识产业、服务产业	知识产业占主导地位	知识创新、生产力提高、社会新需求

社会产业结构的演变有其内在规律,并与生产力发展水平相适应。知识创新、生产力提高和社会需求的变化是产业结构变化的推动力。其中,知识创新的作用从不显著到愈益显著,体现了经济特点的变化,经济水平的提高。

二、知识创新的基本特征与规律

知识创新是指首次发现、发明、创造或应用某种新知识。知识创新的"新"指

---

① 何传启等.知识创新.经济管理出版社,2001.第83页

知识产权意义上的新，即在原理、结构、功能、性质、方法、过程等方面的根本性变革。仅仅在地理意义上的"新"，如从国外引进一种国内没有的新技术，这不算真正意义上的知识创新，因为这不是首次技术创新，仅仅是一种地理意义上的转移。

知识创新有广义和狭义之分。狭义的知识创新指专门从事知识创新的团队、机构或个人进行的知识创新，如科学院、高校、企业和政府的研究所等进行的知识创新，内容主要以科学知识创新、技术知识创新和理论知识创新为重点。国家对这种知识创新往往配备专门的人员、投入专项基金、设置专门课题、有专门的考核指标，有专项计划和目标，因而也称职业性知识创新。广义的知识创新指非专门从事知识创新的团队、机构或人员在自己的工作岗位上，结合自己的工作或业余进行的知识创新，如企业员工依据自身积累的经验进行的技术创新、一般医务人员根据自己的临床经验对医学理论的创新等，这种知识创新面广量大，创新主体不是知识创新专职人员，因而也称非职业知识创新，或社会知识创新。

作为知识创新，不管是广义还狭义，无不具有如下基本特征：

第一，探索首创性。知识创新既然是首次发现、发明、创造或应用的某种新知识，是在全球范围内的首创，其首创性当然不言而喻。首创性必然伴随探索性。因为是首次发现、发明、创造或应用，势必无先例可模仿，无现成的路可走，无现成的方法可借鉴，只能在摸索中前进，在开创中探索。

首创探索性决定了知识创新的过程是必然性和偶然性的统一。一方面，知识创新的首创探索性决定了这种探索可以有收获也可以无收获，可以成功也可以不成功，探索的结果具有不可测性，探索成功的时间、方向也具有不可测性：有时得到的不是所期望的，所期望的不一定能得到。知识创新的过程充满着偶然性。但另一方面，知识创新总是有逻辑规律可循的，在看来偶然所得的背后，总隐藏着创新主体的艰难认知的过程，知识创新成果的获得，总是符合人们的认识规律的。

第二，自主开放性。知识创新的自主性由其首创性所决定，知识创新既然是首创的，就必然是由个人或团队独立自主完成的；同时，知识创新是一种精神生产，精神生产也只能是自主的生产。知识创新的自主性表现为：(1)知识创新的过程是主体自主地发挥自己精神创造能力的过程；(2)知识创新过程中创新主体往往自主地运用精神生产手段加工对象。

知识创新又是一个开放的过程，具有开放性。表现为：(1)创新主体之间的相互开放。知识创新的许多课题往往需要不同科学部门、不同专业的个人的交流、协作、协同攻关才能完成。随着现代科技的发展，现代化生产社会化程度的提高，学科间的渗透和交叉，这种创新主体间的协作规模将更大，因而创新团队、机构、个人之间的开放性越来越重要。这种开放性将直接导致知识创新的国际化网络化，从事知识创新的科学家将更多地在国际化和网络化的开放性环境中相互竞争、交流与合作。(2)创新主体与社会环境之间物质能量交换。知识创新不仅需要创新主体间的交流,而且需要创新主体与社会环境之间的信息交换。知识创新需要外界环境的促进、支持、催化,诸如,社会的需求、政策的支持、环境的压力、利益的激励等。知识创新既需要内在动力——创新主体的好奇心、求知欲、使命感等;也需要外在动力——创新环境的支持。内在动力决定了知识创新的自主性;外在动力决定了知识创新的开放性。知识创新是自主性和开放性的统一。

第三,统一多样性。知识创新作为一种探索的创新过程,有相对统一的过程:起始于"启示"、"问题",由问题确定课题、研究领域;然后是对问题的探索、资料积累、反复思考;直至产生新思想、新观点、新构思,导致科学发现,或技术发明,或新知识产品的创建,形成新知识成果(或专著,或论文,或新产品,或新技术等);继而推广使用,广泛传播,产生社会影响。

然而,知识创新又具有多样性。学科差异性和很强的探索性决定了知识创新的多样性。按知识的不同层次有不同层次的知识创新,如科学知识创新和技术知识、工程知识创新、理论知识创新和实用知识创新;按知识创新过程的不同有不同性质的知识创新,如科学发现中的知识创新、技术发明中的知识创新、新知识成果的创建(如新著作的撰写)、新知识的首次运用等;按知识学科的不同有不同学科内容的知识创新,如物理知识的创新、数学知识的创新、经济知识的创新、法律知识的创新等;按知识创新主体的不同有不同主体的知识创新,如专职从事知识创新机构、团队或个人的知识创新和非专职从事知识创新的机构、团队和个人所进行的知识创新,有组织的知识创新和无组织的、非预期的知识创新等。而不管什么内容和性质的知识创新都大致遵循统一的过程,知识创新是多样性和统一性的交融。

以上所述的知识创新的基本特征揭示了知识创新的基本规律:偶然必然统一律、自主开放统一律和统一多样交融律。

三、知识创新与创新思维的内在关联

知识创新离不开创新思维,知识创新和创新思维不可分割,紧密相连,表现为:创新思维推动知识创新,知识创新的过程就是创新思维的过程,知识创新的成果也即创新思维的成果。

首先,创新思维推动知识创新。创新思维是知识创新的源泉。我们说过,知识创新的基本特征之一是首创探索性,这就是说,创新主体必须有自由探索的精神,才能完成知识创新,而所谓自由探索的精神就是敢于创新思维的精神。没有这种自由探索,也即创新思维的勇气,就不能进行知识创新。

创新思维作为知识创新的源泉和动力,集中表现在创新思维的形成动因和激发途径完全适用于知识创新。我们说过,创新思维作为一种复杂的立体思维,具有复杂的系统性。以创新主体为中心,创新思维是内外系统性的统一。就内在系统而言,创新思维与创新主体的认知因素、知识背景、动机、人格等因素有关;就外在系统而言,创新思维与创新主体所在的群体、社会及历史背景有关。知识创新同样如此,也是这么一个内外统一的整体。激发创新思维的内外动因同样为知识创新所需;创新思维的形成途径同样也是知识创新的具体途径。

其次,知识创新的过程就是创新思维的过程。如上所述,知识创新起始于"启示"、"问题",由问题确定课题、研究领域;然后是对问题的探索、资料积累、反复思考,直至产生新思想、新观点、新构思,导致科学发现,或技术发明,或新知识产品的创建,形成新知识成果。这一知识创新的一般过程与创新思维的一般过程是一致的。确定课题、研究领域及对问题的探索、资料积累相当于创新思维的"准备期";反复思考,直至产生新思想、新观点、新构思,相当于创新思维的"酝酿期"、"明朗期";形成新知识成果的阶段则包含着创新思维的"验证期"。

同时,知识创新的方法与创新思维的方法也是一致的。观察、实验、类比、比较与分类、归纳与演绎、分析与综合、科学抽象、科学假说等逻辑思维法以及灵感、知觉、想象等非逻辑思维法既是知识创新常用的方法,也是创新思维所经常运用的方法;而发散思维法、迂回思维法、移植思维法、逆向思维法等创新思维法也是知识创新过程中不可缺少的方法。

最后,知识创新的成果也即创新思维的成果。知识创新的成果有三种形态:一是存在于人脑中的新知识(新理论、新观点、新思想等);二是客体化了的新知识成果(图书、文献、音响资料等);三是凝结在技术、产品中的知识成果。前两种形态的知识成果本身就是创新思维的成果,第三种形态的知识成果则是创新思维成果的运用。从本质上说,它与创新思维的成果也是一致的。

第二节 科技创新的动力

一、科技发展与科技创新

科技发展包括科技创新和科技普及两方面。首先是科技创新。所谓"科技创新",就是在科技前沿不断突破。这是发展的本意。因为从哲学意义上理解,发展就是新陈代谢、除旧布新、新东西代替旧东西。因此,没有"创新",何来发展。一部科技发展史,就是不断创新的历史。所谓技术革命和科学革命,就是技术和科学的重大飞跃,就是科技的创新。科技革命,即科技创新是科技发展的火车头。也就是说,科技创新引领科技发展。在现代科技发展中,科技创新的作用更为显著。这是由当今科技发展的趋势所决定的。

据中科院院长路甬祥分析,当今科技发展的主要特点有：

其一,科技创新、转化和产业化的速度不断加快,原始科学创新、关键技术创新和系统集成的作用日益突出。有些属于基础研究的成果如人类基因组、超导、纳米材料等早在研究阶段就申请了专利；很多科学研究成果迅速转化为产品,走进人们的生活。竞争已前移到原始创新阶段。原始创新能力、关键技术创新和系统集成能力已经成为国家间科技竞争的核心,成为决定国际产业分工地位和全球经济格局的基础条件。

其二,科技发展呈现出群体突破的态势。尽管当代科技的构成不同、功能各异,基于不同层次的理论与方法,但它们相互联系,彼此渗透交叉,整个科技群体构成了协同发展的复杂体系。科技在向微观和宏观层面深入的同时,也越来越关注复杂系统的研究。而对社会系统、经济系统、脑和生命系统、生态系统、网络系统的研究,将对经济、社会和人与自然的协调发展和科技进步本身产生重大影响。

其三,学科交叉融合加快,新兴学科不断涌现。20世纪以来,特别是二战以后,科技发展的跨学科性日益明显,现在的一些举世瞩目的重大科学问题,几乎都是跨学科问题。科学和技术的融合成为当今科技发展的重要特征,许多学科之间的边界将变得更加模糊,未来重大创新更多地出现在学科交叉领域。学科之间、科学与技术之间的相互融合、相互作用和相互转化更加迅速,逐步形成统一的科学技术体系。

其四,科技与经济、社会、教育、文化的关系日益紧密。现在的一些经济社会发展中的重大科技问题,已不单纯是自然科学与技术问题。比如温室效应、臭氧层破坏、资源环境、艾滋病等流行性疾病的预防、控制与治疗,如何实现人与自然和谐发展,如何实现经济社会全面协调可持续发展等,这些问题不仅涉及到自然科学的认知和技术支撑,同时涉及到经济、政治、法律、社会发展、文化和教育等。这些问题的解决超出了自然科学技术能力的范围,必须综合运用自然科学、技术手段和人文社会科学研究协同解决。

其五,国际科技交流与合作日益广泛。科学没有国界,技术的发展也必须着眼于全球竞争与合作,在经济全球化时代,任何一个国家都不能长期独享一项科学技术成果,也不可能独自封闭发展并保持科技先进水平；另一方面,随着经济全球化的迅速发展,人们面临的许多问题也越来越显示出明显的全球特征,如全球环境问题、食品安全、生物多样性保护和传染病的防治,以及反恐、维护世界和平与稳定、保障国家安全等问题,都需要全球的交流与合作。

凡此种种，都凸现了科技创新在科技发展中作用。科技创新、转化和产业化的速度的不断加快、基础科学创新能力的凸现加快了科技创新的周期和速度；科技发展呈现出的群体突破态势和学科交叉融合的强化扩展了科技创新的领域，增加了科技创新的交叉点；科技与经济、社会、教育、文化关系的日益紧密及国际科技交流与合作的日益广泛，则极大提升了科技创新的社会意义和全球影响。

正由于此，加强科技创新能力建设，促进可持续发展已成为发达国家乃至国际社会科技发展战略的主流。

美国是世界的科技超级大国，在基础科学和诸多技术领域领先世界。为力图保持其科学技术的全面领先地位。在科学技术成为国家竞争力核心的今天，历届美国政府都极为重视科技创新，重点扶持航空航天科技、信息科技、生命科学和生物技术、纳米科技、能源科技和环境科技的发展；提出了诸如国际空间站计划、21世纪信息技术计划和网络与信息技术研究发展计划，人类基因组计划和植物基因组计划，国家纳米计划，国家能源计划、气候变化研究计划和国家气候变化技术计划等。2004年美国联邦政府的研发投入已达1227亿美元；美国政府还继出台了一系列支持民用工业技术创新的重大计划，用于鼓励、促进美国企业的技术创新，保持产业优势。

日本将科技创新立为国策。1995年，日本政府明确提出"科学技术创新立国"战略，力争由一个技术追赶型国家转变为科技领先的国家。进入21世纪之后，日本在科技领域出台了一系列重大举措，加大科技投入，加快科技体制改革步伐。2001年，日本为了提高科技创新能力和创新效益，将89个国立科研机构合并重组成为59个拥有较大自主权的独立行政法人机构，实行民营化管理；同年，日本还启动了科学技术基本计划，确定政府未来五年的科技投入将增至约2400亿美元，以期使日本成为能创造知识、灵活运用知识并为世界做出贡献的国家，成为有国际竞争能力可持续发展的国家；提出了21世纪初重点发展的科技领域，即生命科学、信息通信、环境科学、纳米材料、能源、制造技术、社会基础设施，以及以宇宙和海洋为主的前沿研究领域；同时，日本政府还强化了科技领域的竞争机制，加大对科技基础设施的投入，并出台相应的政策，培养和吸引国内外优秀人才进入科技领域。

韩国力图成为亚太地区的科学研究中心。经历了经济崛起和亚洲金融危机的韩国，深切认识到科技在国家发展中的核心作用。1997年12月，韩国政府制定了"科学技术革新五年"计划，提出2002年政府对研发的投入达到政府预算的5%以上，从根本上改变韩国科技现状，提升韩国的科技实力；1998年，韩国政府发布"2025年科学技术长期发展计划"，力争2005年科技竞争力达到世界第12位，2015年达到世界第10位，2025年达到世界第7位，成为亚太地区的科学研究中心，并在部分科技领域位居世界主导地位。为了实现这些目标，韩国政府确立了科技政策调整思路,科技开发战略由过去的跟踪模仿向创造性的一流科学技术转变。科研开发由强调投入和拓展研究领域向提高研究质量和强化科研成果产业化转变。进入新世纪,韩国政府的科技投入每年都以超过10%的速度增加,并确定了信息技术、生物技术、纳米技术和环境技术为重点发展的领域。

印度也力图通过发展科学技术实现其大国梦想。印度独立之后,一直大力发展高等教育,至1990年代,印度科技人员的数量已仅次于美国和俄罗斯,居世界第三;进入新世纪,印度的生物科技和信息科技已经居于发展中国家的前列,并且掌握了较为先进的空间技术和核技术。但是印度的科技发展并不均衡,特别是在一些关系国计民生的科技领域,明显落后于世界先进水平,印度的基础研究整体水平也呈下滑态势,为扭转这一情况,2001年印度政府制定了新的"科技政策实施战略",大力支持空间科技、核技术、信息科技、生物科技、海洋科技的发展,此外,还确定了一些重要的基础研究领域,以及一系列应用技术发展的重点,并计划未来五年政府的科技投入翻一番。

就我国来说,改革开放20多年,我国的科技事业焕发出新的活力,进入了快速发展阶段,对推进现代化建设、实现人民生活总体上由温饱到小康的历史性跨越做出了重大贡献。这与重视科技创新分不开。但是,我们也应清醒地认识到,与我国的现代化建设需要相比,与发达国家的水平相比,我国科技创新的水平还相对落后。为了推动我国的科技发展,为全面建设小康社会、推动经济社会的全面协调可持续发展提供强有力的科技支撑,充分发挥科技在我国经济社会发展中的引领作用,必须高度重视科技创新在科技发展中的作用。

科技的普及也离不开创新。"创新"为"普及"明确方向,丰富内容,没有创新,将无所普及;"普及"是"创新"的基础和目的,没有广泛的普及,民众对科技将失去兴趣,创新将得不到社会的支持,创新成果也没有去处。"两者相互促进、相互制约,是辩证统一的关系。

二、科技创新的根本:自主创新

科技创新的关键是自主创新。胡锦涛同志指出:要坚持把推动自主创新摆在全部科技工作的突出位置,坚持把提高科技自主创新能力作为推进结构调整和提高国家竞争力的中心环节。大力增强科技创新能力,大力增强核心竞争力,在实践中走出一条具有中国特色的科技创新的路子。

具有时代特征的科技自主创新包括:重大的原始性科学发现和技术发明、在已有科学技术成果上的系统集成创新,以及在有选择地积极引进国外先进技术的基础上进行消化、吸收和再创新。科技自主创新能力主要是指科技创新支撑经济社会科学发展的能力,包括加快发展科技生产力的能力、自觉革新科技创新组织体制的能力、领导科技创新的能力、加快科技成果转化与规模产业化的能力,以及有效吸纳国际科技创新资源的能力。

"科学统领发展,创新实现跨越"。现代生产力的发展越来越表明:科技创新是发展现代生产力的主要动因。

科技创新的最主要目的是提高自我创新能力,实现技术创新的可持续发展。现代经济的发展已把科技竞争的严峻性日益凸现。要在世界高科技领域占有一席之地,必须冲破发达国家的技术垄断,避免低水平的引进。而发达国家是不肯轻易放弃高科技领域中的霸主地位的。目前发达国家向发展中国家的技术产业转移要么集中在成熟的技术产业;要么集中在科技产业中的劳动密集型技术;对核心技术是不会轻易转移的。培育科技自主创新能力,正是打破技术垄断,改变单纯靠引进、对国外技术消化不良现象,并形成核心竞争力的最好途径。

具体说来,科技自主创新的重要意义在于:

第一,只有依靠科技自主创新,才能实现生产力的跨越式发展。近现代世界历史表明,科技自主创新是现代化的发动机。重大原始性科技创新及其引发的技术革命和进步成为产业革命的源头,科技创新能力强盛的国家在世界经济的发展中发挥着主导作用。发展中国家只有不断提升自主创新能力,才能跟上时代前进的步伐,只有不断提升自主创新能力,才能使经济不断迈上新的台阶,真正实现现代化与持续发展。

第二,只有依靠科技自主创新,才能攀登世界科技高峰。原始性创新孕育着科学技术质的变化和发展,是一个民族对人类文明进步作出贡献的重要体现,也是当今世界科技竞争的制高点。只有加强前瞻性、基础性、战略性领域的科技创新,才能从根本上提高我国科技的持续创新能力,对社会生产力的发展和人类文明进步起到巨大的不可估量的推动作用,真正跻身于世界先进科技之列。

总之,科技自主创新是支撑一个国家崛起的筋骨。我们要引进和学习世界上先进的科技成果,但更重要的是要立足自主创新。关键技术是买不来的,只有拥有强大的科技创新能力,拥有自主的知识产权,才能提高我国的国际竞争力。

改革开放20多年来,我国科技自主创新能力有了很大提高,但与世界发达国家相比,我国的科技自主创新能力还存在很大差距。

一是我国的科研产出虽然有很快的增长,但是质量还有待于进一步提高。目前我国在国际上发表的科技论文数量已跃据第5位,然而在近10年世界引用率较高的论文中,我国论文的比重只占世界总数的1.66%。总体上看,我国的科技创新能力尚处于世界的中游水平。我国的专利在近几年有较快增长,但发明数量和水平仍然处于落后状态。我国的发明专利数量仅占世界发明专利总量的1.8%。二是我国的高技术产业发展迅速,但是具有自主知识产权的产品依然不多。2004年高新技术产品在我国出口的工业制成品中的比例仅为27.9%。三是我国虽然正在成为世界制造业大国,但对国外技术的依赖并没有减少。2004年,我国的工业产值已位居世界第四,但是在信息产业、航空产业、机器制造以及高档数控设备等方面,大部分关键技术还没有自主的知识产权。我国是工业品的出口大国,但是先进的纺织机械70%以上靠进口,光纤设备几乎百分之百靠进口,集成电路的制造设备也有80%左右依靠进口,国内的配套设备主要属于辅助性设备。①

因而,针对我国科技发展的薄弱环节,加强我国科技自主创新能力建设,对于落实科学发展观,应对新一轮科技革命和产业革命的挑战,建设国家创新体系、推动我国科技发展,加快推进社会主义现代化,实现中华民族的伟大复兴,具有十分重大的意义。如胡锦涛同志所说:要瞄准世界科技发展的前沿,加快国家创新体系建设,加强原始创新能力和集成创新能力。要坚持有所为有所不为的方针,抓住那些对我国经济、科技、国防、社会发展具有战略性、基础性、关键性作用的重大课题,努力把科技资源集中到事关现代化全局的战略高技术领域,集中到事关实现全面协调可持续发展的社会公益性研究领域,集中到事关科技事业自身持续发展的重要领域和基础研究领域,抓紧攻关,争取突破。

三、创新思维推动科技创新的机制

创新思维通过激发思维主体的创新精神、培育思维主体的创新意识、提升思维主体的创新素质而推动思维主体进行技术创新的积极性。

首先是激发思维主体的创新精神。创新精神即崇尚创新,支持冒险,鼓励冒尖,宽容失败;反对因循守旧,不思进取,碌碌无为,但求无过的精神。创新精神是一种科学精神和科学思想。科学研究开始于怀疑和批判,怀疑和批判是为了超越和创新。科学活动的最高价值取向就是提出独创性的思想。从事技术创新活动的主体也必须具备有助于推进创新的精神状态,包括具有创新意识、创新兴趣、创新胆量、创新决心等,也包括进行发明创造、改革、革新的意志、信心、勇气和智慧等。激发创新精神,形成有利于自主创新的体制机制,是大力推进技术创新的关键。

其次是培育思维主体的创新意识。创新意识是一种眼界、信心、气魄和勇气,表现为面向全球、广泛吸纳的开阔胸怀以及敢为人先、不懈奋斗、勇于攀登世界高峰的信心和勇气。技术创新少不了这种意识。创新意识孕育风险决策能力;风险

---

① 路甬祥.提高创新能力、推动自主创新.求是.2005(13):6

决策能力孕育技术创新的决心和信心。从这个意义上说，技术创新首先并非是技术问题，而是眼界、胆略问题。凡是在企业技术创新中独占鳌头的创新型企业家无不具有这种表现为风险决策能力的创新意识。被称誉为台湾"经营之神"的王永庆就是一个典型的例子。

20世纪50年代，台湾急需发展纺织、水泥、塑胶等工业。当时居化学工业龙头老大地位的是台湾私营化学公司董事长何义。他起初立下发展塑胶企业的承诺，但随后便借口台湾基础太差而打退堂鼓。王永庆却以其独特的视野果断地杀入台湾塑胶产业，他抓住机遇，瞄准市场发展趋势，向世界发达国家学习、引进先进技术，并消化、再创新，几年后，不仅全额收回投资，而且经过几十年发展，形成了台湾最大的台塑工业集团，总资产达40亿美元。这充分说明，有无创新意识，是否具备风险决策的魄力和把握未来的能力，是能否成功地进行技术创新的先决条件。企业家的高低之分，不仅反映在对风险的决断力上，而且表现在挑战风险的勇气上。挑战风险，对企业家的创新意识和意志力是一种考验。真正的创新型企业家，不仅自己具有超乎一般的创新意识和意志力，而且能够将自己的意识和意志力成功地传递给自己的团队，从而为成功的技术创新奠定坚实基础。

再次是提升思维主体的创新素质。创新素质即创新的能力，包括：具有能够综合运用已有的知识、信息、技能和方法，提出新方法、新观点的思维能力。除了创新思维直接需要的创新能力和对创新方法的熟练运用外，创新者还需要具备良好的心理素质，包括：使命感和责任心、足以承担风险的心理承受力和经受得住挫折和困难考验的顽强意志等。

最后，创新思维推动技术创新不能光靠思维主体个体的努力，还需要把创新精神和创新意识推广到整个组织。因此，创新型组织的构建也是创新思维推进技术创新的重要机制之一。创新型组织即以创新功能为核心竞争力的社会经济组织。具体特征包括：组织的创新能力和创新意识较强，能够源源不断进行技术创新、组织创新、管理创新等一系列创新活动；能把创新精神制度化而创造出一种创新的习惯，从而把"变革"作为"规范"；能把一大群人组织起来从事持续而有生产性的创新，从而使创新成为组织行为。因此，培育大批创新型企业和创新型组织，扎实提高持续创新能力，是为技术创新奠定坚实基础的重要措施。

科技自主创新的关键是人才创新。人才创新是科技创新的根本。关键人才决定国家竞争力。因此，提高创新能力，推动自主创新，必须坚持以人为本，实行教育优先和人才强国战略。我们要努力提高人才层次，建筑人才高地。

一是要在全社会营造尊重知识、尊重人才、尊重劳动、尊重创造、尊重和支持自主创新的良好社会文化与舆论氛围。要尊重创新的规律，建设和完善符合不同类型自主创新规律的创新文化和评价标准与方法。基础研究鼓励学科交叉,尊重学术自由,营造良好的国际交流合作环境,稳定支持优秀人才和团队。公益研究重在以需求为导向,坚持以公益目标为创新的根本和归宿。高技术研发与转化应以市场竞争力、国家安全保障和经济社会持续发展为战略目标,以市场竞争力和满足国家战略需求为评价目标,加大原始性、关键性技术创新和系统集成,实现技术创新的社会化、规模化、产业化。

二要加强创新能力建设的基础工程,发展教育,推进素质教育,注重创新能力培养,大力提高国民素质,不断提高劳动者素质,激发劳动者的创造能力,鼓励劳动者进行创造性劳动,以求得新的发现、新的发展和新的突破;加强人力资源开发,将沉重的人口负担转变为无可比拟的创新人力资源。

三要培养、吸引和凝聚数以千万计德才兼备的创新、创业人才,为他们创新、创业和脱颖而出创造良好的环境和舞台。通过引导和激励,帮助优秀人才树立敢为天下先,勇攀高峰,敢创大业的自主创新、创业的勇气和信心。

四要建立科学的评价体系,制定灵活的激励政策,广泛地吸引高层次人才;同时,要建立健全约束监督机制,科学地管理人才,建立优胜劣汰的用人机制,不断提高人才队伍的竞争力。

当然,技术创新是一个复杂的过程。从技术创新本身而言,有许多具体环节,有许多规律和机制值得探讨。在此,我们只是从技术创新的源头——创新思维上,讨论一下创新思维推动技术创新的几个机制。

第三节 教育创新的宗旨

一、创新时代呼唤教育创新

如上所述,我们已进入知识社会,知识已成为经济发展的主要动力。21世纪将是知识经济占主导地位的世纪。同时,现代经济的发展日益凸现科技竞争的严峻性。科技自主创新能力关系到一个国家的核心竞争力。而所有这些,都离不开创新人才的培养。21世纪国与国的竞争归根到底是创新人才的竞争。因此,作为培养创新人才摇篮的教育问题就摆到了突出地位。创新时代呼唤着教育创新。

首先,科技进步促发"学习革命",知识经济催化"教育改革"。我们所面临的知识经济是一种创新型经济,知识信息量激增及知识创新周期性的日益缩短,越来越成为经济增长中最具生命力和最活跃的生产要素;创新成为推动知识经济发展的不竭动力。我们所面临着的知识经济又是劳动主体智力化的经济。知识经济的关键在于创新,而作为劳动主体的人是创造的载体,惟有具备创新能力的人才能充当知识产业中的决定性因素。同时,世界正处在改革的年代,新世纪的社会变革速度将更快,五彩缤纷的未来社会必将呼唤富有创意、勇于创新的人才。社会可持续发展所面临的许多世界难题也迫切需要最具创意的科学思想。只有以开发创造能力为目标,以培养创造型人才为宗旨的创造教育才能适应社会、经济发展的要求。

面对创新时代提出的要求,我国提出了建设国家创新体系的总体目标:到2010年前后,基本形成适应社会主义市场经济体制和符合科技发展规律的国家创新体系和运作机制,基本具备能够支撑我国科技与经济可持续发展的国家创新能力,使我国国家创新实力达到世界中等发达国家水平。按照这个总体目标,现在的青年学生,到2010年前后,正是"思维创造活动的最好年龄",他们将责无旁贷地成为我国国家创新体系中的主力军。因此,目前在学校教育中开展"创新教育"已迫在眉睫。"创新教育'将为中国建立国家创新体系做出重大贡献。

其次,我国教育发展的现状也愈益凸现教育创新的迫切性。教育必须为社会经济的发展服务,培养的人才必须符合社会经济发展需要。这是教育发展的基本要求。目前,我国教育系统正在由"应试教育'向"素质教育"转轨,开展创新教育正是实现这种转轨的关键所在。实践充分证明,以往的"应试教育"已越来越不适应当今社会经济发展的要求。"应试教育"的最大弊端之一就是将学生与生俱来的个性和创造潜质扼杀殆尽,不利于培养创新人才。要想从"应试教育"的误区中走出来,对"应试教育"进行改革,关键之处就在于实施创新教育,对以往的教育内容和方法作根本性创新。只有这样,才能进入"素质教育"的广阔天地。从这个意义上讲,创新教育既是冲出"应试教育"怪圈的突破口,也是转向"素质教育"的切入点,同时也是推进教育发展,使之适应当今时代要求的关键点。

再次,教育创新关系到国家创新体系的可持续发展。教育创新的根本宗旨在于培养创新人才。一个国家有没有足够的科学储备,有没有持久的创新能力,关键在教育。教育是创新人才成长的摇篮,任何领域的任何一种创新都是同教育分不开的。实施创新教育,培养好创新人才,国家的知识创新、科技创新才有了生力军。正是鉴于教育在知识、科技创新中的作用,所以,教育也被纳入国家创新体系的重要部分。据有关专家论证,国家创新体系可分为知识创新系统、技术创新系统、知识传播系统和知识应用系统。其中知识创新系统的核心部分是国家科研机构和教学科研型大学;技术创新系统的核心是企业;知识传播系统主要指高等教育系统和职业培训系统;知识应用系统的主体是社会和企业。① 据此,我们可把教育创新的

---

① 路甬祥.建设面向知识经济时代的国家创新体系.光明日报,1998年2月6日

重要意义提升至建立国家创新体系的高度。

二、创新教育与一般教育

本书第二章在谈到创新智能培养时，我们曾对创新教育与一般教育做过初步对照。现在，让我们对两者的不同点做更深入的分析。

第一，相对于一般教育而言，创新教育是一种超越式教育。从价值观取向上审视，一般教育坚持的是以追求传统文化的辉煌成就及其历史价值的"面向昨天教育观"。它往往通过规范有序的流水线铸造出旨在继承和内化前人所创造的既有的文明成果，并以此作为立身于现存世界之根基的人。可以说，以"面向昨天教育观"为根本取向的传统教育，只是在发挥着一种复制前人的功能，缺乏内涵独特的创新意义。创新教育坚持的是以追求未来理想与成功为价值的"面向明天的教育观"，即是由传统教育机械的、单向的"适应论"走向超越现实，面向未来的价值取向。它通过兼具科学性和艺术性的特殊流程，培养出不以"重复过去"为己任，而是真正超越前人的一代新人。他们不但能以批判的精神继承历史上的一切文明成果，从容自如地适应现存世界，而且能够以强大的创造才能主动积极地丰富、发展和超越历史和现实，从而推动人类文明不断向前。因此，创新教育是以超越既有文明为自身最高价值追求的超越式教育。

第二，相对于一般教育而言，创新教育是一种主体性教育。我国的现存教育，是脱胎于计划经济的教育。在当时的中央计划经济体制下，教育实行的是统一领导、统一考试、统一录取、统一分配、统一教材、统一教学方式的"大一统"体制。"大一统"的教育模式极大地压抑了学生的自主性和创造性。而社会主义市场经济尤其是知识经济的日益崛起，要求教育从现代社会高度，培养具有开拓创新型的人才。作为回应市场经济和知识经济时代呼唤的创新教育，必须重新调整现存教育目标，即为社会培养既具有相应的知识技能，又具有开拓进取的创新意识的人才。与因袭于计划经济的教育比较，创新教育的本质特征是把个体的地位、潜能、利益、发展置于核心地位，高扬人的主体性，其职能是最大限度地激发学生的积极性、主动性和创造性。从这种意义上说，创新教育是一种主体性教育。

第三，相对于一般教育而言，创新教育是一种健全人格的教育。一般教育强调应试教育。在应试教育的桎梏下，学生只是分数和书本的奴隶，个性很难充分舒展，往往导致思想依附、唯书是从、分数至上。而创新教育注重完善学生健全的人格，一方面注重德、智、体、美、劳在学生身心发展中的有机渗透，培养其高尚坚定的人生信念、矢志不渝的奋斗志向、崇高纯洁的道德品质、高雅脱俗的审美理想和宽广渊博的文化素养；另一方面注重培养学生从事未来创造工作所必备的独特精神品质,如独立的人格;勇于批判的精神;搏采众长、吸纳百川的宽广胸襟等。①

三、创新教育催生创新思维

创新教育重点应放在学生的创新意识和创新精神的养成上。要在校园中形成浓郁的崇尚创新,尊重创新人才的气氛,要使创新教育体现在各门功课的学习中。

从小学、中学到大学,青年学生处于不同的发展时期。在这三个不同发展时期,创新教育的目标共同——开发智力,培养创新精神。这是不变的,但具体任务却应由教育对象的不同而不同。

小学教育阶段是人才发展的基础,也是创新教育的基础。因此,在小学阶段,创新教育的主要目标应放在"创新素质"的培养上。这里所说的创新素质主要指日后创新意识和能力得以产生和发展的原初性的个性品质,如"好奇心"、"求知欲"、"认识的独立性","自由思考"、"怀疑态度'等等。这些都是创新品质的源头活水。没有它们,或者它们受到了过分的压抑,就不会有后来创新人才的成长。当前基础教育的众多问题集中到一点,就是从观念、制度和行为上漠视或忽视了这些创新素质的保护、培养和引导。繁重的学习任务、僵化的教学模式和再现性的考试方式都从根本上阻碍了这些素质的形成和提高。这是造成小学生、中学生、大学生乃至更广泛人群缺乏创新精神的一个主要原因。

中等教育阶段在整个教育体系中处于承上启下的阶段,在创新教育目标上应侧重于"创新方法和技术"的培养与训练。这种创新方法和技术的训练必须在前一阶段创新素质得到保护和提高的基础上进行。大量的事实证明,如果学生没有对事物的好奇心和旺盛的求知欲,即使他们掌握了一定的创新方法和技术,也很难有实际的有价值的创新行为。

高等教育阶段的创新教育目标应侧重于"创新能力"和"创新精神"的培养和提高上。有了创新素质、创新方法并不一定有创新能力和创新行为,更不一定有创新精神。创新能力、创新行为是与实际问题的创造性解决分不开的,是与对该问题形成的历史和以往的解决策略的系统把握分不开的。因此,真正的创新能力的培养和创新行为养成只有到了大学阶段才是可能的,至于创新精神的陶冶则更是这样。创新精神作为主体一种强烈的、内在的精神状态,是在主体深刻地领会了创新在任何一个具体的人类社会活动领域中的价值之后才能产生的。创新精神的形成既是整个创新教育的最高目标,又是推动个体终身从事创造性活动的强大而持久的动力。没有这种精神,个体就不能在创新行为中克服各种困难,承受可能的失败

---

① 刘树仁.创新教育的基本特征.教书育人.2001(6)

所带来的心理压力,千方百计地寻找有效的方法,从而不能最终作出创造性的贡献。

这样,在上述三个既相对独立又彼此连接的创新教育目标体系中,创新教育催生着不同阶段青少年的创新思维,而这种创新思维的培养又始终贯穿着"创造性人格"的培养。当然,真正的创新人才一定是在实际的社会工作中作出了创造性贡献的人,而这就不是各级各类学校教育所能办到的。大量创新性人才的涌现需要建立一个系统的鼓励和尊重创造性劳动的社会制度,包括劳动制度、用人制度、分配制度、知识产权制度等等。然而,学校教育是打基础的阶段,它能为创新人才的成长奠定牢固的基础[①]。

第四节 制度创新的前提

一、创新思维的制度制约性

"制度"一词,指人与人之间关系的某种"契约形式"或"契约关系"。通常说来,制度指:(1)正式的规则,包括宪法、法律、政策等;(2)非正式的规则(习惯),包括禁忌、规范、风俗等。非正式的规则涉及了文化的内容和界定。本书所说的"制度"一般指正式的规则、规范及其相应的政策等。

制度在社会发展过程中起着重要作用。这种作用也包括对创新的促进或阻碍。社会创新氛围的形成、社会成员创新思维的培养和发展,不仅直接受着社会文化环境的制约,还直接间接地受着社会制度环境的制约。

首先,当一些值得提倡的社会行为规范被上升为社会制度并要求始终如一地加以严格实行时,人们就可经常体会到这些制度的价值和力量,并把遵守这些制度作为一种习惯固定下来。这样,本来作为非强制性的社会规范被作为一种制度观念而强烈地渗透到人们的思想和行为中,成为一种经常性的思想和行为。从这个意义上说,制度在起到规范人们的思想和行为的作用的同时,也起到了引导人们的思想和行为的作用。

当今,在建设创新型国家的过程中,为了引导人们勇于创新,实现创新行为的经常化、规范化,就有必要确立鼓励创新的制度。如美国企业3M(明尼苏达矿务及制造业公司)就通过制度的确立鼓励技术人员把他们时间的15%花在任何他们感兴趣的事情上;并要求每年销售额中至少应该有30%来自于过去4年中所发明的

[①] 石中英.创新教育的层次性.中国教育报,2000年

产品。他们通过制度保证风险投资基金去支持技术上的创新,并对创新者和创业成功者授予名望上的奖励。国际上许多优秀的组织经常鼓励员工冒最明智的风险,并从制度上加以保证。一家国外计算机设备公司的书面经营哲学和指导思想有六条,其中之一是:我们要求公司职工每天至少犯10条错误;如果你每天没有犯下10条错误,说明你的工作不够努力。

其次,当一种社会规范被作为一种制度观念而强烈地渗透到人们的思想和行为中,成为一种经常性的思想和行为时,制度的实施就有助于构建一种人们所期望的社会氛围。因而,创新思维所需的良好的社会氛围,需要有助于创新的制度来依托。例如,当一个企业从管理体制到激励机制等各个方面实施了一系列鼓励创新的制度时,也就营造了一个推进企业创新的氛围和环境。从领导者到科技人员到普通员工,方方面面,上上下下就会以创新为荣,从而形成创新的内在驱动力,不断产生出自主创新成果。

再次,制度作为思维创新的外在动力源,为深层次创新思维所必需。根据思维创新的规律,创新的力度越大,所需的内外动力因素就越强。当思维创新发展到一定程度,难免要涉及到对象的深层次阻力。要冲破这一阻力,完全靠主体的内在动因已难以奏效,势必需要外在环境力量的配合,这种外在环境的力量,既包括一定的外在压力,也需要诸多良好的有助于思维创新的制度、文化条件。压力从反面激发创新;良好的社会条件从正面鼓励创新,两方面相辅相成,为更深层次的创新思维提供动力,保驾护航。

例如,在深化改革开放的关键时刻,我们面临着新一轮的解放思想。所谓新一轮的解放思想,也即更为渗入的创新思维。而当今阻碍思想解放的社会因素还是不同程度地存在,其中尤以旧体制即不切时宜的体制的惯性作用最为明显;这种旧体制的惯性作用广泛存在于各个领域,其中又尤以政治领域为甚。在新一轮的解放思想过程中,破除旧体制尤其是政治领域内旧体制的惯性作用,在体制问题上"松绑",是摆在我们面前的最重要任务。

十七大报告指出:"深入贯彻落实科学发展观,……要完善社会主义市场经济体制,推进各方面体制改革创新,加快重要领域和关键环节改革步伐,全面提高开放水平,着力构建充满活力、富有效率、更加开放、有利于科学发展的体制机制,为发展中国特色社会主义提供强大动力和体制保障。"①十七大报告在此所说的"为发展中国特色社会主义提供强大动力和体制保障"也就是深入解放思想、思维创新

---

① 胡锦涛:《高举中国特色社会主义伟大旗帜 为夺取全面建设小康社会新胜利而奋斗》,人民出版社,2007.第17-18页

的"体制保障"即制度保障。

政策对创新思维也是明确的。政策具有协调各种关系（包括人与社会、人与事物、人与人、事物与事物之间的关系），调节人们思想行为和组织活动，形成相互配合、相互补充的优化配置，以调动、激发推动组织目标得以实现的动力的作用。政策的调节包括对组织成员价值观念、行为动机和行为过程的调节。这种调节作用在组织活动的合力的形成中起着重要作用。创新思维的培育需要鼓励创新政策的推行。

例如，创新人才的培养，就需要一系列相关政策。诸如：

其一，宽容的学术研究环境。创新思维离不开宽容的学术研究环境。亚里士多德说过：知识出于闲暇与好奇。也就是说，出创新成果必须有闲暇时间，有好奇心。这里所谓"闲暇时间"，可以理解为非常宽松自由的环境，而非急功近利、急于求成，非为生活疲于奔命；这里所谓"好奇心"，可以理解为自主研究的态度。两方面相结合，就能出新成果。而在这两方面中，前提是"闲暇时间"，没有非常宽松的环境，当然无法自主研究。很难设想，一个身处重重压力、无法施展手脚的环境中的人还能任凭自己的"好奇心"从事研究，从事思维创新；出创新成果。1998年获得数学最高奖——费尔兹特别奖的英国数学家安德鲁·怀尔斯，为证明费尔马大定理化了9年时间，9年中没发表一篇文章，没得过一个奖，但并不为此而遭责难，或为应付考核而伤脑筋。他处在一个相当宽松的环境中安心研究，最后终于攻下了这个大定理。许多重大成果往往都是在没有论文、经费、奖项等指标压力的情况下取得的。而有时尽管论文多多、经费不薄、奖项可观，却未必出现重大成果。原因大概就在于缺乏出大成果的宽松环境。

其二，鼓励创新的政策环境。科研环境的实质问题是政策问题。创新成果的出现需要鼓励创新的政策辅佐。就目前情况看，在科教兴国的指导思想下，我国科教界出台了不少鼓励创新的政策，也取得了不少成果。但总的说来，还不尽如人意。如在评价体制政策方面，急功近利、违背科学发展规律的考核指标犹如条条绳索，把科研人员捆得死死的，他们往往穷于应付论文、经费等各种指标，静不下心来潜心研究，当然难以创新。

大凡成功的企业和科研院所，都非常重视依靠优越的制度和政策去发现、培养和吸引创新人才。如美国IBM公司的声誉和效益在很大程度上就来源于良好的创新制度环境。该公司规定，每年都要在风景秀丽的佛罗里达州举行一次"公司技术认证大会"，总裁亲自到场，亲自向获奖者表示祝贺。其中有些优秀者还有晋升为研究员的机会。成为研究员后，有权自由选择技术研究领域，集中精力攻关搞研究。公司还制定了一系列奖励技术创新及其他创新的制度，意在发挥人力资本的潜能。①

实践证明,创新思维与各种制度关系密切,受制度与政策的制约,离不开制度与政策的推动作用。

当然,制度对创新思维的作用是双重的。那些不利于创新的制度(如那些繁琐的、呆板的陈规陋习)必然会阻碍创造性的发挥。这种制度越严密,越不利于创造性焕发。而任何特定的制度都是相对的,随着环境的变化,原先有助于创新的先进制度可能会变得陈旧、过时;因此,创新思维的培育离不开不断的制度创新。

二、制度创新的类型及实质

从宏观上考察,一个国家的制度包括经济制度、政治制度和文化制度,其实质是一个国家的生产关系、政治关系和文化关系。生产关系体现了一个国家的经济基础,政治关系和文化关系体现了一个国家的上层建筑。经济制度创新作为一种经济制度的根本性变革,实质上是不适应生产力的生产关系的根本性变革;政治制度和文化制度的创新作为政治、文化制度的根本性变革,实质上是对不适应经济基础及生产力的上层建筑的根本性变革。

首先是经济制度的创新。作为一种生产关系,经济制度对生产力的发展起着重要的反作用:体制顺则生产力发展畅;体制不顺则生产力发展受阻。根据这一生产关系一定要适合生产力状况的规律,科技创新、生产力的发展都离不开生产关系的不断调整和创新。可以说,作为生产关系的经济制度的创新,是实现科技创新的重要条件,是解放和发展生产力的根本途径。对我国来说,改革越深化,经济制度的创新越迫切。我国的经济体制改革已进入解决深层次矛盾的阶段,经济制度的创新,关系到我国社会主义市场经济能否向更深的层次发展。

经济制度的创新从宏观上说,主要旨在建立适合社会主义市场经济,具有中国特色的创新体系,包括各种与经济体制创新相关联的经济调控、经济运行新机制及社会保障机制;从微观上说,就是企业制度创新。所谓企业制度创新,就是指破除不适应社会和经济发展的企业旧制度,建立适应现代生产力发展要求的新制度。现代企业制度正是制度创新在企业改革中的具体运用。制度创新是企业改革的重点,制度创新的根本目的在于:引入竞争机制,激发内部活力,充分调动各方面积极性,从根本上解放和发展生产力。就国有企业来说,制度创新就是要改变企业吃大锅饭、国家承担无限责任的状况,按照产权清晰、权责明确、政企分开、管理科学的原则改革企业领导体制和组织制度,为企业转换经营机制创造条件,形成以市场为

---

① 孙洪敏.创新思维.上海科学技术文献出版社,2004.第127页

中心进行技术创新的内在动力机制。就其他经济成份的企业来说，制度创新就是要围绕实行企业租赁、承包、股份合作等多种经营机制的建立与实践这个中心，以科学的管理制度和灵活的经营机制，提高企业的经济效益，增强就业的安置能力，提高企业的实力和活力。

产权问题是企业制度创新的核心。从20世纪80年代起，人们就开始从体制改革入手，力图解决国有企业缺乏活力的问题。在改革过程中，曾先后推出过三大类改革措施：一是调整国有企业的隶属关系：或将国有企业由中央政府管下放到由地方政府管，目的在于调动地方与企业的积极性；或将国有企业由地方政府管上收到由中央政府管，目的在于制止重复建设；或将国有企业由政府管改为由行政性行业集团管，目的在于解决政企不分的问题；或将国有企业由行业性政府机构管理转为由综合性政府部门管理，目的在于提高管理效率，解决政府机构在管理上的"相互扯皮"问题。二是调整国有企业的利益关系，力图通过实行利润分成、利改税和利润承包等措施，放权让利，增强企业活力。三是调整国有企业的权力关系，力图通过所有权与经营权分离、最终所有权与法人财产权分离等手段扩大企业自主权。然而，实践证明，调整国有企业隶属关系、利益关系和权力关系的改革，都无法从根本上解决国有企业问题。在这些问题的背后，还有更深层次的问题。这就是产权问题。国有企业所有者的产权主体虚置、资产无人负责状态的存在，是多年来国有企业改革之所以未能取得实质性进展的根本原因。要解决国有企业问题，必须从产权这个问题入手，必须建立现代产权制度，实行产权改革，将所有者引入企业。这正是现阶段企业制度创新的实质性内容。只有把产权问题解决了，才能真正实现国有企业的扭亏为盈，为科技创新创造良好的外部条件，从根本上解放和发展生产力。

其次是政治制度的创新。作为一种政治上层建筑，政治制度是否适合社会生产力和经济基础，同样关系到能否促进生产力的发展。现代化的国家除了要有现代化的社会生产力外，还需拥有现代化的国家政治制度，包括：现代政党制度、现代法律制度、现代行政制度等。从宏观上考察，就是要在全国上下构建一套适合于国家经济文化发展的政治体制、行政体制和法律体系。

就当代中国而言，政治制度创新的根本目标在于：发展社会主义民主政治，建设社会主义政治文明。必须在坚持四项基本原则的前提下，积极稳妥地推进政治制度创新、政治体制改革，扩大社会主义民主，健全社会主义法制，建设社会主义法治国家，巩固和发展民主团结、生动活泼、安定和谐的政治局面。政治制度创新必须围绕如下诸方面进行：(1)坚持和完善社会主义民主制度；(2)加强社会主义法制建设；(3)改革和完善党的领导方式和执政方式；(4)改革和完善决策机制；(5)

深化行政管理体制改革;(6)推进司法体制改革;(7)深化干部人事制度改革;(8)加强对权力的制约和监督;(9)维护社会稳定、和谐。①

再次是文化制度的创新。文化制度同样属于上层建筑。当今世界,文化与经济、政治相互交融,在综合国力竞争中的地位和作用越来越突出。随着文化国力的提升,文化制度在社会发展中的地位和作用也日显重要。文化制度的涵盖面也很广,主要包括:国家文化体制、文化企事业单位体制、文化管理体制的运行机制、教育制度、科研制度、新闻制度等。

从宏观上看,我国文化制度创新的主要任务是根据社会主义精神文明的特点和规律,适应社会主义市场经济发展的要求,推进文化体制改革,主要内容包括:理顺政府和文化企事业单位的关系,加强文化法制建设,加强宏观管理,深化文化企事业单位内部改革,逐步建立有利于调动文化工作者积极性,推动文化创新,多出精品、多出人才的文化管理体制和运行机制。按照一手抓繁荣、一手抓管理的方针,健全文化市场体系,完善文化市场管理机制,为繁荣社会主义文化创造良好的社会环境。②

从微观上看,我国文化制度改革涉及的具体领域主要有:

一是教育制度创新。当今我国教育制度创新的总体要求是"坚持教育创新,深化教育改革,优化教育结构,合理配置教育资源,提高教育质量和管理水平,全面推进素质教育"。③

二是科研体制创新。要解决我国科研体制阻碍技术创新的种种弊端,要以政府组织管理和投资为主导转向以企业投资和管理为主导,充分发挥政府、企业和民间技术投资研发与创新的积极性;由各种科研机构各自为政、平行用力转向强化协作、联合攻关;从偏重单纯引进仿冒转向注重自主开发创新;从偏重行政指令方式立项转到通过市场招标竞争方式进行;从重理论研究转向注重科研成果生产转化;从轻视知识产权保护到注重知识产权的保护和激励,建立科研人员个人贡献和成果的产权激励机制。科研体制的完善和创新将会极大地推动技术创新并保证经济效益的提升和经济社会的可持续发展。

三是新闻制度创新。目标在于建立现代新闻制度,加强新闻的舆论监督作用,通过新闻报道、转播、调查、评论等推进社会的健康、和谐发展。

三、创新思维对制度创新的推进作用

制度创新与创新思维关系密切,两者相互促进,相得益彰。一方面,制度创新

---

① 全面建设小康社会,开创中国特色社会主义事业新局面.求是.2002(22):12~14页
② 全面建设小康社会,开创中国特色社会主义事业新局面.求是.2002(22):15页
③ 全面建设小康社会,开创中国特色社会主义事业新局面.求是.2002(22):15页

有赖于思维创新,因为制度是由人制定的,有了新观念的指导,才会有新制度的制定;另一方面,制度一旦制定并加以实行,就会形成一种社会环境,对人们的思维、观念起制约作用。只有有了好的制度,才会促成创新思维。关于这点,我们在创新思维的制度制约性一节中已有论述。下面我们将着重探讨创新思维对制度创新的推进作用。

制度创新的前提,是理论创新和人的观念更新。在一种新的制度建立之前,必须先有孕育这种新制度的新理论,制定这种新制度的人必须首先接受这种新理论。制度制定后,又要人去贯彻、实施,因而制度贯彻、实施的首要条件是要有确立了新观念的人,一旦人的观念没有更新,不接受这种新制度,制度的创新得不到推广,就会流产。因此,制度创新的关键归根到底是人的观念的更新,而观念更新的思维创新。

我国改革开放以来的最大成就是确立了社会主义市场经济体系。而现在回想起来,我国社会主义市场经济体系的确立,首先归功于对市场经济的新认识,归功于思想解放、观念更新。我党对社会主义经济性质的认识,从计划经济到有计划的商品经济,进而到市场经济。这是一个理论上的重大突破。它引起人们思想观念的转变,带领人们冲破传统的理论禁区,而且指导人们实践,去变革社会各项制度,建立起一套适应社会主义市场经济的制度。

指导人们建立社会主义市场经济体系的一个最重要的观念更新内容是摆脱把计划经济与市场经济看作属于社会基本制度范畴的思想束缚;摆脱所谓"市场经济是资本主义特有的东西,计划经济是社会主义特有的东西"的传统观念,在计划与市场的关系问题上的认识产生重大突破。除此之外,还需要人们敢于克服重重旧观念阻力,冲破旧体制惯性力量,敢于接受新观念、新体制的理论勇气;需要跳出其他种种思想误区,诸如,经济、法律意识的误区等。

我国改革的实践证明,观念不更新,思想不解放,僵化、陈旧的观念就会禁锢我们的头脑,成为一种习惯势力,就会把改革中出现的新事物与坚持四项基本原则对立起来,从而成为深化体制改革的主要障碍。

观念,作为社会存在的客观反映,作为一种意识形态,无疑应当反映现实生活,体现时代风貌。然而,观念又是一种天生的惰性元素,并不会随着时代的步伐自然而然地变革,它并不会随同那个已经过去的时代而自动装进棺材、埋入坟墓,而是在一个相当长的时期里,与发展了的时代相悖,成为历史进程的阻力。适应改革形势发展的需要,适时更新观念,需要主体的努力,需要主体创新思维的推动。

观念更新与创新思维有着密切联系,两者相辅相成,相互促进。

一方面,观念更新可以推进思维创新。人们头脑中的观念是在实践中不断吸收信息（知识）而逐渐积累形成的，观念在头脑中相对于一般新认知的知识是更具稳定性的。即是说，头脑中新吸收的信息（知识）开始时还未形成观念，而通过反复地积累，才被头脑内化，形成比较稳定的观念。一旦在头脑中形成观念，就必然对思维活动起着指导作用，影响思维的内容、方法以致方向和进程。因而观念对创新思维来说，必然会起一种推动力或阻力的作用。科学的观念推动创新思维，而僵化陈旧过时的观念则会阻碍思维的开展。

另一方面，思维创新是观念更新的原动力。观念作为一种思维成果、思想积淀，是以往知识的积累，受着思维主体以往思维方向、思维品格的影响；一个思维开放、不断更新知识的人，形成的观念也往往较新；反之，就较陈旧。观念作为思维的成果，当然归根到底以思维为前提和基础。正是从这个意义上说，创新思维是一切创新包括制度创新的源头、基础。

第七章

创新思维与知识管理

20世纪中叶以来,人类社会步入了以高科技产业为支柱,以知识的分配、传播、使用为基础,以具有知识创新能力的人力资源为依托的知识经济时代。在这种崭新的经济形态下,知识作为生产要素的地位空前提高,知识创新掌控着经济发展的生命线。创新思维在知识生产、进化中的核心作用主要通过以实现知识创新为目标,以建构的适宜的知识创新环境为主旨的知识管理得以体现,知识管理成为当前经济条件下知识创新的核心推动力量。

第一节 知识进化与创新

一、知识的特性与分类

（一）知识的特性

步入21世纪,知识经济的号角吹遍了世界的每一个角落。知识作为这种新经济形态的核心资源,重新引起了人们的广泛关注。利奥塔在《后现代状况——关于知识的报告》中指出,"近几十年来,人们逐渐承认,知识是主要的生产力。在大部分高度发达国家,生产力的构成要素中,知识已发挥了显著的影响,并且成为发展中国家难以突破的屏障。"[1]人类知识自诞生以来就同认知者及其认知实践紧密联系在一起,知识的性质也随着人类认识能力的增长而不断丰富。谈及知识的特性,英国学者齐曼的概括有一定的代表性,他认为,知识具有以下七点特殊性:

（1）不可替代性。即在经济理论中,所有的物品是可以替代的,惟独每一种知识不能用其他知识替代。

（2）不可相加性。即不遵从物品的加法规则,一种知识并不以书刊发行量的增多而增加,知识量的增加关键在于新知识的增加,在于知识创新。

---

[1] 让·弗朗索瓦·利奥塔.后现代状况——关于知识的报告.湖南美术出版社,1996.第36页

（3）非磨损性。即知识在使用过程中本身不会被消耗，可多次被重复使用。

（4）不可分割性。即每一种知识之间都存在着内在的必然联系。一种知识与另外其他知识都是互相联系的，不可分割的。

（5）不可逆性。即人们一旦掌握了某种知识，便不可逆转，不可被剥夺，某一知识一旦传播开来，就不可收回。

（6）可共享性。即所有的经济物质商品都具有排他性，一人拥有他人就不能拥有。但知识不排除他人完整拥有。

（7）无限增殖性。即知识在生产、传播和使用的过程中，有不断被丰富的可能性。

在知识经济条件下，知识被人们视为是一种资源。经济学家彼得·F·德鲁克曾深刻指出："知识是今天惟一有意义的资源。传统的生产要素——土地（即自然资源）、劳动力、资本——没有消失，但它们已成为次要的了。只要有知识，就能得到它们，而且能轻易得到。这一新含义下，知识是一种效用，是获得社会和社会效益的手段。"[1]因此，在齐曼概括出的七点知识特性的基础上，笔者试图从知识资源这一角度，对知识的性质做几点说明和补充。

第一，知识具有"共享创新性"。与物质资源相比，知识的"可共享性"不仅包含知识的非排他性，更意味着知识的创新性。物质资源的交换，仅限于物理上的换位，实现"以物易物"；而对于知识资源，"出知"不同于"出资"，"出知"与物理空间上的换位无关，而是通过"对话"，在充分共享知识的基础上，实现知识创新的过程。

第二，知识具有"无限扩张性"。从经济学意义上理解，一切生产要素都是稀缺的，并且随着人类生产的发展与生产范围的扩大而变得日益稀缺，然而知识却是生生不息的。人类探索知识的过程是一个永无止境的过程，人类对知识的无限需求为知识的无限扩张提供了可能性。无论人类的知识增长到多大的范围，都不可能走到认识的顶点，人类将永远面对一个有待开拓的未知领域。从认识论的观点来看，如果我们把人类已知的知识范围比喻为一个圆圈，那么圆周就是"知"和"无知"的边界，我们可以形象地把圆周的长度看作人类自己的无知程度的度量和标志。显然，随着知识这个圆圈的范围的扩大，圆周长也是在不断加长的。

第三，知识具有"稀缺性"。从资源的角度看，知识的稀缺性体现在两个层次上：首先，社会发展的需求使知识永远处于一种稀缺状态；其次，现代社会知识更新的速度在不断加快，更是直接导致了知识的稀缺。在中世纪，传统知识的更新换代可能要经历数十年，甚至几代人的时间才能完成。而到了20世纪下半叶，以计算

---

[1] 彼得·德鲁克.后资本主义社会.上海译文出版社,1998.第45页

机技术为例,机械齿轮式的手摇计算机→电子管计算机→晶体管计算机→集成电路电子计算机→大规模集成电路计算机的"代际更新"仅用了在短短几十年。因此,知识的稀缺性迫切要求加快知识创新的发展步伐。

第四,知识具有"社会性"。首先,知识与社会的关系是辩证的,知识既是社会变化的产物,同时又影响刺激着社会产生新的变化。其次,知识生产从根本上说是为了社会的发展。知识的社会性通过传播被社会掌握、拥有、享用而实现。离开了知识的社会扩散过程,仅在知识生产中存在的知识就会成为孤立的、"死"的知识,失去知识的效用。

(二) 知识的分类

对于知识的认识,除了了解知识的特性外,还需要从知识分类的角度进一步把握其本质内涵。根据不同的研究视角、研究目的及其对知识的不同认识程度,知识可以按照不同的分类标准进行分类,按用途可分为科学知识、技术知识和文艺知识;按学科领域可分为哲学、社会科学、自然科学等知识;按知识的存在状态可分为存量知识和流量知识;按知识的形成过程和形成结果来看,又可分为过程知识和实体知识等等。

笔者从当前最具权威和最流行的知识四分法出发,详细介绍依据知识的属性所划分的显性知识和隐性知识以及根据知识在主体间的分布状态所划分的个人知识和社会知识这两种具有典型代表意义的分类方式。

1996年,经济合作与发展组织(OECD)在题为《以知识为基础的经济》的报告中,为便于经济分析的目的,把对经济有着重要作用的知识分为为四类:

① Know-what:事实的知识,即指人类对某些实际存在的事物的基本属性、特点的认识和对事物发展变化的基本情况的掌握。比如某地的人口状况、土地面积,某种食品的成分等。

② Know-why:科学原理以及自然规律的知识,即对某些事物、事件的发生发展和变化的原因和规律的认识。这类知识可谓技术进步和产品及工艺发展的基础。

③ Know-how:操作性的知识,即做事的技巧和能力,指能够转化为人的实际行动,以便实施某项计划和制作某个产品的方法、技能和诀窍等的知识,往往是限于拥有者自身范围内而不向外传播的知识。

④ Know-who:知道产生知识的源头,指有关知识的来源和产权归属关系的知识,即知识是谁创造或生产了某些特定知识的知识。

这种知识分类的方式不是概念式的描述性划分,从而避免出现分类重叠或遗漏现象,这种功能式的规定性划分,没有人为地为知识划定一个边界,表明了作为一种经济资源的知识是一个相互联系和扩张的系统。具体分析这四类知识的内在涵义，前两类易于编码与度量，属于显性编码化知识；而后两类往往存在于人们的大脑之中，属隐含经验类的知识，主要通过实践才能获得。这种知识的分类方法是建立在英国物理化学家和哲学思想家迈克尔·波兰尼（Michael Polanyi）从认识论角度对人类知识所进行的考察和归纳基础之上的。

迈克尔·波兰尼，在其《个人知识》和《隐性方面》两部著作中，从认知的角度，对知识进行了较为系统地探讨和分析。他认为，隐性知识是存在于个人头脑中的、存在于某个特定环境下的、难以正规化、难以沟通的知识，是知识创新的关键部分，主要来源于个体对外部世界的判断和感知，如经验、价值观、情感等；而显性知识是能够明确反思和陈述的知识，表达方式可以是书面陈述、数字表达、列举、手册和报告等。这些知识能够正式地、方便地在人们之间交流和传递。在一定条件下，显性知识和隐性知识是能够相互转换，从而进一步丰富知识的。

在此基础上，从本体论的角度看，根据知识在主体间的分布状态，还可以将知识划分为个人知识与社会知识两种。

个人知识是属于个人独占的知识，存在两种情况：一种即波兰尼所描述的无法或难以用语言表达、交流的知识，也即维特根斯坦所说的"不可言传的东西"，或我国古代哲学家庄子所谓"言之所不能论，意之所不能察致者"；另一种是出于各种需要不向社会公布，或由于媒介的障碍未能传播。比如手工业的生产方式使各种特殊的手艺直到18世纪还称为mysteries（秘诀），"这层帷幕在人们面前掩盖起他们自己的社会生产过程，使各种自然形成的分门别类的生产部门彼此成为哑谜，甚至对每个部门的内行都成为哑谜。"

社会知识是由社会共享的知识，对于个人是外部化的知识。这种知识可以通过语言、符号媒介在社会中交流、传播，通过交往、交换媒介由个人知识转化为"公共产品"。波普尔把这种知识归为"世界3"；罗素则认为：整个社会的知识和单独个人的知识比起来，一方面可以说多，另一方面也可以说少。就整个社会所搜集的知识量来说，社会的知识包括百科全书的全部内容和学术团体的全部文献，但个人知识却是社会知识存量的很大一片空白。

个人知识与社会知识也是可以相互转化的。内化的知识能够以不同形式的符号部分地、逐渐地表达与交流，个人的知识随着媒介的建立与发展可以外化为社会的知识，社会的知识也能够潜移默化地变为个人的意会的知识，在两者相互转化的过程中实现知识的进步。

二、知识进化的内在机制

从以上对知识的特性与分类的分析，我们知道，知识的进化、生产同隐性知识与显性知识、个人知识与社会知识的相互转化是密不可分的。因此,知识进化的内在机制必然与它们密切相关。日本北陆先端科学技术大学的知识管理学教授野中郁次郎(Ikujiro Nonaka)从认识论的角度出发,指出新知识可以通过隐性知识和显性知识的交互而创造,在交互作用的过程中,知识的自我生成系统化分为潜移默化(Socialization)、外部明示(Externalization)、汇总组合(Combination)和内部升华(Internalization)四个子系统,提出了著名的 SECI 模型,树立了一个知识自我演进的"知识螺旋"①。笔者认为,野中提出的这个知识进化 SECI 模型体现了知识进化的自主路径,在此基础上,笔者增加本体论的认识维度,结合个人知识与社会知识,试图揭示知识进化的内在机制。

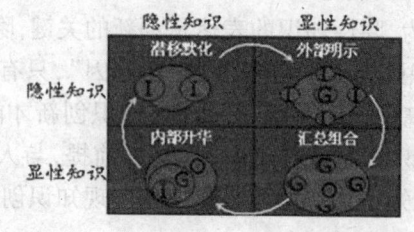

图 7-1　知识螺旋(来源:Nonaka)

第一,潜移默化——从隐性知识到隐性知识。野中认为,通过观察、交流、模仿、亲身实践等手段,单个个体可以直接与其他个体共享隐性知识。笔者认为,这是知识个体内化认知背景的系统,包括知识个体间共享隐性知识的过程与知识个体汲取知识群体隐性知识的过程两方面。

第二,外部明示——从隐性知识到显性知识。野中认为,通过隐喻、类比和模型等方式,可将隐性知识用明晰的概念和语言表达出来。笔者认为,这是知识个体将脑海中的新思想、新观念(隐性知识)系统地整理、清楚地表达出来,并使之凝聚和积淀下来,从而为他人所认识与分享的过程,包括个体隐性知识经过表达成为个体显性知识与将个体显性知识经过公开、交流、与其他个体的共享,形成互动争鸣,最终上升为群体显性知识两方面。

第三,汇总组合——从显性知识到显性知识。野中认为,这是单个个体能够将不连续的显性知识碎片合并成一个新整体的系统过程。笔者认为,这是知识个体实现将分散的知识群体的显性知识整合创新的过程,包括群体的显性知识沟通、扩散到知识个体的过程→知识个体将其内化整合,重新表达为更复杂、更系统化的显性知识体系→最终于知识群体内公布共享的过程。

---

① Nonaka I, H Takeuchi. The knowledge creating company: How Japanese Companies Create the Dynamics of Innovation, Oxford University Press, 1995.59~64.

第四，内部升华——从显性知识到隐性知识。野中认为，这是随着新的显性知识的共享，其他知识个体开始将其内化，用它来拓宽、延伸和重构自己的隐性知识系统的过程。笔者认为，该过程是得到知识群体承认的新知识，在群体中充分扩散共享，最终为群体内的其他知识个体内化吸收为个体新的隐性知识的过程。

四个子系统以知识共享为连接点，相互渗透、相互作用，实现创新的知识进化螺旋，是一个以知识个体内化背景知识为前提，以知识个体与知识群体的互动争鸣为动力，以知识个体充分表达新生知识为条件，以知识群体内化新生知识为终结的实现过程。

从表面看，知识进化路径是一个知识形态自由自主的转换过程，知识有其自我演进的一面，但透过现象，我们可以看到，这一转换过程内在地蕴藏着知识主体推动知识创新的本质。因为，隐性知识的表达是创新的关键，隐性知识好比生物体内的"休基因"，而显性知识则类似生物体内的"活基因"，只有当"休基因"被激活并与"活基因"作用，产生"基因"的重组、变异时，知识创新才能实现，而这又必须以"知识强者分享知识，知识弱者渴求知识"为基本前提，与人的创新思维的发挥不可分割，创新思维正是在知识形态的相互转换中实现知识创新的。

三、知识进化蕴含着创新本质

知识螺旋阐释了知识在不同知识形态中的进化路径，体现了创新思维在知识转化中的关键作用，这是管理学家对知识进化的理解。与此同时，知识的进化增长，一直以来也是科学哲学的研究重心。哲学家们在探索科学知识进化路径的道路上，提出了种类繁多的进化模式，通过对卡尔·波普尔、托马斯·库恩、保尔·费耶阿本德等人所提出的不同科学知识增长模式的研究，笔者认为，实质上每一种进化模式都蕴涵着知识创新这一终极要求。知识进化的实现，创新思维的运用是根本动力。在这一点上，科学哲学家与管理学家的观点是不谋而合的。我们可以从两个维度理解哲学家们对知识进化创新本质的诠释。

维度一：科学知识进化是一个主动的过程。知识的进化具有主体能动性，科学家的创新思维在推动知识增长的过程中发挥了重要的作用。

第一，主动发现问题。问题是已知与未知的对立统一体，它既涉及已有知识，又"窥视"未知领域，因而它是从现有知识到未知领域的"跳板"。爱因斯坦说得好："提出一个问题往往比解决一个问题更重要，因为解决一个问题也许仅是一个数学上的或实验上的技能而已。而提出新的问题，新的可能性，从新的角度去看旧的问题，却需要有创造性的想象力，而且标志着科学的真正进步。"[①]波普尔提出科

---

① A·爱因斯坦，L·英费尔德.物理学的进化.上海科学技术出版社，1962.3版.第66页

学知识增长四段图式：P1→TT→EE→P2，即提出问题→大胆猜测→尝试解决→排除错误→发现新问题，体现着科学知识于问题的无限拓展中得以实现进化发展的过程。库恩在其前科学（没有范式）→常规科学（建立范式）→科学危机（范式动摇）→科学革命（范式更新）→新常规科学（建立新范式）的知识增长模式中也突出了问题（即反常、危机）在知识进化中的航标作用。

第二，主动猜测解决方案并主动批判。波普尔强调，科学知识的增长通过主体创造的作用，即"猜想和反驳"。一方面，猜想是人类认识中最活跃、最主动的因素，猜想是创新思维发挥作用的重要途径，有了猜想，人类才能最大限度地发挥主观能动性，人的认识才摆脱消极等待的状态，才能点燃科学探索的火炬；另一方面，如果没有反驳，科学就会停滞，丧失其经验特点。而批判是科学方法的表征，把批判的态度贯彻到方法论中，作为反驳的一个关键环节就显得尤为重要。经过猜测，问题逐渐明朗化；经过批判，方案的优劣也心中有数。于是，科学家们在权衡利弊后，谨慎地选择最佳方案以期达到问题的最优解，从而实现知识的进化和增长。

维度二：科学知识进化是一个多元的过程。多元碰撞是知识创新的源泉，知识进化的多元性是以人类思维的多元性为基础的，思维的多元性不仅在个体思维中得以呈现，更在群体思维的相互交汇中摩擦出绚烂的知识火花。

第一，多元的变异。发现并提出问题后，试探性地提出问题的解决方案，要求科学家们积极探索，提供尽可能多的备选方案，提倡不同理论和不同学派的争鸣，坚持开放型、创造型、自由选择的方法，杜绝单一、独断。费耶阿本德就提倡理论多元论与方法多元论，在《反对方法：无政府主义认识论纲要》中他指出，科学知识不是一个趋向理想观点的过程，而是一个种种理论不断增长的海洋，每一个理论迫使别的理论阐明得更清楚一些，通过这种竞争过程，推动科学知识的增长。理论是尝试性的解决方案的表现，可谓是知识的"随机"变异，具有一定的偶然性，而为了实现知识选择的逆偶然性过程，我们就必须坚持多元变异，这是在偶然性与逆偶然性之间达到平衡的惟一方法，只有这样，才可能从知识的"随机"变异中选取最具必然性的结果。

第二，多元的批判。批判是一种反思式思维，波普尔曾深刻指出"知识领域中不存在任何不向批判开放的东西"[①]。知识进化中的批判，不仅有科学家个人对自己构建的假说的批判，更有其他科学家对他的假说的审视和批判。正如波普尔所说，一个科学家可能不愿意批判自己所喜爱的理论，但是别的科学家会。这意味着科学家之间通常要展开"对话"，在批判和辩护中，在不同的研究思想的碰撞下，在

---

① 卡尔·波普尔.科学发现的逻辑.科学出版社,1986.第16页

知识立场的意见交换和激烈冲突中,在设定性的批判者与设定性的批判对象之间,灵感会被激发,真理会被发现。从本质上说,科学的进步,知识的增长是依赖于科学家之间的相互批评的。

综上所述,从本质上说,科学知识的进化是一个知识创新的实现过程。知识的进化起源于问题,对问题的解决,无论是波普尔的"猜想反驳"、库恩的"范式转换",还是拉卡托斯的"保护带修正"、劳丹的"消除反常",都在不同的程度上实现了知识的更新,蕴涵着创造性智力活动的过程,都要求科学家打破常规,敢于尝试,不怕失败,只有这样,才能使人类知识的长河不断进化、永葆活力。进一步说,实际上,科学知识本身就隐含了创新的特质,著名的物理学家、科学学创始人之一贝尔纳曾指出:"科学远远不仅是许多已知的事实、定律和理论的总汇,而是许多新事实、新定律和新理论的继续不断的发现。它所批评的,以及常常摧毁的东西,同它所建造的东西一样多。"[①]科学知识的进化是一个对旧的科学观念的否定的过程,它必然导致科学理论的焕然一新,必然要伴随自然观、方法论和思维方式的全面变革。

第二节 以创新为目标的知识管理

一、知识管理的内涵

(一) 知识管理的逻辑起点

随着经济的发展,人类完成了三次管理范式的转换,经过了以隐性知识为对象的经验管理阶段,以显性知识为对象的科学管理阶段后,走进了以促进显性知识和隐性知识的相互转化创新为目标的知识管理阶段。知识管理是社会发展的必然结果,它的兴起是以知识经济的大环境为背景的,野中郁次郎指出:"现在的经济中,惟一确定的就是不确定性;维持竞争优势的惟一可靠来源就是知识,只有那些能够不断的创造新知识,并使之广泛地散播与整个组织,而且很快的将它体现在新的技术和产品中的企业才能取得成功。"[②]知识管理,顾名思义是以知识为对象的管理,因此,对知识的基本假定,以及在此基础上形成的对知识的基本看法构成了知识管理的逻辑起点。

如前所述,作为知识社会中的重要资源,知识具有其基本的特征属性,然而在知识管理中,作为知识管理的基本范畴,对知识的诠释有着知识管理的独特视角。

---

① 涂德钧.贝尔纳的科学社会学思想.科学技术与辩证法.1997.10.第57页
② 苏新宁等.组织的知识管理.国防工业出版社,2004.第9页

知识管理专家托马斯·达文波特(Thomas H. Davenport)指出："知识是一种包含了结构化的经验、价值观、关联信息以及专家的见解等要素流动态的混合物。"①这表明，在知识管理视域下，知识是各种元素的混合物；它既是结构化的，又是流动的；既可以看作存量，也可以看作过程。那么，知识管理中，知识究竟是一种能够为我们所有的一种有形物质，还是没有清晰边界的社会过程呢？知识在知识管理中具有怎样的特殊性质呢？

著名学者维娜·艾莉受物理学家德布罗意的"波粒二象性"假说的启发，在其著作《知识的进化》中富有创见地指出，知识管理中，知识具有独特的"波粒二象性"，这构成了知识管理的基本逻辑起点。即当我们将知识看作是所学东西的总和时，知识就具有实体的性质；而当我们将注意力集中于知识的动态方面，如对知识的共享、创造、适应、学习、沟通，知识就被看成了充满不断转变、融合、合并的知识成分的动态液体，也即知识被当成了一个过程。因此，我们认为知识是实体性和过程性的统一，知识具有与光子相似的"波粒二象性"。

由于人们研究的方法和角度不同，光子既可以看成是粒子，也可以看成是波束，同样，由于人们研究的侧重点的差异，知识既可以被看作是一种实体的积累，也可以被看作是一种过程的流动。然而，对知识的选取，侧重从实体的角度，还是侧重从过程的角度，不同的逻辑起点决定了研究和实施知识管理的侧重角度是不同的，也必将影响到知识创新的实现。

以实体性的知识作为知识管理的逻辑起点，知识管理的侧重点集中于知识的静态存量，人们致力于实现知识的编码、存储及测度，倾向于把知识当成可见的"粒子"，以实现其在不同主体间的传递和转移；而以过程性的知识作为知识管理的逻辑起点，知识管理的侧重点更多地集中在知识的动态流量，人们致力于实现知识的共享、学习及运用，倾向于把知识当成不可见"波"，从而在知识过程中实现其在不同主体间的传递和转移。

由此可见，以知识创新为目标的知识管理，在重视对知识量的积累的基础上，更应该注重在知识过程中实现对知识的理解和把握。正如维娜·艾莉指出的："知识是'不定型物'，是神话中能呈现多种形状的精灵。它一直在变化，它是有机的而不是机械的。"②我国著名学者汪丁丁也强调："知识是过程，是无法被静态的概念取代的过程。"③因此，知识的进化和创新必然是在一定的知识存量的基础上，在人们对静态知识的动态运用过程中，在知识于个体和群体之间持续不断的流动过

---

① 托马斯·H·达文波特等.营运知识：工商企业的知识管理.江西教育出版社,1999.第7页
② 苏新宁等.组织的知识管理.国防工业出版社,2004.第38页
③ 汪丁丁.记住未来：经济学家的知识社会.社会科学文献出版社,2001.第5页

程中得以最终实现的。

(二) 解读 KM = (P + K)S 知识管理等式

在对作为知识管理逻辑起点的知识有了清晰的界定和认识之后,我们具体地来看看知识管理的内涵。"知识管理"一词最早是美国著名的恩图维星国际咨询公司(Enotovation)在10多年前首次提出的。1998年美国著名财经杂志《福布斯》在《迎接知识经济》一文中正式提出"知识管理"概念,引起了广泛关注,并迅速为社会各界所接受。

人们在研究知识管理的过程中,由于切入点的不同导致人们对知识管理的理解也不尽相同,对知识管理的定义也各有千秋,但都从某一特定的角度对知识管理进行了诠释,表达了对知识管理的独到见解。当前,人们通常认可知识管理网站的创始人约盖叙·玛霍瞿(Yogesh Malhotra)博士的观点,他认为,知识管理是企业面对日益增长的非连续性的环境变化时,针对组织适应性、组织的生存和竞争能力等重要方面的一种迎合性措施。本质上,它包含了组织的发展进程,并寻求将信息技术所提供的对数据和信息的处理能力以及人的发明创造能力这两方面进行有机的结合。这与安德森(Andersen)于1999年提出的知识管理等式——KM = (P + K)S 不谋而合。因此,笔者尝试结合该等式来具体分析知识管理的内涵。

KM = (P + K)S,其中 KM 代表知识管理(Knowledge Management),P 代表人(People),T 代表信息技术(Technology),K 代表知识(Knowledge),包括显性知识和隐性知识,S 代表分享(Share)。

该公式最简洁地表明了知识管理意味着人们充分运用信息技术手段,在知识共享的氛围中,实现知识创新乘数效果的过程,突出了知识共享之于知识创新的关键推动作用。它体现了知识管理的五个内涵,即人是知识管理的核心,知识是知识管理的对象,信息技术是知识管理的手段,知识共享是知识管理的平台,知识创新是知识管理的目标。其中,知识共享是知识管理的关键环节,知识管理推动创新思维在知识进化中的实现,主要是依托搭建知识共享平台得以最终实现知识创新的。

二、知识进化中的知识管理

在上一节对知识进化的内在机制的揭示中,我们知道,知识共享是知识进化螺旋四个子系统的连接点,知识的进化是在隐性知识与显性知识、个人知识与社会知识的不同知识形态的共享转换中得以实现的。由于知识管理的基本逻辑起点是知识的"波粒二象性",因此,知识进化中的知识管理的运作也需要分别从知识的粒子性和知识的波动性两个维度出发,搭建实现知识螺旋的知识共享平台。

从知识的粒子性角度看,知识管理在知识进化中的知识共享,是指在社会发展的一定时期,人们创造的各种知识为社会成员所拥有和使用的状态。它既表现为一种历时性分享,也表现为一种共时性分享。所谓历时性分享是指社会成员对内部业已存在的知识的吸收和继承;而共时性分享是指社会成员最新创造出来的知识也迅速为其他成员所知晓和使用。两者是密不可分的,所有新知识的诞生都具有一定程度的路径依赖性,都离不开前人知识的积累,是一种继承基础上的创新,与此同时,新知识要被接受,受众也必须有一定的知识背景,这些决定了共时性分享的实现是以历时性分享为前提和基础的。因此,历时性分享寓于共时性分享之中,而共时性分享将随着时间的推移而转变为历时性分享。以知识的实体性(粒子性)特征为基点,知识管理中共享知识的关键在于知识拥有者愿意将显性化了的知识贡献出来,以得到知识群体的认可。科学史上,非欧几何的首创权之所以归与于俄国数学家罗巴契夫斯基和匈牙利数学家波郁,而不属于德国数学家高斯,正是由于高斯虽然早就得出了类似的研究结果,但没有公开,未能实现知识共享,导致其与非欧几何的首创权失之交臂的。

　　从知识的波动性角度看,知识管理在知识进化中的知识共享,不仅是显性知识的分享,更包括隐性知识的分享。知识的动态发展过程,决定了知识的共享也必然不能终止于某一个阶段。隐性知识是一种即时性的、根植于认知行为的知识,一种动态的存在,一种稍纵即逝的现象。从分享的难易程度上,分为深浅两个层次。对于浅层次的隐性知识,我们应当努力通过某种模糊而粗略的隐喻或象征性语言将其转化为显性知识,实现浅隐性知识的显性化分享;而对于深层次的隐性知识,我们主要依托知识个体之间的人际交流互动以实现知识的传承和分享。以科学共同体中的师徒相传为例,准科学家在实验室中接受一系列的系统训练,对初学者而言,实验室无疑是个示范中心,在实验室中,学生通过与导师的长期接触和模仿,从导师那里接受了严格训练和科学原则,导师指导学生如何判别新问题同这个或那个熟悉的问题的相似处,学生习得了导师的思维方式,同时,导师所使用的概念体系和对某些问题的偏爱也能通过潜移默化而影响学生。这是一种知识的传播者具有较高权威的隐性知识分享,而另一种隐性知识的分享则发生在知识水平相当的知识个体间,这种分享对知识创新的实现也起到十分显著的推动作用。1980年度诺贝尔化学奖的获得者保罗·伯格曾经说过:"我们工作时是一个整体,一个思想出自谁,我们经常是弄不清楚的。因为它已经改来改去,调整和变更了不知多少次了,结果变成了另外一种样子,最后会实现了突破。"[①]正是在知识群体分享各自的

[①] 特拉维克等.物理与人理——对高能物理学家社区的人类学考察.刘珺珺译.上海科技教育出版社,2003.第103页

隐性知识,经过批判和争鸣的过程,新知识得以诞生,知识进化最终得以实现。

综上所述,知识进化中的知识管理的关键环节在知识共享的实现,正如爱尔兰剧作家萧伯纳早在半个多世纪前揭示的:"两个人交换一个苹果,结果还是一个苹果;两个人交换一种思想,结果却变成两种思想。"这是知识共享的价值所在,也是知识管理的精髓所在。在知识管理中,知识共享不仅是表面上组织和个人借助各种信息技术、交流平台,通过各种途径(正式的、非正式的)获得彼此的知识过程,本质上更是知识主体通过知识共享获取所不具有的知识,吸收并理解获得的新知识,并使之成为原有知识结构的一部分,在与原有知识的碰撞中改变主体的知识结构,形成新的知识基础,进而解决问题、实现创新的过程。因此,知识共享在知识管理中具有非常重要的地位,它不仅是知识创新的前提,更是建构知识创新环境的内核。知识创新环境的建构不仅应该围绕共享的表面过程,搭建信息技术等硬平台,更应该围绕共享的实质过程,构建共享文化等软平台,从而实现知识管理在知识进化中的推动作用。

三、知识管理对创新的作用

知识管理促进知识进化是通过搭建知识共享的平台而实现的,而创新思维的运用是知识进化的根本动力,因此,知识管理对知识的"管理",关键不在于对知识实体本身实行控制,而在于为实现知识创新营造适宜的知识共享的环境,通过创造知识共享的条件,实现对创新的推动与促进,达到知识管理实现知识创新的根本目标。这表明,知识管理对创新的核心作用在于创新环境的建构。

(一) 创新环境建构的必要性

弗兰西斯·培根那句"知识就是力量"的名言家喻户晓,而知识的力量关键要在知识共享中得以体现,如果没有知识共享的社会环境,无法实现知识共享,那么知识就得不到广泛的承认与应用,从而也就不可能实现知识的迅速发展和更新。因此,知识管理营造适宜的知识共享氛围对知识继承创新是十分必要的。

首先,从知识创新的动力机制看,创新的需要产生知识创新的动机。心理学揭示,动机源自一种匮乏或不安的紧张状态,这种状态必然会产生某种驱动力,诉诸和发动一定的行为以弥补匮乏、化解不安、消除紧张状态,从而使驱动力得到解放和缓和,使人的生理和心理状态得到平衡。我们知道,知识是全人类的共同财富,但知识在知识主体间的分布是不均衡的,知识个体拥的知识量和独特的知识结构,决定了知识主体间必然存在知识差,正是知识环境中知识差的存在构成了知识创新的直接动力。因此,知识创新必须远离平衡态,营造一个有差异的、非均匀的、非平衡的思维系统,通过非平衡产生的势差促进创新的实现,而势差必须在知识共享中才能凸显并发挥推动作用。

其次,从知识创新的实现机制看,主体间的"对话"不仅是创新的源泉,还是知识创新成果扩大影响力的重要手段,而"对话"必须在共享的知识环境中才能充分实现。众所周知,古希腊哲学领域里一个很重要的文本形态就是"对话体",哲人们在知识立场的意见交换和激烈冲突中,通过设定性的批判者以及设定性的批判对象间的问题叙事,实现共享批判后的知识增长。因此说,知识批判的功能远不止于波普尔所说的不断证伪性,而更在于知识批判给知识场带来了根本意义上的增强活力机制,发挥知识批判在知识增长中的杠杆作用。"对话性、传播性、证伪性形成一种永无止境的知识发展制度。"[1]因此,知识是在共享的过程中,在批判对象和批判者双方的修正性知识中实现创新和增殖的。同时,知识创新成果的认可和扩散也要依赖知识共享环境的作用,在一个封闭的知识环境中,创新的成果是永远都不可能被放大的。

最后,从知识创新的调节机制看,创新的实践往往不是一帆风顺的,常常会出现一些意料之外的差错,遇到一些困难和障碍,这就需要依靠知识共享环境中的反馈机制来修改错误、克服障碍、纠正偏差,使创新活动得以顺利进行。知识创新中的反馈,就是知识主体在同社会环境的交往互动中,根据创新过程中出现的某个结果、某种新信息、新变化,分别与既定的创新目标比较,在共享知识群体的帮助下,找出原因,做出调整、修正,从而保证创新活动的有效进行。如果没有共享的知识环境的反馈机制,知识创新就可能陷入盲目、无序中,就会迷失方向,因此,共享环境下的反馈调节是知识创新的重要保障。

综上所述,知识创新主体只有在知识个体间的交互动态过程中,把知识流交汇成灵感的大动脉,在知识共享中运用创新思维,才能摩擦出创新的火花,孕育出知识的新生。因此,以实现知识创新为目标的知识管理,必然要求营造知识共享氛围、建构知识创新环境。

(二) 创新环境建构的基本形式

创新的实现依赖于知识个体间的知识共享,因此,知识管理建构知识创新环境就需要为知识个体共享知识提供一定的知识空间,可以是实体空间,也可以是虚拟空间,但必须以不断汇集个体的、局部的知识、经验,实现最大范围的共享、贮存,而后再通过整体的、个体的努力,创造出新的知识和经验,再实现最大范围的共享为根本主旨,并能通过群体在知识空间的共享解决知识个体发展的瓶颈问题,于一轮又一轮的螺旋循环中,不断实现知识的更新与增长。知识管理对创新的作用主要

---

[1] 王列生.知识增长的四种方式.安庆师范学院学报,2001(4):第27页

是通过知识社区这种创新环境建构基本形式,来实现知识的共享和创新的。

我国学者尤克强指出,"所谓知识社区,是指员工自动、自发而组成的'知识分享'的团体,其凝聚的力量是人与人之间的交情及信任,或是共同的兴趣,而不在于正式的任务与职责。成员可自行决定是否要积极参与活动。加入理由是乐于分享经验和知识,并互相教导和学习,进而从中得到相互的肯定和尊重。最能发挥内隐知识的传递和知识的创新,是由于员工在社区活动中是自动的、自发地交换意见与观念、分享外部的新知识,因此形成了组织最宝贵的人力资产。"[①]可见,这是一种以知识为基础的开放、互动的组织形式,是一种以组织目标为核心,组织成员具有较大自由度的能够体现知识进化中自由创新与社会协同的辩证统一的组织结构。

在知识经济条件下,知识型组织中构建知识创新环境时,必须从知识社区的特性出发形成交流互动的知识群体,永不枯竭的创新思想源自组织成员间的交互合作,源于集体智慧的充分发挥,而这些无不需要以创新为目标的知识管理。

首先,组织中的知识社区既不可能是一种完全自上而下的他组织系统,也不可能是一种完全自下而上的自组织系统,它是一种自发形成的,源于组织成员对某个问题的共同思考、共同使命感,并不以正式组织的职能部门为限制,能鼓励不同意见和观点的争鸣,在一定程度上实现了不同职能部门之间的协同与合作的组织。

其次,它是以人与人之间的交往互动为前提的,乐于分享经验和知识的氛围,是建立在成员之间充分信任的基础上的。在这一组织中,个体通过交流和共享,得到群体的认可和尊重,形成知识层次上的多元互补。

再次,社区内的成员经过一段时间的发展共处,会产生该群体内在的交流术语,形成不同于组织文化的亚文化。

野中郁次郎在研究知识创新时,将"场(Ba)"的概念引入创新实现的内在机制,结合知识自我生成的四个子系统,创造性地提出了发起性场、对话性场、系统性场和演练性场,分别对应知识创新中一个特定的知识转换类型。他指出,知识创新过程需要很多人共同合作,需要营造共同合作的人之间相互沟通和活动空间,而"场"就是提供这种"能够创造关联性的共享空间"。隐性知识之间的转化借助发起性场的潜移默化来实现;隐性知识转化为显性知识是通过对话性场的外部明示过程;显性知识之间转换的汇总组合过程需要系统性场的支撑;而演练性场则为将显性知识转化为隐性知识的内部升华过程提供了平台。

就野中郁次郎教授提出的"场"的概念,笔者认为还可以从物理学的原始角度加以理解和构建。我们知道,物理学中所谓的电场是指由于电荷之间的相互作用

---

① 尤克强.知识管理与企业创新.清华大学出版社,2003.第62页

而在其周围出现的可以用矢量描述的电力线,一个负电荷的周围存在无数向它汇聚的电力线,而一个正电荷的周围存在着无数向外发散的电力线。同理,我们可以把存在于知识社区中的知识个体(或群体)看作正负电荷,当知识社区中某个知识点存在着靠自己现有的存量知识不能够解决的问题时,意味着它存在知识缺口,而这个缺口需要通过从其他的知识点获得知识来弥补,这时知识点就表现为负电荷的性质;而当其他知识点需要自己拥有的存量知识时,该知识点就产生向外扩散的电力线,表现为正电荷的性质。因此说,在知识社区中的每一个知识点是既汇集知识又散发知识,知识点间通过知识场发生交流共享作用。

综上所述,以创新为目标的知识管理,其本质内涵正如维娜·艾莉所说:"真正的知识管理,不仅是管理流动信息。它不只是意味着让知识自由地去寻找自己的路,也意味着在组织中鼓励自我提问。把重点放在知识合并之上。通过互相开放、互相交流让人们自由地展示他们的知识和智慧,不仅对内,也是对外的。"[①]因此,知识管理对于知识进化、知识创新的根本作用是以知识的充分共享为前提的,在组织中建立知识社区,将为知识创新提供丰富的源泉,实现知识创新环境的建构,达到知识共享是知识管理的根本任务。

第三节　构建高效的知识管理体系

一、知识管理体系的组成及特征

(一)知识管理体系的组织层面

知识管理是经济和社会发展的产物,是知识逐渐走向"前台",开始以"惟一有意义的资源"在人类社会新的经济体系中大放异彩的必然结果。近年来,知识经济的兴起,人们呈现出对知识创新的强烈渴求,知识管理的重要性也逐渐为人们所认识,成为理论讨论及实践运作的热点。知识管理与知识创新密切相关,知识创新以知识链为依托,不是一个孤立的过程,这就决定了以知识创新为根本目标的知识管理,也必然不是以孤立的形式存在,而是以体系的形式运作于管理实践中的。

所谓体系,是指由相互关联的事物或要素组成的整体。知识管理最早成熟于知识型企业组织的管理实践中,因此,知识管理体系最初是指知识型企业管理者通过构建组织内跨部门的平面网络,对企业所蕴含的"知识的采集与加工→知识的存储与积累→知识的传播与共享→知识的使用与创新"这条完整的知识链,实施有效

---

① 维娜·艾莉.知识的进化.珠海出版社,1998.第340页

管理的一系列企业活动的整合。其中,知识共享是联结链条各环节的前提和基础,只有在各环节充分实现知识共享的基础上,知识创新才可能得以实现。因此,在组织层面上,知识管理体系的关键是构建部门间相互协同的共享网络,尽可能实现组织中每个知识个体之间的沟通共享,从而为组织知识的形成奠定基础。在复杂的组织行为和社会过程中,组织通过知识个体之间的对话与合作,打破职能限制,形成基于知识而非基于不同职能部门的、以"任务为中心"的临时工作团队,整合组织中最强的知识资源,使获取知识的途径不仅来自纵向上下级间的沟通,而且来自横向同级间的广泛交流,形成以人为节点、以协作交流为链、以知识流为内容的协同网络结构。

(二) 知识管理体系的社会层面

随着知识经济的纵深演进,知识社会逐渐成熟,知识管理在实践中不断得到丰富和发展。20世纪80年代,国家创新体系的提出,标志着知识管理体系的内涵获得了进一步提升,知识管理体系已经由知识型组织层面拓展到了知识型社会层面。

国家创新体系(National Innovation Systems)的概念最早是由英国著名学者弗里曼(C·Freeman)于1987年提出的,20世纪90年代,逐渐成为人们普遍接受的术语。一般认为,它是由公共部门、私人部门和机构组成的一个复杂网络系统,政府机构、企业、科研机构和高校是这一系统中的关键要素。该体系旨在通过要素间的协同作用,整合各种创新资源和创新主体,建立起一个适应知识创新的社会系统,在国家水平上实现产、学、研一体化,实现技术主体、制度主体和文化主体在推动知识创新基础上的交往互动,实现知识在全国范围内的流动和充分共享,大力推进知识的生产、分配和应用,从而使经济发展真正建立在知识资源的最佳配置和合理利用上。

从本质上说,国家创新体系是国家层次上的知识管理,是知识创新系统在社会层面的体现。社会创新理论指出,"任何单一社会结构功能要素的创新性发展,都不能脱离社会结构功能体系整体,只有各结构功能要素协调发展,才能实现创新功能的最大化和最优化。"[①]因此,国家创新体系的形成,说明知识管理不再仅仅是组织层面的事,更是社会层面的事。知识管理者不仅要在知识组织中全面实施管理职能,更要努力促成以知识创新为基础,管理创新为核心,文化创新为保障的社会有机体的全面创新,实现三者的协同发展;只有这样,才能使知识创新活动在与社会经济、政治、文化协调统一的基础上实现全面发展。

(三) 知识管理体系的特征

国家创新体系是知识管理体系发展成熟的结果,因此,国家创新体系的社会协

---

① 韩志伟等.社会创新研究.人民出版社,2004,9.第50页

同从本质上诠释了知识管理体系的协同性特征,具体而言,主要表现在以下两个层次:

第一,就知识管理体系的组织层面而言,创新体系中的各组成要素,以及组织具有的开放性、动态性、非线性奠定了协同的基础:①开放性。知识元素本身所具有的可共享性、无限增殖性决定了系统中的组织不但关心组织内部知识资源,注重内部纵横交叉的知识交流,而且更需要积极与外界环境实现知识和信息的交流互动。②动态性。组织内部的知识构成是多样化的,在知识个体的充分交流互动中,由于知识的碰撞,触发知识创新的实现,新知识的产生和吸纳使得组织的知识处于持续进化的运动状态。③非线性。随着知识社会的发展,知识更新的速率逐渐加快,知识个体的所掌握的知识需要不断得到更新,组织据此所做的非线性调整,往往随外界环境的变化而变化。

第二,就知识管理体系的社会层面而言,创新体系中各要素的社会化运行范式,其协作的共享机制体现了体系的协同性。国家创新体系是一项由多种要素组成的复杂的社会系统工程,它不但要立足于各要素组织内部一定的系统结构,而且最为重要的是在组织之间和体系内部形成一套严密的整合共享机制。现代科学技术与经济社会的发展表明,只有实现要素机构的知识共享才能更好地促使知识在系统内部的流动,从而为整个创新体系提供更多的机会和信息来源,这要求政府通过审视体系与外部环境间的关系,从科技政策上或激励、或引导、或保护、或协调,营造出一个鼓励各组成要素整合机制的人文社会环境。

综上所述,知识管理体系的构建,无论在知识型组织层面,还是在知识型社会层面,关键是在组成要素间形成知识共享网络。当前知识经济时代下,信息技术的迅猛发展,使知识共享突破了知识个体面对面相互交流的局限,充分利用信息技术手段,以讨论区、留言板、聊天室、公布栏等网络形式搭建灵活的互动平台,也能帮助知识个体间形成持续的知识互动。然而,知识管理体系的构建,不能仅停留在搭建能够实现知识共享的空间平台,更应该重视搭建知识共享的心理平台,只有组织内部职能部门的知识个体愿意共享各自的知识,知识共享的空间——网络平台才可能实现知识创新的最终目标。

二、当今我国知识管理的现状及问题

20世纪90年代末,随着诸如波士顿大学信息管理学教授达文波特所著的《营运知识》(Working Knowledge)等知识管理学译著的出版,知识管理的理论逐渐在我国推广开来,与此同时,中国的企业界也掀起了知识管理的实践热潮,许多IT和高科技企业都忙不迭地加入了知识管理的行列。然而,知识管理在中国实施的现状究竟如何？

2002年，在国内十家知名管理与财经类平面媒体，以及多家相关机构的支持下，深圳市国中道经济研究有限责任公司开展了"知识管理·中国问卷调查"。[1]调查结果显示，知识管理的理念和实践应用在中国尚属启蒙阶段，知识管理在中国的被认知程度仍然非常低，大多数组织实施知识管理时，停留在利用现代信息技术搭建高速知识传输系统上，未能沿着符合知识进化内在机制的道路前进，往往不自觉地陷入各种知识管理的误区。在对国内组织实施知识管理深刻反思的基础上，笔者认为，当前我国知识管理的问题突出表现在管理序列、管理思想和管理模式三个方面。

第一，重实体、轻过程的管理序列。

我国知识管理的实施现状，最突出的问题就是知识的管理序列呈现单一的实体性特征，重实体、轻过程，把可形式化、编码化的显性知识列为单一的管理对象，忽视了隐性知识的挖掘，片面地将知识与知识主体相互割裂，未能体现知识进化创新的主动性。主要表现在：①倾向于把知识管理看作是一种受明确目标驱动的传统管理活动，强调知识管理的计划性和确定性。通常把组织中现实存在的某个确定问题的解决，设定为知识管理的目标，缺乏长远的目光。②组织管理序列仍然面向当前，着重巩固现存的知识空间，将知识管理的落脚点置于静态的知识量上，关注的焦点是在构建组织的知识库，并在此基础上改善和优化显性知识的获取手段，致力于提高显性知识的传递速率，侧重于对已有知识的加工，进行知识的分类、索引，对隐性知识的管理不甚注意。③管理的指导思想源自主客二分法，强调知识客体与知识主体相互分离，在脱离知识创新主体的基础上仅从客体的意义上看待知识创新成果。④知识管理的实施采取的是一种外在的、自上而下的指令控制过程，更重视"硬件环境"的搭建，忽视软环境的建设。

第二，重技术、轻人本的管理思想。

在中国知识管理的现实道路上，知识主客体二分法的指导思想，在导致重实体、轻过程的管理序列的同时，也导致了重技术、轻人本的管理思想。

从本质上说，知识管理追求的是将信息技术所提供的对数据和信息的处理能力与人的发明创造能力这两方面进行有机的结合。因此，人和技术是知识管理的两个重要维度，不应有所偏废。然而，在我国的知识管理实践中，绝大多数的组织机构引进知识管理，对其内涵的把握仅停留在概念层面，把实施知识管理单纯地理解为技术的提升，因此，满足于对知识管理外在表现的盲目模仿，诸如，斥巨资引进

---

[1] 王华等.知识管理的现状与应用.石油规划设计,15(4)

先进的知识管理技术软件产品、打造组织的信息技术系统、利用电子通讯技术建设数据库和组织内外部互联网络、形成知识管理硬件支持环境,以实现对知识在信息系统中的快速识别和处理。然而,在信息设备铺设工作结束后,知识管理的实施进程也便戛然而止。人们没有充分意识到知识管理的关键是"人本"环境的构建,应涉及到组织管理理念、组织文化,即从"以人为本"的层面激励知识主体充分实现知识共享。

第三,重局部、轻整体的管理模式。

如前所述,知识管理体系的构成,分为组织知识管理与社会知识管理两个层面。在组织知识管理层面上,我国的企业及其他组织在知识管理浪潮的推动下,纷纷建立了通讯网络、信息库等知识管理技术平台,但这不过为组织披上了知识管理的"外衣",由于组织知识管理的构建普遍基于传统组织的管理结构上,组织内部生产运作仍旧沿袭传统型序列化过程,各职能部门都以自身的特定任务为中心,对其他部门运转所需的条件缺乏了解和认识,部门与部门之间大多"各自为政",未能形成知识集成协作创新的环境,导致知识创新效率低下;在社会知识管理层面上,由知识创新系统、知识传播系统和知识应用系统组成的国家创新体系中,科研机构、高校、政府、企业等要素间尚未形成联动运行机制,而是遵循了政府机构主导的方式,带有浓厚的计划色彩,这种系统配置方式使各子系统缺乏全局观,在很大程度上依赖于政府的分配,缺乏自主创新的基本动力,眼界局限于完成本系统内部的工作任务,形成了各系统要素之间功能分割的局面,导致国家整体知识创新效率低下。

综观当前中国在推进知识管理的实践道路上所产生的重实体、轻过程;重技术、轻人本;重局部、轻整体的种种偏差,从哲学的角度看,最根本的还是由简单化处理复杂问题的观念所致。这种观念对当前日益复杂的外在环境的非线性变化,越来越显露出强烈的不适应性,知识管理陷入了发展瓶颈。因此,在实体和过程、技术和人本、局部和整体的天平上,我们要努力把握平衡,回到增强知识主体的创新能力的基本出发点上,把知识创新视为知识在不同时空和条件下的创新和再创新的动态进化过程,充分利用知识管理的诸要素,以知识共享为核心,积极构建以人为节点、以协作交流为链、以知识流为内容的开放的高效知识管理。

三、构建促进创新的高效知识管理

针对当前我国知识管理实践存在的问题,笔者认为,构建促进创新的高效知识管理的关键在于实现以下三个转变:

第一,转变实体本位观,实现从知识实体到知识过程的转变。

众所周知,知识创新首先是一个过程,知识实体不过是保留创新成果的一种形式,因此,以促进创新为目标的知识管理要实现其高效性,首先是要转变其看待知识的基本观点,转变当前过分重视知识创新成果、忽视知识创新过程的狭隘观念,加强隐性知识在创新过程中所发挥的核心作用,呼唤对知识主体的更多关注。只有确立了知识过程在知识创新中的核心地位,组织才可能把知识管理的实施重心转移到创新环境的构建上来,才可能促进知识创新管理目标的实现。

针对我国当前知识管理实践中存在的重实体、轻过程的管理序列问题,笔者认为,知识管理的实施者在把可形式化、编码化的显性知识列为管理对象的同时,更应将不可形式化、编码化的高度个性化的隐性知识列为管理重点。据此,提出以下四点措施:

(1) 以知识管理的非线性来替代原有的确定性,即把知识管理本身看作是一种寻求目标的管理活动。这种目标的设定源于组织中知识个体间的互动交流中所发现的新问题。这种问题的不可控性与模糊性决定了这种管理目标的非线性状态,使知识管理充分体现灵活性的特征。

(2) 变知识管理面向当前的管理视角为面向未来、探索未知的视角,将知识管理的落脚点置于动态的知识流上,把关注的焦点定位在对隐性知识的拥有者——知识主体的智力资源的开发与管理上,为知识生产提供必要的环境,致力于提高隐性知识的交流和吸收的密度。

(3) 克服指导思想的主客体二分法,注重主客体间的相互融合,在紧密结合知识创造主体的基础上,为知识创新的过程提供各种必要条件,充分发挥主体在创新中的能动作用,以提高知识创新的质量。

(4) 转变直接目的性的实施思路,强调知识管理是一种内在的、自下而上的内生演化过程,增强知识个体间的自由对话,鼓励知识个体的意见争论,倡导思想的自由争鸣,在多元交流中碰撞出新的思想火花。由于最具创新性的知识通常是隐存于知识主体中,所以只有不确定目标的交流才能更有利于知识的创新,而没有直接目的性的实施思路,能对构建知识创新社会环境所能带来的现实创新成果给予一定的宽容,为知识创新"软文化环境"的建构留有足够的时间和空间。

第二,转变技术本位观,实现从改进技术到营造共享的转变。

知识管理实践表明,信息技术在知识管理中的作用是有限的,它只是承担了知识管理工具的角色,实现了知识管理中交流数据的功能,只能帮助提高知识管理的效率和速度,但永远都不会成为知识管理的内生变量,不能有效地实现知识的交流。而实践证明,实现知识创新的关键在于依托知识个体主观能动性在知识群体的共享和交流中得以发挥。因此,信息技术的发展与完善,说到底,最终只为知识主体的知识创新提供了必要条件,而不是导致创新的充分条件。在知识管理中我们不能简单地采取"重技术、轻人本"的管理思想,而应该以调动和发挥人的主体创造性为前提,在充分利用信息技术能显著提高显性知识的获取、整理、发布、传播速度的基础上,积极营造知识共享氛围,实现知识共享心理平台的搭建,从而开发隐性知识,实现创新的主旨。

笔者认为,构建促进创新的高效知识管理,应弱化知识主体的知识垄断行为,构建促进实现知识共享的机制。

（1）构建坚实的信任机制。知识管理以实现知识创新为目标,要创造知识,就需要有高频率的知识交流和知识共享,尤其是分享隐性知识。而信任是实现隐性知识的交流和转移的最为重要的先决条件。波兰尼写道:"只有在一个人对另一个人具有格外强的信心时,即徒弟对师傅、学生对教师、广大听众对杰出的演讲者或者著名的作者有信心时才能被接受"①,强调了信任是隐性知识得以实现共享的基础。人际关系的信任是相互的,它发生在特定的人们之间,是维持个体交往互动的社会粘胶,知识管理中如果知识个体之间建立了相互信任的机制,则组织就能够建立起分享知识的良性循环,否则,必将造成知识,尤其是隐性知识的相对封闭,形成知识保密的恶性循环。

（2）构建开放的对话机制。对知识而言,对话是一种存在形式,它包含三个层面:一是知识主体与知识对象之间的"对话";二是知识接受者与知识对象之间的"对话";三是知识主体相互之间的思想"对话"。前两个层面分别强调知识主体将其隐性知识的显性化过程与知识主体将外部显性知识的隐性化过程,最后一个层面强调的则是隐性知识在知识个体之间的共享和交流。在知识管理中,我们更强调是最后一个层次的对话,通过有意识地为知识个体营造开放式对话的机会和场所,使隐性知识的拥有者和接受者进入一个同样的互动框架,有利于传递无法表达的深层次隐性知识,实现知识个体的各取所需。

（3）构建宽容的批判机制。宽容意味着建立一种人人平等的对话关系,形成一种圆桌会议式的探讨,它是一种蕴涵着批判理性的科学精神。我们知道,知识创新是一种探索、一种尝试,不仅是不可预测的、高风险的,而且其成功与否往往还呈现出一定的滞后性。因此,我们应主张宽容的批判,强调为知识个体营造宽松、和谐、自主的环境,充分激发他们的想象空间,使他们愿意并且敢于将自己的创意,甚至是不成熟的思考大胆地与群体分享,在以宽容为主旋律的多元批判与争鸣中,实现知识的创新。

---

① 迈克尔·波兰尼.个人知识.贵州人民出版社,2000.第319页

第三,转变局部本位观,实现从各自为政到整体协同的转变。

我国的知识管理,无论在组织层面还是在社会层面,出现的知识创新效率低下问题,主要由于知识管理的实施受局部本位观主导,缺乏整体协同的意识。在组织层面上,知识的流动局限于各职能部门内部,部门与部门之间的知识共享停留在将知识"堆积"于组织的知识库中,这虽然扩大了知识所属的主体范围,但知识呈现出单一、无序、零散的片段状态,没有实现真正意义上的知识共享,缺乏从组织全局出发充分利用组织内不同来源、不同层次、不同结构、不同内容的现有知识进行综合再建构,实现知识的整合、创新;社会层面上,全国范围内的知识共享延续传统的简单线性流动、创新模式,依照以科研所、高校为创新起点,创新成果通过政府推动等方式流向企业,企业被动接受创新成果的单向创新路径,把知识创新的源泉锁定于科学研究,认为只要增加科研投入就能必然导致创新数目的增加。在这种传统创新体系下,创新被定位成一项孤立事件,科研院所与高校只负责完成科研任务,不关心科研产出的最终应用及前景,而企业作为行政机构的附属物,被动接受创新成果,缺乏探索激情,只按计划生产符合要求的产品,忽视外界复杂的信息变化,忽视消费者需求,对市场的敏感程度低。系统各机构要素缺乏全局观指导下积极自主的相互作用机制,未能认识到知识创新源于知识流动、共享的各个环节,忽视了系统的反馈环路。

因此,知识管理的实施关键要转变简单机械决定论的思维方式,打破组织管理的垂直封闭的结构,从整体全局观出发,构建开放的知识创新环境,加强组织内部各部门的协同互动,加强国家创新系统中科研机构、高校、企业、政府等系统要素的有机联系,增强各系统的自主创新能力,进一步完善配套的服务体系,优化产业集群发展环境。

第八章

创新思维训练

我们说过,广义的创造力是普遍存在于人们日常的工作、学习活动中的。广义的创造力人人都具备。对这种创造力的开发具有重大意义。开发创造力,培养创新思维的途径是多方面的,除了平时的日常工作和学习之外,有意识地参加一些创新思维的训练项目,也是一种行之有效的方法。本章将在叙述思维训练基本原理的基础上,介绍一些创新思维训练的方法,以飨有志于锻炼和培育创新思维素养的读者。

第一节 思维训练原理

一、思维与知识

思维与知识是不同的概念。思维主要指人类的理性认识活动;知识则指人类对客观世界的认识成果。然而,思维和知识又相互联系、相互依存、密不可分。一方面,知识是思维活动得以展开的基础和前提,思维主体的任何思维活动都必须在一定的知识背景下展开,思维的实质就在于运用已有的知识去分析问题,解决问题,揭示对象规律,并探索新知识。另一方面,思维是获取知识的必要途径,没有认识主体探索客观世界的思维活动,就不会有知识的产生。

鉴于思维和知识的密切联系,思维训练的一个重要原则是以知识的掌握和运用为前提。思维训练的层次越高,难度越大,对受训练者的背景知识的要求就越高。没有必备的专业知识背景的人是无法进行特定专业领域的思维训练的。因此,学习知识是思维训练的一个重要内容;在思维训练的过程中,必须腾出专门的时间来学习特定的知识。之所以这样做,是因为,无论是想象,还是逻辑推断和判断,任何思维活动的开展都离不开知识的铺垫,都无不打上特定的知识烙印。请看下面一例:

有一家人聚在一起吃晚饭,正在上小学的弟弟给全家人提出一个问题："要是全世界的电话线路都不通了,会产生什么结果?"

当医生的爸爸回答说："病危的人就不能得到及时的救治,死亡率大大上升。"

当消防队员的哥哥回答说："报警速度会降低,致使火灾的损失增大。"

善于持家的妈妈回答说："那太好了,我们就不用付电话费了。"

在上述对话中,当医生的爸爸、当消防队员的哥哥和善于持家的妈妈有不同的知识背景和不同的考虑问题角度,因而思维路径不同、思维方式不同,所得出的结论也不同。可以说,不同的背景知识产生不同的思维成果。

诚然,知识与思维终究还是不同的,不能把对知识的学习等同于思维的训练。思维训练的根本目的在于激活学习知识的能力,在于训练大脑更好地获取知识、运用知识、创造知识,提高思维效率,也即培养知识活力。所谓知识活力,即在创新实践中把所学知识融会贯通,自如运用,并能跨学科、跨领域地进行渗透、移植的能力。知识活力体现为在已有知识的基础上所表现出来的思维的发散性、灵活性和流畅性;体现为对知识的左右逢源的驾驭能力;以及超越前人,创造新的知识成果,达到新的思维境界的能力。

培养知识活力,这本身就是一种思维训练。这种作为思维训练的知识学习,不是被动的知识学习,而是在活跃的思维中的主动的知识学习。这种知识学习,是在独立思考基础上的学习,在学习中贯穿着质疑性、批判性思维,贯穿着探索创新活动;这种知识学习,也是一种智慧的探索,不仅关注结论,更关注过程、方法;关注知识的拓展、运用。智慧比知识更可贵。面对同样的知识,不同的智慧,可以产生不同的效用。例如,爱因斯坦创立相对论的工作主要是对别人已经得到的信息用新的方法进行研究,并用全新的方式加以组合。他在把握了相关知识的基础上,突破了固有知识即牛顿的绝对时空观,站在全新的思维角度,依靠驾驭知识的智慧而取得人类认识史上的伟大进步。爱因斯坦的成功主要归功于高明的智慧,而不是死的知识结论。没有运用知识的活力,即使掌握同样的知识,也不会取得伟大成就。

二、过程与结果

在平时,人们往往只注意思维的结果而不注意思维的过程。但思维训练却关注思维的过程而不强调思维的结果。也就是说,思维训练的宗旨不在于告知受训者简单的结论,而在于让受训者掌握正确的、科学的思维方法及达到正确结论的途径。

人类的思维过程是一个从抽象上升到具体的过程。从一个完整的认识过程来看，人们认识一个事物，总是起始于对此事物的接触。当一个对象呈现在人类感官面前时，这个对象是生动的、丰满的、具体的。但人们不能一下子全面把握这个事物，为了认识事物，首先得把事物的各个属性、关系抽取出来，一个方面一个方面地考察，形成各个抽象的规定。这种从感性具体进入思维抽象的认识活动正是人类思维的开始，即马克思所说的思维的"第一条道路"。在这条道路上，"完整的表象蒸发为抽象的规定"①。而当人们对事物各种规定性的考察达到一定阶段后，逐渐发现了事物各种规定性的相互联系后，便有条件把事物的各种属性和关系综合起来研究，从总体上去把握对象事物的本质。这时，思维就从思维抽象阶段进入思维具体阶段。这就是马克思所说的思维的"第二条道路"。在这条道路上，"抽象的规定在思维行程中导致具体的再现"②。这里的思维具体，已不是感性具体那种"混沌的表象"，而是"许多规定和关系的丰富的总体"③。

由上所述，思维抽象和思维具体是思维发展过程中的两个重要阶段。由这两个阶段构成的思维发展过程有三个主要环节：出发点（起点）、中介和终点。思维的起点应该是被研究对象在该领域的最抽象、最基本的关系，是该领域内对象事物矛盾运动的根据；从中介到终点的过程即思维抽象规定性关联、综合，逐步达到思维具体的过程。分析和综合是把握思维过程的两个重要方法，因而，分析与综合能力的培养是思维训练的重点。

例如，马克思在建立《资本论》的逻辑体系时，就科学地运用了矛盾分析法，严格按抽象思维规定的逻辑要求，揭示出"商品"这一抽象规定性。马克思认为，作为《资本论》理论体系逻辑起点的"商品"，是资本主义社会中最常见、最普遍的现象，是资本主义经济中最单纯、最基本的因素，是资本主义的经济细胞。"商品"是资本主义生产方式的极度而适度的抽象规定。同货币、资本、剩余价值、工资、利润、地租等相比，商品最简单，也最抽象。给商品下定义并不依赖反映资本主义经济的其他范畴；但是，在给资本主义经济其他范畴下定义时就必须依赖"商品"这一范畴。在"商品"这个范畴中又包含着资本主义经济现象的一切矛盾的胚芽。商品之中所包含的私人劳动和社会劳动这对矛盾正是资本主义社会生产资料私人占有性和生产社会性这一基本矛盾的胚胎和萌芽。资本主义经济的其他一切矛盾都是从此开始的。资产阶级古典政治经济学虽然取得很大成就，但终究还不是成熟的理论，这同他们不能准确地分析、确定逻辑起点有关。而马克思主义政治经济学之所以能在政治经济学领域中实现伟大的革命变革，原因之一就在于能准确地

---

① 马克思恩格斯选集．第 2 卷．人民出版社，1995．第 18 页
② 马克思恩格斯选集．第 2 卷．人民出版社，1995．第 18 页
③ 马克思恩格斯选集．第 2 卷．人民出版社，1995．第 18 页

揭示出"商品"这一资本主义经济现象的逻辑起点。可见,能否把握分析能力,是能否具备高度的思维素养的关键。

综合力即全面分析问题的能力也是思维训练的一个重要内容。这是因为,分析事物本质的重要目的在于把握事物的整体。这一过程的完成即是思维把握对象具体同一性的完成、思维具体终点的达成、思维结论的得到。综合力的把握是达成正确结论的关键。

综合力即全面分析问题的能力——根据事物的复杂矛盾性,对其作多方面、多角度、多侧面、多层次的分析,并根据事物的内在规律,全面综合地把握事物的整体性。这种全面分析问题的能力是得出正确结论的重要条件,请看下面一例:

美国阿拉斯加州涅利斯自然保护区是狼和鹿共同的家园。那里的居民看到凶猛的狼常常把鹿群追逐得四散奔逃,许多弱小的鹿被咬得鲜血淋漓,从而动了恻隐之心,便开始了对狼的大围剿。狼从荒原上消失了,但出乎意料的是,鹿群不但没有兴旺,反而大量死亡。原来,鹿失去了天敌,生活安逸,懒于运动,导致体质退化,造成了生存危机。为了使鹿群免予灭绝,当地居民重新请回了狼,用狼来医治鹿群的"衰败之症",荒原上又出现了狼奔鹿逃的情景。过了不久,鹿获得了生机,自然保护区的生态也恢复了平衡。

以上案例体现了全面分析问题的重要性。美国阿拉斯加州涅利斯自然保护区是狼和鹿共同的家园。没有狼,鹿也就失去了生命力,只有双方共存,相互竞争,才有生气,有活力。那里的居民一开始不懂得这个道理,以为没有狼的追逐,鹿可以很好地生存,事实证明这是错误的。这一事实充分说明,一事物的矛盾整体是不可分割的。辩证的思维必须把握全面分析问题的能力。

总之,全面提高分析力和综合力,是思维训练的重要目的。

三、潜能与技能

思维训练的目的是开发个人的智力潜能,把隐藏在个人头脑中的智力潜能充分地挖掘出来。

人类的大脑是世界上最复杂的、效率最高的信息处理系统。人脑的储存量大得惊人。近代科学家认为,人在自己的一生中仅仅运用了头脑能力的10%,有90%的智力潜能白白浪费了。而最新的研究进一步指出,以前人们对头脑潜能的估计太低,我们根本没有用到头脑能力的10%,甚至连1%也不到。可见人脑的潜力还有很大的开发余地。思维训练的宗旨就在于尽最大可能地把人脑中的潜能开发出来,使这种智力潜能转化为高超的技能。

俗话说：玉不琢不成器。这句话可以解释为，玉中具有成器的潜能，但不用心去琢，这种潜能就不能发挥出来。人的智力也同样，每一个人都可能具有一种或多种过人的思维智能，如果不去挖掘，这种过人的智能就可能闲置、浪费。思维训练的目的就在于找出这种潜在的智力并使之发扬光大，使之转化为一种或多种技能，诸如：运算技能、写作技能、口才技能、音乐技能、绘画技能等。请看以下范例：

范例一：莫扎特在音乐方面有过人的天赋，但仍然离不开他后天所受的教育和个人的刻苦训练。他出生在一个音乐家庭，父亲是一个宫廷乐师。从小，父亲就对他严格要求，耐心得法地进行技能训练。他本人也异常刻苦、用功。正是天赋加刻苦，把莫扎特造就成杰出的音乐大师。

范例二：控制论创始人维纳的成功也是天赋加刻苦的结果。在自传《昔日神童》中，他详细地讲述了自己的成长过程。他的父亲是一位造诣很深的语言学家，曾经翻译过俄国文豪托尔斯泰的作品。他父亲从小对他进行精心培养，有效地开发了他的智力潜能。维纳4岁就能自由地阅读书籍，从小就受到了科学知识和思维方式的训练，为他创立控制论奠定了坚实的基础。

一个人的潜能靠有效地开发，而开发潜能的前提是"慧眼识潜能"。潜能之所以称之为"潜"，就是因为深藏不露，靠人去挖掘。在未开发出来之前，这种潜能往往并不能引起关注。例如，伟大的物理学家爱因斯坦表面上似乎并没有任何不同于常人的才能，相反，他小时候愚蠢、举止迟钝又怕羞，连说话都支支吾吾，家长、老师都对他表示绝望，称之为"笨蛋"。可谁也没有想到，他尽然成为一名世界公认的一流科学家。发明大王爱迪生幼年时以健忘闻名。在学校里他会把学习的内容完全忘掉，学习成绩也最差，连老师也大呼无奈，人人抱怨他又蠢又笨。他的成才靠的是他母亲的教育训练。我国数学家陈景润1953年从厦门大学毕业以后，被分配在北京一所中学当数学老师。然而，他不善于说话，多说几句就嗓子发疼，当在讲台上面对几十位学生时，往往禁不住打颤，双腿发抖。显然，他不适于当教师。以至一些人抱怨厦门大学怎么培养出这么一个不成才的学生。直至当时的厦门大学校长王亚南把他调回厦大，给他专心致志研究数学的机会；华罗庚慧眼识英才，把他安排在中国科学院数学研究所，才终于登上了攀登顶峰的必由之路。

可见，潜能必须得以识别，开掘，才能转化为有效的技能。思维训练的任务就在于开发潜能，开发智力，培养英才。

第二节 强化创新理念

一、强健想象的翅膀

想象促成创新。从某种意义上说,创新就是想象的结果。培养创新能力也就是培养想象能力。因此,以创新为目标的思维训练就是想象力训练。

众所周知,想象是在现实形象的基础上,通过大脑的回忆、加工和新的综合,创造出新形象的心理过程。根据想象程度的由低至高,想象可分为再造性想象、创造性想象和科学幻想。

再造性想象即根据原型的形态或构造机理,或模仿,或适当伸展,想象出与原型的形态或构造机理相仿的新形象。以下是再造性想象的范例:

蔡伦的弟子孔丹,有一次在一座山里看到一颗古老的檀树倒在了溪流之中。由于天长地久,树皮被流水浸泡冲刷,已经腐烂了,但是却白了。孔丹惊喜地停了下来,不由得浮想联翩:这样的树皮,按照它的质地,可以分离出一缕缕洁白、柔软的纤维来。对它再加工,就可以制成又白、又薄、又吸水、又富有韧性的白纸。他头脑中一阵阵想象,仿佛亲眼看到了这种上等白纸的具体形象。经过一段时间的设计和试验,他终于用檀树制造出洁白如玉,至今仍享有盛名的宣纸。

孔丹从腐烂变白的檀树树皮想起,依据腐烂变白的檀树树皮的形象想象出洁白如玉的宣纸的形象,这就是一种再造性想象。

创造性想象是创新程度比再造性想象更高的想象。它既依据原型的形态或构造,又超越原型的形态或构造,在原型的基础上创造出全新的独特形象的心理过程。例如,以"圆型"为原型进行再创造,可以想象出一口井,可以想象出跳舞,可以想象出眼睛……

有一位创造学家做了这样一次实验,他在黑板上用粉笔画了一个圆点,到一所中学问高中生:"这是什么?"学生异口同声地回答:"是粉笔点。"他来到幼儿园,用同样的问题问小朋友。孩子们的回答五花八门:"是圆面包。""是小钮扣。""是狐狸的眼睛。"……答案竟有几十种。创造学家说:"儿童们在受教育之前像一个问号,而毕业之后却像一个句号。"

在此,创造学家赞赏的是儿童们天真烂漫的创造性想象,而这种可贵的创造性想象随着年龄的增长却逐渐消失、淡漠了。因此,从某种意义上说,思维训练的宗旨正是要重新唤起这种创造性想象。

科学幻想是一种更为自由、潇洒的想象。幻想不再以某一具体的事物为出发点,而是受某种愿望、情绪的激发,跨越时空、越出常规而达到一个全新的境界。

依据这三个不同层次的想象,想象力的训练可以是从某种原型出发的再造性或创造性想象,也可以是从某种假设出发的遐想、幻想。

下面是几种想象力的训练法:

1. 图形想象:依据一定的图形进行想象力训练的方法。如尽可能多地想象出与圆型相似的东西,如盘香、发条、圆型电炉盘、盘山公路俯视图、录音带、盘着的蛇、女人发髻、指纹、卷尺、草帽、水漩涡等。

2. 聚焦想象:围绕一个焦点事物,把一定特性赋予焦点事物而进行想象,从而产生新点子的想象力训练方法。如下图:

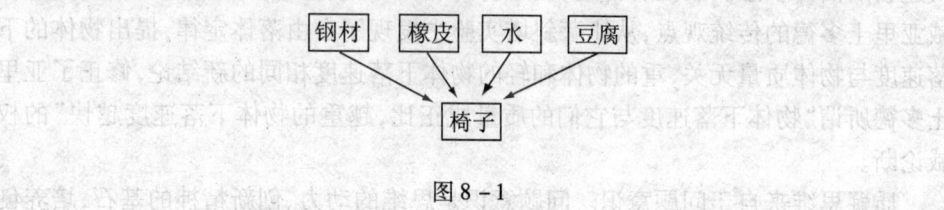

```
钢材    橡皮    水    豆腐
  ↘     ↓     ↓    ↙
          椅子
```

图 8-1

钢材的特性是硬;橡皮的特性有伸缩性,可充气;水的特性是能飘浮;豆腐的特性是软。然后把这些特性与焦点事物联系起来想象,形成新的组合想象:坚硬的椅子、可充气的有伸缩性的椅子、能飘浮在水面上的椅子、软绵绵的椅子。这样的想象无疑拓展了椅子新产品的思路。

3. 假设想象:从一个假设命题出发展开无拘无束的幻想。例如,如果假设世界没有一只老鼠,这个世界会是怎么样?可能产生的后果是:可减少粮食和其他物品的消耗;不需制造捕鼠器和鼠药;不会发生鼠疫和儿童被鼠咬伤或咬死的现象,食鼠动物无食,将破坏生态平衡等。

练习题:

1. 尽可能多地想象出带"大"字结构的汉字。
2. 尽可能多地想象出与"三角形"相似的物品。
3. 尽可能多地想象出与"S"相似的物品。
4. 用聚焦想象法构思出尽可能多的新产品桌子。
5. 假设人类长生不老将会怎样?
6. 假设没有月亮,人们的生活将会怎样?
7. 假设人不用吃饭,将会怎样?

8. 假设地球上没有植物,动物将会怎样?

二、练就质疑的眼光

创新始于质疑。敢于质疑是创新思维的开端。质疑,就是对现有事物持科学的怀疑态度,就是不人云亦云,不盲目求同,而是敢于反潮流、善于求异,想不同于别人的想法,做不同于别人的事,通过自己对事物的深入思考、分析和研究,提出新的见解。质疑思维,也是一种以审视的目光、科学的态度、求真的精神进行科学探索的创新思维方法。

回顾科学发展史和技术创新史,我们可以发现,谁敢于合理质疑,敢于率先提出问题,谁就能开辟一条全新的创新之路。质疑思维,能使思维主体的大脑处于朝气蓬勃的活力状态。疑处有奇迹,疑处有突破,疑处孕育真知。伽利略敢于质疑权威亚里士多德的传统观点,从比萨斜塔实验中发现了自由落体定律,提出物体的下落速度与物体质量无关,重的物体和轻的物体下落速度相同的新结论,修正了亚里士多德所谓"物体下落速度与它们的质量成正比,越重的物体下落速度越快"的权威论断。

质疑思维来自于问题意识。问题意识是思维的动力、创新精神的基石,培养创新精神,应始于问题意识的培养。而问题意识来自于细致的观察和深入的思考。因此,培养问题意识的根本途径就在于观察力和思考力的培养。历史上有成就的科学家一般都有很强的观察问题能力和对问题的思考力。

水流漩涡的方向性规律的发现就得益于发现者对水流这一司空见惯的普通现象的细致观察。美国麻省理工学院教授谢皮罗从人们容易忽略的放洗澡水水流向左旋转这一现象提出疑问——漩涡背后隐藏的规律是什么?带着这一问题,他对人们常见的漩涡现象进行深入研究,并由此联想到地球的自转现象,联想到台风的旋转方向,通过实验做出了合乎逻辑的推理和论证,揭开了现象背后的奥秘——水流的漩涡方向与地球自转有关,如地球停止自转,水流不会产生漩涡;在北半球,水流漩涡向左;在南半球,水流漩涡则向右。正是谢皮罗教授基于细致观察和深入思考的问题意识,导致他的创新。

创新思维的训练,首先要练就细致的观察力和成熟的思考力。请看下面两例:

例一:有四样东西——一本平装书、一瓶百事可乐、一条金项链和一台彩色电视机。请通过比较,找出每一样东西与其他三样东西的区别。首先,书是惟一用纸做的、供人阅读的东西;其次,可乐是惟一由液体构成、供人饮用的东西;其三,项链是惟一用用金属做成、戴在身上供装饰用的东西;其四,彩电是惟一的能把无线电波转换成声音和图像的物品。

例二：请说出猫和冰箱的共同之处。猫和冰箱尽管有很大区别，但通过仔细观察，还是可以从中找出许多相同之处的，比如，表面都有某种颜色，内部都有一个能"装鱼的地方"，后面都拖着一条"尾巴"，等等。

例一中说的是一种同中求异的观察力，例二中说的则是一种异中求同的观察力。不管是求同还是求异，都需要细致的观察和敏锐的眼光。这无疑是发现问题的必要条件。

质疑思维来自好奇心。强烈的好奇心是创新思维的可贵品质之一。问题来自好奇心，对常规思维的突破也依赖好奇心，好奇心激励着人们的认识不断深化，诱导着人们从司空见惯的现象中探寻内在规律。有成就的科学家和发明家都是有着强烈的好奇心的。如爱迪生从小就显露出强烈的好奇心，只要看到不明白的事情就问个不停。爱因斯坦在总结自己的科学经历和科学成就时曾深刻地指出："我没有别的天赋，我只有强烈的好奇心；我没有什么别的才能，不过喜欢寻根究底地追究问题罢了。"

好奇心可以不断加强和培养。据说，普朗克上小学时，他的老师说了一个关于能量守恒的例子："想象一下，一个工人举起一块石头，奋力顶住它，把它放在房顶上，他对这块石头做了功，这个功的能量没有消失，一直存在那里。多少年以后，也许有一天，石头突然掉了下来，砸在某人的头上，这个能量就释放在被砸的人头上，该人头上的包或是洞的大小与这个能量直接相关。"这个例子使儿童时代的普朗克终身难忘，并引发出普朗克对物理学的浓厚兴趣，并引导他走上物理学研究的道路。思维训练的一个重要目的就是要培养"寻根究底"的好奇心，其具体途径就是凡事多问为什么，敢问、勤问、善问，养成探究事物起因的习惯。

与此相关的是探究因果关系训练。请看下面例子：

例一：今天总经理为什么上班迟到，请列举出尽可能多的原因，诸如：睡过头了，路上车堵，车胎破裂，路上遇到多年未见的老友耽搁时间了等等。

例二：街对面的霓虹灯不亮了，这是为什么？或许是停电了，或许是灯泡坏了，或许是值班人员未到，或许是为了节约用电……

对现象原因的思考是培养好奇心的最好途径。

质疑思维还来自求异的眼光。多多提出与众不同的观点，培养"反潮流"的胆量，是练就质疑思维，导向创新的必由之路。因为创新往往产生于求异，以奇异制胜。例如，俗话说："近墨者黑。"但是，我们不妨尝试着提出"近墨者不黑"，并尝试着加以有说服力的说明。请看下面短文：

"近墨者黑"已经成为口头禅，很难见到进一步的思考。其实，"近墨"确实会把一些东西染黑,但近黑不黑者却大有人在。

试看西湖"曲院"的"风荷",扎根于乌黑的泥中,叶芽花芽都从污泥中爆出来,但万叶千花,出污泥而不染,纷陈其清白的本色,绽放出红艳的花冠,其近黑不黑的自然风范,千百年来为世人所景仰。

记得解放前在白区同敌人作地下斗争时,多少普通的共产党人,凭着对事业的忠诚和组织的领导,天天生活和战斗在黑暗的环境中,同"黑帮"日夜周旋,却能葆其殷红的本色,这种近墨不黑的英雄风范,更是青史永垂。

显然,上述短文无疑是求异思维的产物。

质疑思维又来自对自身的不断超越。创新的境界是一种崇高的境界。只有确立追求完美、不断改进的境界,才能不满足于现状,勇于攀登新的高峰。为此,不妨经常扪心自问:我今天做得怎样,还有哪些不足、哪些问题?明天如何改进?如何做得更好?高标准严要求是发现问题的前提,也是推动创新的驱动力。

练习题:

1. 请从多角度思考:平装书、百事可乐、纯金项链和彩色电视机四样东西中属于同类的两种物品。
2. 请尽可能多地列举出两个国家突然打起仗来的原因。
3. 请尽可能多地列举出盛夏时空调大减价的原因。
4. 请用肯定和否定两种视角,思索下列事物和观念,尽可能多地找出它们的好处和坏处、积极因素和消极因素。
   ①全球性气候变冷暖。
   ②废除所有死刑。
   ③各级官员抽签产生。

第三节 创新技能训练

一、发散思维技能训练

发散思维是创新思维的一条重要途径,许多发明创造都是依靠发散思维而成功的。创新思维训练的一个重要项目是思维发散性的训练。我们已经说过,发散思维具有流畅性、变通性和独特性三个重要特征,而流畅性是基本的,流畅才谈得上变通,独特性也只能通过流畅而体现。因而,发散性思维训练的基础是增强思维的流畅性。

发散思维训练的重要原则有：

其一，求全原则。发散思维的一个重要特点是从一个定点出发，上下左右前后四面八方"天女散花"式地扩散思维，尽可能包罗万象，能想到的尽量毫无遗漏，从横向看，通过借鉴、类比、联想，充分利用其他领域的知识、信息、方法、材料等，对各种信息作全新组合、创新；从纵向看，循序渐进，寻根究底，层层深入，一步步深挖事物的本质和规律，挖掘出事物的新关系、新属性、新规律；由点到面，由面到体，倡导立体思维、全方位思维。只有这样，才能扩展思路，"眼观六路，耳听八方"，最大限度地获取信息，进行创新。

其二，择优原则。发散思维的最高层次的特点是独特性，即与众不同，赋予创意。因而，发散思维训练的一个重原则是从大量的思维成果中择优录用。这里的一个重要问题是什么是"优"？这里所谓"优"应该与"新"联系在一起，而"新"往往与"奇"与"异"联系在一起。新奇的设想往往是不合常理、不合常规的似乎"荒谬的"东西，只有这样，才是独特的，才是优，才会有价值。因而，发散思维训练必须具有宽容性，宽容各种"奇谈怪论"，倡导自由争论的氛围，反对压抑不同意见，反对封闭，提倡开放性；反对以权威压人，提倡平等性。优秀的点子必然出于自由、平等、宽容的讨论中。

发散思维的路径有两条，一是由一点出发，多路并进，从多个角度扩展思维，拓展思路；二是由从对象的功能、结构、形态等出发，基于某一侧面拓展思路。以下是一些发散思维训练项目：

1. 测试思维的活跃程度

①用途测试——尽可能多地列举出某一件东西的用途，如"空罐头"的用途，诸如：做花瓶、装饮用水、装饰房间、养蟋蟀……

②非常用途测试——尽可能多地列举出某种物体通常用途之外的非常用途，如"报纸"的非常用途，诸如：点火、包装、擦玻璃、做手提包的填充物、做窗纸……

③完成句子测试——依据句子的意义，尽可能多地完成句子，例如"这个妇女的美貌已是秋天……"可能的答案是："……她已经度过了最动人的时光。""……她还没来得及充分享受生活就步入了徐娘半老的岁月。""……但她依然的内涵美却日益显露出来"……

④故事命题测试——尽可能多地写出一个短故事情节的合适标题。例如，创造心理学家 J.P. 吉尔福特在《创造性才能》一书中讲了这样一个故事：

艾马·格拉顿去参加一项钓鱼比赛。比赛规则规定，谁钓到最大的红鳎龟，谁就能得到200美元的奖金。比赛开始不久，艾马就钓到一只很小的红螯龟，由于龟很小，以致艾马确信凭它是不会得到奖金的，所以把它煮了吃了，然后继续钓。结果，他和其他参赛者再也没有钓到一只红螯龟。所以艾马没有得到任何奖金。

合适的标题有："钓龟比赛"、"珍贵的红螯龟"、"难以得到的奖金"、"艾马无愧于自己的名字"（艾马·格拉顿的英文读音与英文句子"我是一个贪吃的人。——I'm a glutton"的读音相同）

2. 思维扩散训练

①功能扩散——以某种事物的功能为扩散点，尽可能多地设想获得该功能的途径。例如，对"怎样才能达到照明的目的？"这一问题，可能构想的途径有：点油灯、开电灯、点蜡烛、划火柴、烧纸片、打手电筒、点火把、用镜子反射日光、烧篝火等。

②结构扩散——以某事物的结构为扩散点设想出利用该结构的各种可能性。例如，对"尽可能多地列举出立方体结构的东西（已有的或自己构想的）"一题的答案可能是：房子、纪念碑、柜子、电视机、录音机、车子、图章、淋浴房……

③形态扩散——以事物的形态（包括形状、颜色、气味、明暗等）为扩散点，仅可能多地设想出利用某种形态的可能性。例如，对"尽可能多地设想出利用红颜色可做什么"一题，可能的答案有：红灯、红旗、红灯笼、红墨水、红药水、红纸、红皮鞋、红舞鞋、红十字、红星、红头绳、红色印泥、红指甲油……

④组合扩散——以某一事物为扩散点，尽可能多地设想能形成新事物的该事物与它事物的组合。例如，对"尽可能多地说出钥匙圈可以与哪些东西进行组合（除钥匙）"一题，可能的答案是：小刀、指甲剪、开汽水瓶的扳手、开罐头的小刀、微型圆珠笔、微型温度计……

⑤方法扩散——以某种方法为扩散点设想出利用该种方法的各种可能性。例如，对"用'吹'的方法可以办哪些事情"一题，可能的答案有：吹气球、吹蜡烛、吹灰、吹泡泡糖、吹口哨、吹笛子、吹喇叭、吹口琴、把热水吹冷……

⑥因果扩散——以某个事物发展的结果为扩散点，推测造成该结果的各种原因，或者由原因推测可能产生的各种结果。例如，对"尽可能多地说出导致玻璃杯破碎的各种可能原因"一题，可能的答案有：掉在地上碰碎、被敲碎、被开水烫碎、被重物压碎、被子弹击碎……

⑦关系扩散——以某一对象为扩散点，尽可能多地设想它与其他对象之间的关系。例如，对"尽可能多地设想自己与其他社会成员之间的关系"一题，可能的答案有：儿女、家长、学生、观众、听众、读者、游客、行人、顾客、公民……

练习题：
1. 请尽可能多地列举出砖头的用途。
2. 请尽可能多地列举出空啤酒瓶的非常用途。
3. 请尽可能多地列举出以下小故事的合适标题：

　　冬天到了，一个百货商店的新售货员忙着销售手套，但他忘记了手套应该配对出售，结果商店最后剩下100只左手手套。

4. 请尽可能多地列举出取得温暖的办法。
5. 请尽可能多地列举出锻炼身体的办法。
6. 请尽可能多地列举出包含圆柱型结构的东西。
7. 请尽可能多地列举出包含"＜"结构的东西。
8. 请尽可能多地设想利用铃声可以做什么。
9. 请尽可能多地设想利用粉末状东西可以做什么。
10. 请尽可能多地列举出圆珠笔可以同哪些东西组合在一起。
11. 请尽可能多地列举出用"敲"的办法可以办成哪些事。
12. 请尽可能多地列举出用"摩擦"的办法可以办成哪些事。
13. 请尽可能多地列举出随意抛出一块石头可能会发生什么结果。
14. 请尽可能多地列举出造成日光灯损坏的各种可能原因。
15. 请尽可能多地列举出火与人类生活的关系。

二、收敛思维技能训练

　　收敛思维又称复合思维、求同思维、聚合思维和集中思维，是以某种研究对象为中心，将众多的思路和信息汇集于一个中心点，通过比较、筛选、组合、概括、归纳等方法得出最佳结论的思维。其思维特点是：从边缘到中心，从分散到集中，从现象到本质，紧扣中心，突出重点，击中要害。收敛思维和发散思维相辅相成，共同构成创新思维的两条基本思维路径。发散思维向外扩张，收敛思维向内聚焦，两者都为创新所必需。大多数创新成果的获得往往都是发散思维和收敛思维共同作用的结果。

　　收敛思维的核心是聚焦、锁定目标，而寻找目标、聚焦中心的思维能力主要体现为求同组合能力和归纳综合能力，因而收敛思维技能的训练主要就是这两种能力的训练。

　　求同组合能力即善于寻找一个共同点，把分散的东西通过组合集中为一个东西的能力。而且这种集中不是把原来的东西机械地相加，而是通过有机的整合，形成新质，产生新功能。以下范例就是求同组合能力的体现：

国外有一家烟草公司,试制了一种新品牌卷烟,命名为环球牌,正准备大张旗鼓地推出的时候,却逢全国性的反对吸烟运动。宣传香烟和禁烟运动是截然相反的两回事,如何把两者沟通起来呢?该公司的公关人员经过一番策划,打出了这样一条广告:"禁止吸烟,连环球牌也不例外。"

归纳综合能力即善于把各种不同的意见加以归纳总结,形成更为全面、更高瞻远瞩、更富于创意的意见的能力。这种能力也可称为"求合"能力。请看以下范例:

例一:美国总统罗斯福在执政期间,每当遇到重大问题时,他总是把自己的一位助手请来,告诉他:"请你独自研究一下这个问题,要注意保密。"然后,罗斯福又分别找来其他几位助手,对每个人都如此吩咐一番。最后,每位助手都把自己的独特研究成果呈报给总统先生。在分析比较、广泛吸纳各人意见的基础上,罗斯福再提出最终决策。这往往是更为全面的决策。

例二:日本的普拉斯公司是一家专营文教用品的小企业,一直生意清淡。1984年,公司里一位叫玉村浩美的新职员发现,顾客来店里购买文具,总要一次购买好几种品种,分散得很,很不方便。她想,能否集中起来一起出售,经过精心设计,推出了"组合式文具",结果大受欢迎。尽管这套组合文具的价格比原先单件出售时高,但依然十分畅销,在一年内就卖出300多万套,创下意想不到的盈利。

以下是归纳综合、求同组合能力的测试题:

1. 据对一批企业的调查结果显示,这些企业总经理的平均年龄是57岁,而在20年前,同样的这批企业的总经理的平均年龄大约是49岁。这说明,目前企业中总经理的年龄呈老化趋势。

以下哪项,对题干的论证提出的质疑最为有力?

A、题干中没有说明,20年前这些企业关于总经理人选是否有年龄限制。
B、题干中没有说明,这些总经理任职的平均年数。
C、题干中的信息,仅仅基于有20年以上历史的企业。
D、20年前这些企业的总经理的平均年龄,仅是个近似数。
E、题干中没有说明被调查企业的规模。

答案C。这题考核的是归纳能力,题干中所叙述的归纳过程不全面,犯了抽样片面的错误。

2. 光线的照射,有助于缓解冬季忧郁症。研究人员曾对9名患者进行研究,他们均因冬季白天变短而患上了冬季忧郁症。研究人员让患者在清早和傍晚各接收

3小时伴有花香的强光照射。一周之内,7名患者完全摆脱了抑郁,另外两个也表现了显著的好转。由于强光照射会诱使身体误以为夏季已经来临,这样便治好了冬季忧郁症。

以下哪项如果为真,最能削弱上述论证的结论?

A. 研究人员在强光照射时有意使用花香伴随,对于改善患上冬季忧郁症的患者的适应性有不小的作用。

B. 9名患者中最先痊愈的3位均为女性。而对男性患者治疗的效果较为迟缓。

C. 该实验均在北半球的温带气候中,无法区分南北半球的实验差异,但也无法预先排除。

D. 强光照射对于皮肤的损害已经得到专门研究的证实,其中夏季比起冬季的危害性更大。

E. 每天6小时的非工作状态改变了患者原来的生活习惯,改善了他们的心态,这是对抑郁症患者的一种主要影响。

答案:E。这是关于求同思维的测试题。题干所提供的案例在论证"由于强光照射会治好冬季忧郁症"这一结论时,运用了求同思路。然而,这一求同法推理违反了"在先行情况中只能有一个相同情况"的规则,选项E指出了,在先行情况中除了"强光照射"外,还有"每天6小时的非工作状况"这一对抑郁症患者产生主要影响的因素。

3. 机械化和技术的进步改变了人们面临的一系列选择,比如,记时钟表尽可能使人类的事务严格守时,其结果是提高了生产效率。然而,它在给人们带来方便的同时,也给人们带来诸多方面的限制。记时钟表使人们的生活越来越劳累,除了争分夺秒以外而无其他的选择。

上述议论中的事例对以下哪个命题所表述的内容作出了最好的说明?

A、新的机械和技术对人的奴役就如同它对人的解放一样。

B、人们应当共同努力从钟表里解放出来以获得自由。

C、某些新的机械和技术没有给我们的生活带来什么改善。

D、生产力的增长不值得我们去依靠钟表。

E、许多新的机械和技术使我们的生活更有节奏和多彩。

答案:A。这是对综合概括能力的测试题。题干提供了一个事例,选项A最恰当地概括了题干中提出的现象所说明的普遍性观点。

练习题:

1. 当在微波炉中加热时,不含食盐的食物,其内部可以达到很高的、足以把所有引起食物中毒的细菌杀死的温度；但是含有食盐的食物的内部则达不到这样高的温度。

假设以下提及的微波炉都性能正常，则上述断定可推出以下所有的结论，除了：

A、食盐可以有效地阻止微波加热食物的内部。

B、当用微波炉烹调含盐食物时，其原有的杀菌功能大大减弱。

C、经过微波炉加热的食物如果引起食物中毒，则其中一定含盐。

D、如果不向就要放进微波炉中加热的食物中加盐，则由此引起食物中毒的危险就会减少。

E、食用经微波炉充分加热的不含盐食品，肯定不会引起食物中毒。

2. 最近台湾航空公司客机坠落事故急剧增加的主要原因是飞行员缺乏经验。台湾航空部门必须采取措施淘汰不合格的飞行员，聘用有经验的飞行员。毫无疑问，这样的飞行员是存在的。但问题在于，确定和评估飞行员的经验是不可能的。例如，一个在气候良好的澳大利亚飞行1000小时的教官和一个在充满暴风雪的加拿大东北部飞行1000小时的夜班货机飞行员是无法相比的。

上述议论最能推出以下哪项结论？（假设台湾航空公司继续维持原有的经营规模）

B、台湾航空公司应当聘用加拿大飞行员，而不宜聘用澳大利亚飞行员。

C、台湾航空公司应当解聘所有现职飞行员。

D、飞行时间不应成为评估飞行员经验的标准。

E、对台湾航空公司来说，没有一项措施能根本扭转台湾航空公司客机坠落事故急剧增加的趋势。

3. 一个人从饮食中摄入的胆固醇和脂肪越多，他的血清胆固醇指标就越高。存在着一个界限，在这个界限内，二者成正比。越过了这个界限，即使摄入的胆固醇和脂肪急剧增加，血清胆固醇指标也只会缓慢地有所提高。这个界限对于各个人种是一样的，大约是欧洲人均胆固醇和脂肪摄入量的1/4。

上述断定最能支持以下哪项结论？

A、中国的人均胆固醇和脂肪摄入量是欧洲的1/2，但中国的人均血清胆固醇指标不一定等于欧洲人的1/2。

B、上述界限可以通过减少胆固醇和脂肪的摄入量得到降低。

C、3/4的欧洲人的血清胆固醇含量超出正常指标。

D、如果把胆固醇和脂肪的摄入量控制在上述界限内，就能确保血清胆固醇指标的正常。

E、血清胆固醇的含量只受饮食的影响,不受其他因素,例如运动、吸烟等生活方式的影响。

答案:1. C 2. E 3. A

三、联想思维技能训练

联想思维是指人们基于事物间的相似之处,把一事物与它事物联系起来,进而创造性地捕捉它们之间的内在联系,以建立新的组合,进行创新的思维。联想思维的基础是类比和模拟。其基本特征是由此及彼,举一反三,触类旁通,类似多米诺骨牌,推一而动百。因而,联想思维的训练,主要在于熟练掌握类比、模拟能力,并进而展开系统联想的能力。

联想能力训练环节一:强化类比能力。

例:医生在探索A.M.的病因时受到了M.P.这种病因形成原因的启发。因为这两种病都发生在年龄相似的一类人当中,两种病的明显症状都是发高烧、淋巴肿大和缺乏食欲。另外,这两种疾病的潜伏期实际上是相同的。所以,这些医学研究者确信导致这两种疾病的病毒是相似的。

下面哪项是上述论证所依赖的假设?

A、两种疾病对大众健康的危害一样严重。

B、对于两种疾病,现代医学所发现的治疗方法是一样的。

C、两种疾病都是发生在人类身上的疾病。

D、具有类似症状的疾病会有类似的病因。

这是一道测试类比能力的试题。题干提供的是一个典型的类比推理。它依据两种疾病在症状上的一系列相似点,来类推导致这两种疾病的病因也相似。选项D正点明了该类比推理所要推出的主题。为提高类比结论的可靠性,要尽量从本质上进行类比,尽量多地寻找两个或两类对象的相同或相似属性,以避免表面、牵强附会的类比。本题题干通过对一系列相似症状的类比,作出相似病因(即相似病毒作为起因)的类推。选项A、B、C虽然也例举了一系列相似点,但与本题的类推主题无关。

联想能力训练环节二:强化由此及彼的关联能力。

例:前苏联心理学家歌洛万斯和斯塔林茨曾用实验证明,任何两个概念语词都可以经过若干阶段,建立起关联。如"木头"和"皮球",似乎是两个互不相关的概念,但可以通过联想把它们相关联:木头—树林—田野—足球场—皮球。又如"天空"和"茶水"：天空—土地—河流—茶水。

联想能力训练环节三：强化灵活多变，向纵深推进的预测能力。

例：20世纪70年代，日本一家贸易公司得知前苏联几位高级外贸官员前往纽约，想探知其意图。但前苏联官员的行动十分注意保密，无从了解其行动意图。该公司只从公开的材料中获知：接待前苏联官员的美国官员中，有分管外贸和农业的，他们随后要到科罗拉多州去。该公司总部很快从这些材料中分析出了有价值的东西：科罗拉多州是美国的产粮区，当年正是丰年，而前苏联当年的农业欠收，缺口很大。于是他们做出判断，前苏联官员这次是同美国洽谈购买粮食的事宜。于是这家公司采取了果断行动，密令各国分支机构购进大批粮食。果然没过多久，前苏联就同美国达成一项向美国大批进口小麦的协议。粮食价格大幅度上涨，日本的贸易公司乘机把粮食抛出，获利丰厚。

日本贸易公司的成功得益于从零星迹象向事物纵深发展趋势推进的联想能力。

联想能力训练环节四：强化综合系统的联想力。

例：南宋名将刘琦在一次战斗中，命令先把自己的马喂饱，然后让士兵各带一筒用香料煮熟的豆子。两军对阵的时候，士兵将豆子倒在地上，敌方饥饿的马一闻到豆子香，都不肯走了，纷纷停下来吃豆子，再加上竹筒满地滚动，人马站立不稳，敌人兵马从而不战自乱，很快就被击溃了。

刘琦的高明之处在于用烧得香香的豆子作为击溃敌人的突破口。从表面上看，豆子与战斗毫无关系，但实际上，却能引诱敌人饥饿的马，使得马走不了，骑在马上的人也就失去了战斗力，牵一发而动全身。这就是一种综合系统的联想力。

增强联想思维能力的几条重要途径：其一，知识信息的大量储存。知识越丰富，信息积累的越多，呈现在脑海中可供联想的知识点就越多，接通联想的机会就越多，激发的创新思想火花也就越多。其二，思维敏捷性的提高。联想思维需要迅速切换视角的能力、抓住关键点的能力以及直觉思维的能力。有很强的切换视角的能力，才能从一事物的形象、结构和特点迅速转向其他事物的形象、结构和特点，并引发深入一步的思考。有很强的抓住关键点的能力，才能迅速捕捉问题的核心，切中要害进行联想，不至于漫无边际，不得要领。有很强的直觉思维能力，才能对呈现在眼前的新事物、新现象和新问题有敏锐的洞察力，迅速做出整体判断，迅速进行触及本质的深层次联想。

练习题：

1. 农科院最近研制了一高效杀虫剂,通过飞机喷洒,能够大面积地杀死农田中的害虫。这种杀虫剂的特殊配方虽然能保护鸟类免受其害,但却无法保护有益昆虫。因此,这种杀虫剂在杀死害虫的同时,也杀死了农田中的各种益虫。

以下哪项产品的特点和题干中的杀虫剂最为类似?

A、一种新型战斗机,它所装有的特殊电子仪器使得飞行员能对视野之外的目标发起有效进攻。这种电子仪器能区分客机和战斗机,但不能同样地区分不同的战斗机。因此,当它在对视野之外的目标发起有效攻击时,有可能误击友机。

B、一种带有特殊回音强立体声效果的组合音响,它能使其主人在欣赏它的时候倍感兴奋和刺激,但往往同时使左邻右舍不得安宁。

C、一部经典的中国文学名著,它真实地再现了中晚期中国封建社会的历史,但是,不同立场的读者从中得出不同的见解和结论。

D、一种新投入市场的感冒药,它能迅速消除患者的感冒症状,但也会使服药者在一段时间里昏昏欲睡。

E、一种新推出的电脑杀毒软件,它能随时监视并杀除入侵病毒,并在必要时会自动提醒使用者升级,但是,它同时减低了电脑的运作速度。

2. 前年引进美国大片《廊桥遗梦》,仅仅在滨州市放映了一周时间,各影剧院的总票房收入就达到八百万元。这一次滨州市又引进了《泰坦尼克号》,准备连续放映10天,一千万的票房收入应该能够突破。

根据上文包括的信息,分析以上推断最可能隐含了以下哪项假设?

A、滨州市很多人因为映期时间短都没有看上《廊桥遗梦》,这一次可以得到补偿。

B、这一次各影剧院普遍更新了设备,音响效果比以前有很大改善。

C、这两部片子都是艺术精品,预计每天的上座率、票价等非常类似。

D、连续放映10天是以往比较少见的映期安排,可以吸引更多的观众。

E、灾难片加上爱情片,《泰坦尼克号》的影响力和票房号召力是巨大的。

3. 李载仁是唐王室李家的后人。他避乱到了江陵,在当地做观察官。李载仁不吃猪肉。一天,他应邀出门,刚上马,他的两个随从吵架,双方动了手。李载仁大怒,要重重地处罚打架的两个人,急忙命人厨房拿来大饼和猪肉,并且郑重其事地警告他们:"以后如果再打架,还要加重处罚,猪肉里还要加上大油,叫你们也知道我的厉害!"

李载仁由自己不吃猪肉联想到随从也一定不吃猪肉,请分析这一联想的荒谬性。

4. 语词联想：高山——烟囱；木材——脸盆；动物——皮带；毛竹——月亮。
5. 定语联想：找出适合于每组几个词语的共同形容词
"天空、海军制服、多瑙河"；"素菜、空气、牛肉、苹果、宣传栏"；
"头、兵、抢、炮手、首长、同事"。
答案：1. A 2. C

四、形象思维技能训练

创新思维离不开形象思维，形象思维在科学发现的过程中起着重要作用。关于这一点，我们已在第四章中有过详尽论述。这里，我们将就如何强化形象思维谈一些看法。

形象思维的最重要特征是形象性，因而，要善于把科学概念、公式、抽象的原理转化为生动的形象，用形象说话，诸如，用形象的类比取代抽象的说理，用具体的数据取代单调的结论，用形象的比喻取代概念的推演，用生动的事例取代繁琐的论证⋯⋯

例一：爱因斯坦创立狭义相对论不单纯是数学或逻辑推导的结果，而是辅之于生动的形象思维。据说，在一个夏天的下午，爱因斯坦躺在长满青草的山坡上，眯起双眼，观察着天空中的太阳。阳光像一束金线，穿过空气和睫毛射入他的眼睛。爱因斯坦的头脑内正在进行海阔天空的遐想，"假如我沿着这道光束前进的话，结果会怎样？"最后，他在一闪念中得到答案，创立了崭新的相对论时空观。他曾这样描述自己的思维过程：在我的思维结构中，书面的或口头的文字似乎不起任何作用，作为思想元素的心理的东西是一些记号和一定明晰程度的意象，它们可以由我"随意地"再生和组合⋯⋯上述的这些元素就我来说是视觉的，有时也有动觉的。

在此，相对论这一极度抽象的科学原理在爱因斯坦的头脑中却转化为生动的形象思维活动，抽象原理成为"视觉的"和"动觉的"意象的再生和组合。形象思维起到了抽象思维所起不到的作用。

例二：在与悉尼队辩论"艾滋病是社会问题，不是医学问题"的题目时，我方必然要指责对方把艾滋病这么大的问题局限在医学问题的小范围内，如何形象地表达我方的见解呢？我们采用了夸张类比的表达手法，如"请对方辩友不要让大象在杯子里洗澡"、"花盆里是种不下参天大树的"等等，使听众和评委形象地感受到对方的理论错误。

这种形象的比喻比抽象地说理效果显著得多。形象比喻的技能训练对强化形象思维能力有重要作用。

例三：为了说明艾滋病是一个严重的社会问题，我们列举了以下数据：到1993年5月底，全世界的艾滋病感染者已达1400万，患者达250万，到2000年，感染者将达5000万～1亿，患者将达1400万。不用更多地说理，这些天文数字已表明，艾滋病已成为当今世界严重的社会问题。

在这里，具体而说明问题的数字取代了冗长的论证。

强化用形象说话，以形象取代抽象概念推演的本领显然是形象思维技能训练的主要目的。一般有以下诸条途径：

（1）形象模仿——模仿某一原型的形象构思新形象。如模仿鸟的形象构造出飞机；模仿鱼的形象构造出潜水艇；模仿青蛙的眼睛构造出雷达；模仿蝴蝶的花纹构造出伪装布、战斗服。形象模仿不是机械模仿、照抄照搬，而是融入创新的形象构思。构思出的新形象与被模仿的形象原型有着质的不同。

（2）形象想象——既依据于又超越于现实原型形象构思出理想化的、更完美的、全新的形象。如爱因斯坦的有关"同时性的相对性"的理想试验；物理学上的"理想液体"、"理想刚体"等就是形象想象的典型。在此，理想化的形象想象不是凭空的主观臆断，而是反映了对象事物本质特征的、纯粹的、典型的形象。

（3）形象组合——把两种或两种以上的事物形象有选择地、合乎逻辑地加以组合，以形成新的形象。如带闪光灯的照相机是灯与照相机两种形象的组合；多功能手机是组合各种功能的新形象；人文游览是文化形象与景象物象的巧妙组合……

（4）形象移植——把某一领域的形象结构移植到另一领域而形成具有新形象结构的事物。例如，人们把动物骨骼结构移植到桥梁设计上，制造出平直桥、吊形桥、悬臂桥等许多新型桥梁；把蜂窝这一费料少而强度高的结构移植到飞机制造上，可以减轻飞机的重量而提高其强度，把这一结构移植到房屋建筑上，可制造蜂窝砖以减轻墙体重量，起隔音保暖作用。

练习题：

1. 暖水瓶之所以能保温，是因为两层玻璃间抽成真空，隔热性好。从模仿的思路看，哪些事物可以据此方法而得到改进？

2. 请尽可能多地说出你所知道的组合产品或事物，并分析蕴含于其中的形象组合。

3. 在招商引资中，人们常用"借鸡生蛋"和"筑巢引凤"来说明吸引外资和改善投资环境的重要性。试想一下,"借鸡生蛋"和"筑巢引凤"的道理还能移植到生活和工作的哪些方面?

4."蝉噪林愈静,鸟鸣山更幽。"蝉噪衬托出林静,鸟鸣显现出山幽,诗情画意,意境优美,请用形象想象的方法描绘这一景象。

5.请运用形象比喻的手法,联想出以下形象的涵义:

①氢气球一齐飞上蓝天。

②一杯正在注满的啤酒杯中雪白的泡沫涌起。

主要参考文献

1. 马克思恩格斯选集第 1－4 卷．北京：人民出版社，1995
2. 马克思．1844 年经济学—哲学手稿．北京：人民出版社，1985
3. 列宁全集第 20 卷．北京：人民出版社，1958
4. 列宁全集第 43 卷．北京：人民出版社，1987
5. 列宁．哲学笔记．北京：人民出版社，1974
6. 江泽民．论有中国特色社会主义（专题摘编）．北京：中央文献出版社，2002
7. 邓小平文选第 2、3 卷．北京：人民出版社，1994、1993
8. 黑格尔．美学第 1 卷．北京：人民文学出版社，1959
9. 费尔巴哈哲学著作选集（下卷）．北京：商务印书馆，1964
10. 爱因斯坦文集第 1 卷．北京：商务印书馆，1976
11. 巴甫洛夫选集．北京：科学出版社，1955
12. 贝弗里奇．科学研究的艺术．北京：科学出版社，1979
13. 普朗克．从近代物理学来看宇宙．北京：商务印书馆，1959
14. 弗洛伊德．梦的解析．北京：国际文化出版公司，1996
15. G.M 维里契科夫斯基．现代认知心理学．北京：社会科学文献出版社，1988
16. 熊彼特．经济发展理论．北京：商务印书馆，1990
17. 彼得·德鲁克．后资本主义社会．上海：上海译文出版社，1998
18. 让·弗朗索瓦·利奥塔．后现代状况—关于知识的报告．长沙：湖南美术出版社，1996
19. 卡尔·波普尔．科学发现的逻辑．北京：科学出版社，1986. 16 页。
20. H·奥斯本．论灵感．国外社会科学，1979，2
21. 钱学森．系统科学、思维科学与人体科学．自然杂志，1981，1
22. 路甬祥．提高创新能力 推动自主创新．求是，2005，13
23. 全面建设小康社会，开创中国特色社会主义事业新局面．求是，2002，22
24. 契柯夫．论文学．北京：人民文学出版社，1958
25. 托马斯·H·达文波特等．营运知识：工商企业的知识管理．南昌：江西教育出版社
26. 特拉维克等．物理与人理蜒对高能物理学家社区的人类学考察．刘珺珺译．上

海：上海科技教育出版社，2003

27. 维娜·艾莉. 知识的进化. 珠海：珠海出版社，1998
28. 迈克尔·波兰尼. 个人知识. 贵阳：贵州人民出版社，2000
29. 陶伯华、朱亚燕. 灵感学引论. 沈阳：辽宁人民出版社，1987
30. 刘奎林. 灵感. 哈尔滨：黑龙江人民出版社，2003
31. 张庆林. 创造性研究手册. 成都：四川教育出版社，2002
32. 周瑞良等. 创造与方法. 北京：中国林业出版社，1999
33. 何传启等. 知识创新. 北京：经济管理出版社，2001
34. 苏新宁等. 组织的知识管理. 北京：国防工业出版社
35. 汪丁丁. 记住未来：经济学家的知识社会. 北京：社会科学文献出版社，2001
36. 尤克强. 知识管理与企业创新. 北京：清华大学出版社，2003
37. 韩志伟，等. 社会创新研究. 北京：人民出版社，2004
38. 梁良良. 创新思维训练. 北京：中央编译出版社，2000
39. 孙洪敏. 创新思维. 上海：上海科学技术出版社，2004
40. 彭健伯. 开发创新能力的思维方法学. 北京：中国建材工业出版社，2001
41. 段福德. 创新思维的自我修炼. 北京：中国社会科学出版社，2002
42. 吴进国. 打破常规创新思维. 北京：中国青年出版社，2003
43. 朱长超. 创新思维. 哈尔滨：黑龙江人民出版社，2001
44. 贺善侃等. 思维艺术学. 上海：中国纺织大学出版社，1995
45. 贺善侃. 辩证逻辑与现代思维（第二版）. 上海：东华大学出版社，2010
46. 丁锋，贺善侃等. 创新思维理论与实践研究. 北京：华龄出版社，2010
47. Watson J D. *The Double Helix*. New York：New American Library，1969
48. Wolpert L and Richards A. *Passionate Minds*：*The Inner World of Scientists*. Oxford University Press，1997
49. Jaccb F. 1987. *The Status Within*（*trans. F. Philip*）. Basic Books，1988
50. Feynman R. *The Pleasure of Finding Things Out*. Perseus Books，1999
51. Nonaka I，H Takeuchi. The knowledge creating company：How Japanese Companies Create the Dynamics of Innovation. Oxford University Press